Scent of the Missing
Love and Partnership
with a Search-and-Rescue Dog

スザンナ・
チャールソン 著
Susannah Charleson

峰岸計羽 訳
Kazuha Minegishi

災害救助犬
ものがたり

がれきの中のレスキュードッグたち

ハート出版

今まで何千杯ものお茶をいれてくれ、
信念の人であることを証明してきた
エレン・サンチェスに本書を贈ります。

そしてパズル、いい子ね、
これからも、たくさん捜してちょうだい。

SCENT OF THE MISSING
Love & Partnership with a Search-and-Rescue Dog
by Susannah Charleson

Japanese translation rights arranged with
Ceilidh T. Charleson-Jennings
c/o The Fielding Agency, LLC, California
through Tuttle-Mori Agency, Inc., Tokyo

このたびの東日本大震災で被害に遭われた皆さまへ。
私たちからの温かい手を差し伸べるとともに、
一日も早い復興を心からお祈り申し上げます。
——スザンナ・チャールソン

もくじ

はじめに

本書は、捜索救助犬（災害救助犬）チームのアシスタントを経《へ》て、ハンドラー（訓練士）になった私の体験記です。特に明記しない限り、ここに書かれた考えや意見はすべて私自身のものであり、必ずしも救助犬チームの隊員や現場の仲間の考えを代弁したものではありません。

また、実際にあった捜索救助活動をもとにして書かれていますが、被害者・被災者のご家族のプライバシーに配慮し、氏名、場所、捜索状況など、身元を特定するような情報については修正を加えています。その際、「誰が、いつ、どこで」の部分については変更し、「どんな事件が、なぜ、どのように」の部分については、できる限り、ありのままを伝えるようにしました。

登場する犬たちは、すべて実在します。おやつを見せて名前を呼べば、きっと、あなたのもとへ飛んでくるでしょう！

1 見知らぬ町の少女

　早朝の低く差し込む光の中で、ジャーマン・シェパードのハンターが額《ひたい》にしわを寄せ、鼻先を地面に這《は》わせながら、焼け残った住宅のまわりを歩いている。重苦しかった夜の気配はすでに去り、朝日の中に動く犬が浮かび上がる。焦《こ》げたレンガ、焼け落ちた木材、すぐそばに炭化した丸裸の樹木――その黒々とした光景を背にハンターだけが輝いている。彼が調べている焼け焦げた立木は、炎から逃《のが》れるように南へ大きく傾き、鳥たちはとっくの昔に飛び去ったあとだ。静けさの中、ひからびた草を踏む犬の足音と、がれきをときおり引っかく爪音が響く。独特の中腰スタイルで歩き回るハンター。何かしら手がかりが見つかれば、すぐにでも知らせようと神経を集中させているのだ。その様子をかたわらでハンドラー（訓練士）のマックスが見守っている。

　現場を二度調べ終わったハンターが、がれきのあいだの安全な場所を選びながらマックスのもとへ戻ってくる。仕上げにハッとため息。「ここには何もないよ」と言っている。ハンターはもう若くない。黒い目と鼻のまわりには白っぽい毛が混じり、気力とは裏腹に体力は衰《おとろ》えを見せ始めている。それでもこの誇り高きオス犬は、自分の仕事をよく理解している。マックスはその相棒の頭を撫《な》で、踵《きびす》を返した。

その様子を見ていた私は、無線に向かって「家の中にはいません」とささやく。向こう側では、捜索チームの仲間と保安官助手が現場からの報告を待っている。

「さあ行こう」マックスがハンターに声をかけた。

犬を先頭に、私たちは灰の上に黒い足跡を残しながら、家の裏手の草むらへ向かった。ここから先は起伏があって少し厄介《やっかい》な場所になる。本業が消防士のマックスは、足元の悪さには慣れていて、私のように動物の巣穴に足を引っかけることも、草の上ですべることもない。ハンターもスイスイと分け入っていく。私たちが進んでいくと野ネズミたちが一斉《いっせい》に動きだした。まるで地面そのものが蠢《うごめ》いているようだ。

風の中を往復しながら、ハンターとマックス、そしてアシスタントの私は、行方不明の少女の手がかりを求めて草むらを丹念に調べ回る。ハンターは、被災者の捜索から行方不明者の捜索まで数多くこなしてきたベテランの救助犬だ。自信満々の足取りで進んではいても、決して気は緩《ゆる》めない。木々をいただく丘のふもとに出ると、ピタリと足を止め、口を開いたまま、しばらく顔を上げている。ハアハアという息づかいがやんだ。マックスが立ち止まり、私もその場で静止する。

ふいにハンターが木立を突き抜け、いっきに斜面を駆け上がった。あとを追うマックスと私の耳には、驚いたような叫び声と、もつれ合う音が飛び込んでくる。ようやくハンターのいるところへたどりつくと、そこでは二人の男性が慌《あわ》てふためいていた。一人は小さな悲鳴を上げている。ボロボロのリクライニング・チェアからころげ落ちて、向こうずねをすりむいたらしい。その男の肘《ひじ》をもう一人が引っ張り、二人はやがて草むらへ退散していった。

あたりに目をやると、逃げ出せずに手間どっている男がもう一人いた。年配で、先ほどの二人と違って素早く動けない。木陰に置いたスプリングむき出しのマットレスに寝ていたのだろう、起き上がった拍子《ひょうし》に、穴だらけのズボンをコイルに引っかけてしまった。ビリっと生地の破ける音とともにようやく自由の身になると、さっきの二人とは別の方向へ走り出した。どうやら仲間ではないらしい。数メートル先の雑木林に逃げ込んだあと、こちらをうかがっている。獰猛《どうもう》な犬ではないし、追ってこないのに気づいたのだろう。

私たちが踏み入れたのは、ホームレスたちの小さなテント村だった。使い古しのマットレスと三本脚のコーヒー・テーブル、それに、ネズミにかじられてはいるものの、住人にとっては家代わりとおぼしきリクライニング・チェアがある。三人めの男は、自分たちの家財道具のあいだを歩き回る私たちを林の端《はし》からじっと見つめている。

ここは人間の居住地には違いないが、失踪した少女の痕跡は何一つ見当たらなかった。この区画内で何かしら人間の臭《にお》いをとらえたら（生死にかかわらず）知らせるよう命じられていたハンターは、立派に役目を果たしたことになる。それでも相変わらず私たちの反応を見守っているのは、自分の見つけ出した臭いが、私たちの最終目的ではないことを知っているからだ。眉《まゆ》を動かしながらハンドラーのマックスを見つめ、彼の考えを読み取ろうとしている。「もっと捜せ」という命令があれば、すぐにでも応じられるように身がまえている。

「本区画の捜索は完了」私はマックスの合図を受けて無線で報告を入れた。テント村とその住人たちのことも伝えたが、このあたりではめずらしいことではないらしい。

「いい子だ」マックスの言葉にハンターは緊張を解いた。

歩き出した私たちの姿に、三人めの男は自信を取り戻したようだ。去っていくハンターを見つめながら、雑木林からわずかに歩み出る。裸足《はだし》で、シャツも着ていない。声も出さずに、ただ「イヌ、イヌ、イヌ」と口を動かしている。口の形は作れるのに音にできないかのようだ。もう一度「イヌ」としわがれ声を発したかと思うと、にっこり笑って、両手を組み合わせた。


我《わ》が家《や》から八〇〇キロも離れた見知らぬ町で迎える土曜の夜、私たちは、宿泊先のモーテルに併設されたバーに腰を落ち着けた。あとから思いつきで増設したような造りの店だ。常連客たちは暗がりの中で窮屈《きゅうくつ》そうに肘と肘をくっつけ、飲み物のグラスを前に、野球帽を乗せた頭をうなだれている。同席を楽しんでいるというより、うんざりしているようにしか見えない。そばのビリヤード台では、男たちが球を突いている。ゲームの相手に野次《やじ》を飛ばしては、次のビールを注文しに台を離れる。ほんの四歩も歩けばもうカウンターだ。一連の動作はお決まりのパターンになっているらしく、すぐそばの壊れかけた棚に空瓶《あきびん》が次々に並んでいく。二人の男が台を独占し、ほかの客たちは見物専門。ショットがわずかに乱れるたびに、野次がどんどん過激になる。

三〇分ほど前、数人のチームメイトと一緒に店に足を踏み入れたときは、客たちが一斉に振り返り、こちらに視線を送ってきた。ちらりと見たあとは、誰もが互いに目と目を合わせ、小さくうなずきながら、また同時に元の姿勢へ戻っていった。私たちはこの界隈では「よそ者」で、おまけに今はチームのユニフォームも着ていない。それでも、どんな人間で何をしにきたかは、とっくに知れ渡っている。最近は私たちのようなよそ者の出入りが増えているから、誰も気にしないのだ。失踪した少女の捜索が始まって二週間ともなると、新入りにいちいち探《さぐ》りを入れることもなくなった。私たちが空いているテーブルに無言でドサッと座り込むと、ウェイトレスが注文を取りにきた。何人かを親しげに「ハニー」と呼び、去り際、一人の肩に手を押し当てていった。

この町には禁煙条例がないのだろうか、それとも場末なのをいいことに、店が条例を無視しているのだろうか。頭上にはタバコの煙《けむり》が立ち込め、入り口のネオンの明かりで青、赤、緑に染められ、とぐろを巻いている。ドアの横に、行方不明の少女の捜索ポスターが貼ってある。煙の中にぼんやりと浮かび上がる顔。数年前に撮られた写真の中でさえ、少女は不安そうに見える。はかなげなほほえみ、ブロンドの髪、切り揃《そろ》えられた前髪、黒い目の隅に漂《ただよ》う緊張感――まるで今日のために残るべくして残ったかのような写真だ。

私は一日じゅう少女の顔に何度も目をやった。あちこちの電信柱にポスターが貼られ、地元のボランティアがチラシを配っているからだ。正午と午後六時と一〇時には、キー局のニュース番組でキャスターの肩越しに写真が映し出される。少女は一躍、時の人となった。失踪前までは無名の存在だった彼女のことを、ずっと前から知っていたかのように語る熱心な人々もいる。いったいどこまでが事実で、どこからが作り話なのだろう。でも、それを見分けるのは私たちの仕事ではない。警察が行けと言うところに私たちは出向く。指定された区域内で犬のあとを追い、彼らのメッセージを正確にとらえる、それが私たちの役目なのだ。犬たちは、たとえばこんなふうに雄弁に告げてくる。「ここにはいないよ。前には来たけどね。これは彼女の臭いだな。そっちは別の人の。あれ、血が落ちているよ。骨が埋《う》まっている。こっちだ、こっち……」

一方、私たち人間は、活動初日を終えても捜索のことを口にしない。人前で大っぴらにしゃべるのは不適切だし、疲れきっていて話すどころではないのだ。もっとも、今日集まった野次馬たちは、私たちが町のど真ん中で犬たちを四方八方に放って捜索を競わせると思っていたらしい（最初に少女を見つけた犬が優勝）。あいにく、救助犬チームの仕事はそういうものではない。警察から割り当てられた区域をさらにいくつかの作業区画に分け、犬とハンドラーのペアで丹念に捜索していくのだ。このプロセスには綿密さを要求されるが、訓練された犬たちは、人間なら何日もかかるような広大な領域を、あっという間に捜索してしまう。

とはいえ、今回の捜索は長引きそうな気がする。少女は跡《あと》かたもなく消えてしまった、私たちはすでにそんなふうに感じていた。町そのものは小さいが、周辺の人口は広域に散らばっている。女性を監禁するにしても、遺体を隠すにしても、州をまたいで場所はいくらでもありそうだ。今日、私たちが出動したのは、さらに「ホットなスポット」、つまり、これまでにも死体が発見されたことのある犯罪多発地帯だった。そこもまた、テントだらけの貧しい地域で、過去の犯罪の影響が色濃く残っている。それでも少女の痕跡は見つからなかった。犬たちは、「ここじゃない、ここじゃない、ここじゃない」と、ずっと同じメッセージを発していた。

私はもう一度、少女の写真に目を向けた。ところが、スツールに腰かけた巨体の男性が姿勢を変えたせいで、カウンターの間接照明がさえぎられてしまった。ネオンに照らされた少女の顔は紫色に変わり、白目が黒目と同化している。さっきまでこちらを向いていたはずの視線が、もう感じられない。少女の人生もちょうどそんなふうだった、と言う人がいる。いつもうつむきがちで小走りに通り過ぎ、教室の席は決まって後ろのほう。話しかけられるまでは決して話さないし、口を開いても、出てくるのはたった一言二言、そんな子だったらしい。留守電のメッセージは自信なさげで、自分の名前さえ定《さだ》かではないように、語尾を上げて名乗ったという。

耳に入ってくる情報のかけらをつなぎ合わせると、六年も前からこの町を離れようと少しずつ準備していた少女の姿が浮かび上がってくる。小遣いを貯《た》めてオンボロの車を購入したのは、二五キロほど離れた別の町の運送業者で、初めて働くためだった。その給料を積み立ててパソコンを買うと、インターネットの世界でさまざまな人物を演じるようになった。少女の無分別を非難する近所の人たちもいる。わざわざトラブルを招いていたようなものだ、そう取材に答える人もいた。警察は、単なる家出にしては計画性がありすぎると考えている。最後に目撃された祖母の家に、財布、携帯電話、鍵、車、ノートパソコンが置き去りにされていたのも不可解だった。

少女は職場のトラック運転手にタトゥーを彫ってもらっていた。左手首に蝶の絵柄とKの文字。ネットで知り合ったケイティという友だちに捧げたものだという。ケイティは両手首を切って自殺を遂げた――はずだったのに、ひと月後、当の本人が別のチャットルームにひょっこり現れ、住んでいる町も名前も、付き合っているボーイフレンドも、すべて嘘《うそ》だったことが判明した。傷ひとつない手首を見せながら、まんまとだまされていたネット仲間を笑い飛ばす少女。彼女の死の知らせに落ち込み、抗うつ剤を飲むようになった子も、手首にタトゥーを入れた子もいたというのに、すべてはエイプリル・フールだったのだ。

行方不明の少女はケイティを崇拝していたのだろうか？　嘘を許せたのだろうか？　なんだか、ありがちなドラマのストーリーを聞いているようだ。

私は少女の写真から目をそらした。自分の娘でもないのに、母性本能で前髪をかき上げてやりたくなる。首筋に二本の指を当てて脈を調べたくなるのは、捜索救助隊員の本能だろう。

私たちはひと言も発しない。誰もが口をつぐみ、心ここにあらずといった様子でいる。一日の捜索活動でまだ神経が張りつめたまま、みんな前かがみで黙々と食べ続けるばかりだ。かかとを地面に着けずにいるのは、いつでも出動しようと身がまえているからだろうか。でも、そんな必要はなさそうだ。今夜はすでに待機命令が下りたし、次の出動は明日の早朝と言われているのだから。

こんな一日のあとはいつも緊張がほぐれず、なかなか眠くならない。特に捜索が何日にも及び、少女について語る捜査官たちの言葉が現在形から過去形に変わり始める頃には、なおさら頭が冴《さ》えてくるのだ。

現場の空気がわずかに変化するだけで、私たちは夜通し眠れなくなる。その日に捜索した納屋、窪地、焼け落ちた家屋、テント村、トレーラー・パークなどを頭の中で洗い直し、犬たちのシグナルを見落としていないかを何度も確かめずにはいられない。行方不明の少女に取り憑《つ》かれている、と言ったら大げさだろうか。就寝時刻をとうに過ぎても、誰もが、その日、現場で自分が下した判断を思い返している。私はコールスロー・サラダをつつきながら、さて、この中で、最初に椅子の背にもたれて緊張を解くのはいったい誰だろう、と考えていた。

ハンドラーのテリーが身を乗り出した。「なあ、君も犬の訓練を始めるって本当かい？」

ほかのチームメイトも顔を上げた。

「イエス」と私。我ながら結婚の誓いを立てるような口調だ。

数年前、この捜索救助（ＳＡＲ）チームに加わって以来、私は、資格を持った犬とハンドラーたちのかたわらを走り、ナビゲーションや無線連絡から、健康状態のチェック、チームの運営に必要な雑用まで、何でもこなしてきた。三年間、そうした経験を積み、いよいよ自分でも犬の訓練を開始できるほどになった今、ワクワクする一方で、少し緊張もしている。十数種の犬とそのハンドラーたちと伴走しながら、彼らが夜を徹して生存者を捜し回る様子も、死者の前でがっくりと膝《ひざ》を落とす様子も、つぶさに目撃してきたからだ。生半可《なまはんか》な気持ちでは、このチームに新しい犬を加えることはできない。捜索救助活動は趣味でもなければ、休日の暇《ひま》つぶしでもないのだ。

「どの犬種にするつもりだい？」とテリー。彼が組んでいるのは、執念にも似た高い捜索意欲を持つボーダー・コリーだ。名前はホス。何でもこなす優秀な子で、特に水難捜索を得意としている。

「まだ決めてないわ。ボーダー・コリーがいいかしら。オーストラリアの。それじゃなきゃ、ゴールデン……」

「ゴールデン・レトリーバーのことを考えてる？」

私がうなずくと、テリーは以前飼っていたゴールデンのことを話し始めた。ケーシーは優秀な子で、賢《かしこ》くて、熱いハートとよく利《き》く鼻の持ち主だった。そんなにいい子だったのに、ガンであっけなくこの世を去ってしまった。普段は多くを語らないテリーが、ケーシーのこととなると止まらなくなる。目の前にオスのゴールデンの姿が生き生きと浮かんでくるようだ。がっしりした体つき、整った顔立ちに満面の笑《え》み、愉快で、勘がよくて、心根の優《やさ》しい相棒――。と、ふいに声を詰まらせるテリー。亡くなったのはもう五年以上も前のことなのに、ケーシーへの愛情が強すぎて、彼は自分で救助犬の訓練を開始した当初、相棒にゴールデンを選ぶことができなかったほどだ。今の口ぶりからしても、傷は癒《い》えていないのだろう。現役時代は殺人課の刑事として鳴らしたテリーが、新しいゴールデンを飼うこととなると信じられないくらいの弱腰になる。それなのに、人に勧めることはできるらしい。

ゴールデン・レトリーバーは捜索救助活動に適した犬種でもある。意欲、落ち着き、人間との協調性、愛嬌《あいきょう》、鼻のよさ。すでに私は、犬と猫を数匹ずつ飼っているので、我が家のペットたちの平和という点から考えても、ゴールデンには魅力を感じる。

実際、多くのゴールデンが現場で活躍してきた。たとえば、世界貿易センターのがれきの谷間を担架式ロープウェイで移動する姿が映し出され、一躍有名になったライリー、崩壊したオクラホマシティ連邦政府ビルの捜索現場で、疲れきってうなだれるハンドラーを背中で支えた働き者のアスペン。そのほかにもゴールデン・レトリーバーは、雪山、爆発物、麻薬、放火など、あらゆる分野の捜索で活躍している。

「レトリーバーは、かわいいぞ〜」ラブラドール好きのジョニーはそう言ってから、クスッと笑った。「まあ、どんな犬種にするにしても、子犬には家じゅうをメチャクチャにされるし、靴だって

野生生物保護区で捜索するテリーとホス。
保護区での捜索にはリードをつけなければならない。

かじられるから、覚悟しておかないとな」

「あと寝不足もね」とエレン。

「それとウンチも」テリーが要注意というように人差し指を立てながら顔をしかめた。

「こういうやる気満々の犬種はアドレナリンの塊《かたまり》なんだ。子犬が活発になってくると、そりゃあもう信じられないくらいのウンチを……」

私はサラダの皿を脇へ押しやった。

全員がようやく椅子の背にもたれてくつろぎ始めた。私を脅《おど》して楽しんでいる。それぞれ自分の相棒の幼《おさな》い頃の話を披露してくれるが、「その後の立派な成長を予感させる、天使のような子犬だった」などというエピソードは一つも出てこない。どの話のオチにも、とんでもない災難がついてくる。「隣の家からテレビの音がするたびにワンワン吠《ほ》える。そのうち壁板をかじって、穴を貫通させ、しまいには、お隣のオウムまで犬の吠え声をまねするようになった」などとチームトレーナーは言う。本当だろうか、怪《あや》しいものだ。

「まあ、いいんじゃないかしら」フリータが額をこすりながら言った。「見習いの子犬が増えるとチームが活気づくでしょう」目は疲れているのに、グラスを上げて乾杯の仕草《しぐさ》を見せ、にっこり笑った。

アメリカのある一日を切り取ってみた場合、捜査中の失踪事件の総数は一〇万件にも上る。そのうちの大半は解決されない。一方、アメリカじゅうの監察医のもとには、合計四万人ほどの身元不明者の遺体や遺骨が保管されている。現場で捜索救助に当たる私は、そうした数字が気になって仕方がない。四万といえば、小さな町の人口にも匹敵する数だ。私たち捜索救助チームは、犬と力を合わせ、生きているとも死んでいるとも分からない人々を捜して歩く。たった一人の少女の行方を、すでにポスターが色あせるほど長く捜し回ってきた。その一方で、この国のどこかでは何千件もの捜索活動が今も続けられている。

今回の行方不明少女の捜索だけでも、これだけ多くの人間がかかわっているのだから、他の事件をすべて解決するためには、いったいどれだけの警官、グリッドウォーカー（訳注：大勢で等間隔に横に並び、特定の領域を一斉に歩いて捜索する人）、パイロット、バギー車ユニット、騎馬ユニット、救助犬チーム、法医学者が必要だろう。まったく見当もつかない。地理的な条件や、事件に対する過小評価、資源《リソース》の限界を考えれば、行方不明者の多くは一時的に注目されるだけで、あとは放っておかれるのではないだろうか。あるいは、はじめからまったく問題にされないケースもあるかもしれない。

私たちが捜索しているこの片田舎の少女は、ニュースの少ない時期に失踪した。でも、いったいいつまで注目を浴びていられるだろう。捜索資金が尽き、別の事件が持ち上がれば、たちまち優先順位を下げられ、いつしかこの町に伝わる昔話の部類に入れられてしまうのだ。「捜査継続中の失踪少女」から、一〇年後「州立公園で発見された身元不明死体」へと変わる確率はきわめて高い。時間と数字を考えると焦《あせ》りを感じてしまう。まだまだ子犬の訓練など始められそうにもない。

翌朝は、強烈な日差しに喝《かつ》を入れられた気分だった。地域の住人たちは星条旗模様の大きなテントの下に集まっていた。どこか遠くの中古車ディーラーが寄付してくれたテントだというが、なんと頼りない代物だろう。キャンバス地はボロボロで、てっぺんがたわんでいる。風が吹いたらひとたまりもない。今朝は風がなくてよかった。

早朝の太陽はまだ低いところにあるのに、テントの中はすでに充分温まっていた。二〇〇名ほどのボランティアたちが、なるべく涼しい影に陣取ろうと、星条旗の青いストライプの下でひしめき合っている。誰もが、寄付されたオレンジジュースと濃いコーヒーのどちらかを胃に収め、中には、両方を飲んでしまった者もいる。簡易トイレがまだ設置されていないし、今日の捜索の舞台は荒野のど真ん中だというのに、大丈夫だろうか。まっ平らな地形だから、草むらでちょっと用を足そうものなら、たちまち注目の的になる。現場の人間だけでなく、テレビの向こう側の人たちにも丸見えだろう。今朝は、はるばるテレビ局の中継車もやってきていて、すでにアンテナやクレーンが伸び始めていた。

舗装道路をはずれて砂利《じゃり》道や草地に入ってくる車も増えた。ドアがバタンと閉まり、テントの入り口で声がする。「保安官が少女の両親を連れてきたから、間もなく捜索は開始されるだろう」とかなんとか。本当にそうだろうか。チームメイトたちの顔にも疑問符が浮かんでいた。「せかされたあげくに待機」というのは、大規模な捜査ではよくあることだ。今回の捜査も範囲が定まらないまま、一方ではボランティアの数が膨れ上がり、すでに大がかりなものになっていた。朝七時に現場集合と命じられてから、すでに一時間半が経過している。この分では、九時半までに出動できればラッキーなほうかもしれない。

「やつらをチェックしてくるよ」水の入ったボトルを四本抱《かか》えたテリーが言った。犬たちは車の影のクレート（ケージ）で待機中だ。そのそばには、アシスタントのエレンが付いている。私にも、テントの入り口のフラップ越しに犬たちとエレンが見える。こっちよりよっぽど快適そうで、うらやましい。

犬たちは現場に到着したのを知っていて、すでにやる気満々の様子を見せている。コリーのセイバー、ジャーマン・シェパードのハンター、ラブラドールのバスター、ボーダー・コリーのホス。彼らは、新たに誰かが到着するたびにチェックに余念がない。鼻の付け根にしわを寄せ、耳を前方に突き出して懸命に探りを入れている。きっとこんなふうに通行人を識別しているのだろう。「このおじさんは腎臓が悪いみたいだな」「あ、そこの素敵《すてき》な彼女、朝食にベーコンを食べてきたでしょう。ちょっとこっちへ寄っていきませんか」「おや、そっちの男性は家に犬を二匹飼ってるよね。おっと、一匹は発情中じゃないか！」「おーい、そこの子ども、さっきズボンにハンバーガーを落としただろう」テリーが近づくと犬たちは笑顔を向けた。しっぽがクレートの柵《さく》に当たって音を立てる。

バン、バン、バン。

テントの中には、揃いの特注Tシャツを着たボランティア・グループも集まっていた。失踪した少女の写真をプリントした紫色のTシャツで、胸には「君を絶対に捜し出す」という約束の言葉が、背中には「みんな君を愛している」というメッセージが入っている。今日の出来事を記録しようと、ビデオカメラ持参の人たちも、ちらほら見える。保安官が二人の助手と少女の両親を連れて入ってくると、ボランティア・グループのおしゃべりがやんだ。一人の男性が麻の帽子をサッと脱いだ。仲間の女性はビデオの撮影を続けている。保安官、少女の父母、テレビのレポーター、群衆と次々に映し出したあと、保安官助手の重たい視線をとらえて、ようやく手を止めた。ジーというかすかな停止音とともに、ビデオカメラをハンドバッグにしまう女性。

保安官の説明には新たな情報はなく、すでに噂《うわさ》されていることばかりだった。昨日の捜索では、失踪した少女の手がかりは一つも見つからなかった。「ただし、区画を一つ捜索し終えるたびに答えに近づくのだから無駄ではありません」と保安官は言う。語尾はとぎれとぎれで、バリトンの声は疲れを隠せない。それでも聞き取りやすく、話は明瞭で力強い。今日は住民のグループを四つに分け、新たな領域の捜索に当たってもらう、困難が伴うことを覚悟してほしい、これから行く場所は藪《やぶ》だらけの荒れ地であり、不法投棄されたゴミが散乱している、長靴を履くことが望ましい、割れたガラスが落ちている上、ヘビが出るかもしれない、等々……。ショートパンツにサンダルばきというスタイルで背中に赤ん坊をおぶった女性が、隣の連れ合いと目を合わせた。夫が彼女の足元に視線を向けると、妻は固く口を結んでそっぽを向いた。

保安官が少女の両親を前方に引っ張り出した。母親はいかにも疲れきった様子をしている。父親はこわばって無表情だったが、集まった人々に礼を述べたとたんに、声が上ずってしまった。結局、「どうか、うちの娘を捜し出してください」と言ったのは、言葉を詰まらせている夫に代わって口を開いた妻のほうだった。彼女はテレビカメラを避けるように夫を引っ張った。その夫は振り向きざまにレンズをまじまじと見つめた。

「そう、要するに、集まっていただいた理由はそれに尽きます」と保安官が言うと、改めて決意を強くする声がテント内に広がった。二人の保安官助手が歩み出て、ボランティアたちのグループ分けを始めると、誰かが私の腕を引っ張った。「行くぞ」とジョニーが声を出さずに口を動かし、グイと首を傾けた。その先にはもう一人の保安官助手がいて、人々に気づかれないよう、さりげなく私たちをテントの外へ誘導している。

私たちは保安官助手のまわりに集合した。犬たちはクレートの柵に鼻を押しつけて、彼の臭いを嗅《か》ごうとしている。保安官助手はトラックのボンネットに地図を広げると、これから向かう場所を指し示した。「このあたりが怪しいと言われています。少女がいるのはここではないかと」そう言って一点を指さし、そのまわりに大きな円を描いた。

「根拠は?」とテリー。引退したとはいえ、刑事魂はいまだ健在だ。

保安官助手は首をすくめた。「匿名の情報です」しばらく地図を見つめたあと、彼はこう付け加えた。「今のところ手がかりは、ほかにありません」

クレートから出された犬たちは、体をブルッと震《ふる》わせ、その場でグルグル回ってから、おしっこを済ませた。トラックに乗せられ、エンジンとエアコンがかかると、興奮して何匹かが吠え始める。移動用のクレートにすっぽり納まり、出発準備は完了。ウォーミングアップしている犬たちの興奮が、車外の私にもガラス越しに伝わってくる。うなっているというより、「早く行こうよ」と、じれているような独特の鳴き声だ。

割り当てられた領域をいくつかの区画に分け、三匹の犬が別々に捜索していくことになった。そこは不規則な地形の二〇ヘクタールもの土地で、干上《ひ》がった川床に電化製品のゴミが散らばっている。風がめまぐるしく向きを変え、私たちの耳元にかすかな雷鳴を運んでくる。風と言っても、地表の輻射熱から生まれただけに、暑さをやわらげてくれるようなものではない。ただし、犬たちにとっては願ってもない風だ。

彼らは区画の中を東へ進み、北へ曲がり、次に西へ向かう。その動きを私は双眼鏡で追いかけていく。犬の頭としっぽの先が草の上に見えていて、その数メートル後ろをハンドラーが歩いている。分厚い被毛に覆われたコリーのセイバーは、暑さをものともせず、確かな足取りで低木のあいだを進む。双眼鏡がなくても見えるくらい、セイバーは遠くからでもよく目立つ。くすんだ色の地面を歩く白黒茶《トライカラー》の美しいオス犬と、それに続いて注意深く見守りながらついていくフリータ、さらにその後ろを、記録を取りながら追いかけるエレン。広々とした平らな荒れ地で、セイバーは整然と休みなく捜索を続け、区画の終わりにたどりつくと足を止めた。フリータを見つめたあと前へ向き直る。豊かな襟巻に包まれた首をすくめるような動き、それが「捜索完了」を意味していることは、私にも見て取れた。フリータがエレンに向かって首を横に振ると、「これから戻る」というエレンの声が無線から流れてきた。

マックスとハンターは、雨水の浸食でできた谷にへばりつく低木林をジグザグに進んでいく。ジャーマン・シェパード特有の大きな黒い耳をさかんに動かし、奥へ奥へと移動するハンターは、軽《かろ》やかな足取りで草を踏みながら、何か聞き取ろうとしているようにも見える。

草地に住む臆病な鳥が一羽、数メートル先で飛び立つと、ハンターの両耳がヒョイと前を向く。その動きは、光を反射して、まるで瞳《ひとみ》のまたたきのように見える。それでも鳥には目もくれず、鼻を前に突き出したまま歩みを続ける。そのあとを追って林の奥へ入ったマックスの赤いTシャツが木立に見え隠れしている。

犬たちは、生存者と死者とでは、発見したときに別々のアラート（告知）の方法を取るように訓練されていて、今回の捜索中の振る舞いは一貫していた。むやみに足を止めないし、頭をヒョイと動かさない。走り出さないし、吠えない。

草むらに分け入ると、ウサギに騒がれ、ヘビに威嚇《いかく》されたが、どの犬も興味を示さなかった。ここには捜しているものは何もないということで意見が一致したようだ。

それまで無言で見守っていた保安官助手が、ジョニーとバスターのペアを目で追いながら口を開いた。「私もラブラドールを飼っているんですよ。素晴《すば》らしい犬種ですね。本当に働き者だ」

フリータはすでにセイバーを連れて戻り、マックスは首を横に振りながら、ハンターとともに帰ってきた。マックスが水をそそぐと、ハンターはあっという間に飲みほし、ペタンと座り込んでハッ

別の捜索現場で川床を捜索するマックスとハンター。

と息を吐いた。数分後、バスターとともに帰還したジョニーが言った。「何もないね。投棄された洗濯機の中にウサギの赤ん坊たちがいただけだ」

「あら、ウサギの赤ん坊？　で、何匹いたの？」とエレン。

「さあね。ヘビたちの朝飯と昼飯と夕飯になるくらい、たくさんいたよ」

「あきれた……」エレンは腕組みして首を振っている。農場を経営していたので、つい尋《たず》ねてしまったのだろう。でも、今はウサギのことであれ何であれ、聞きたいのは吉報だけだった。

「問題は」保安官助手が口を開いた。

　私たちが注目したとたん、保安官助手の携帯電話が鳴った。助手はボソボソと応答しながら、その場を離れていった。空いているほうの手を反対の耳に当て、風の音を防いでいる。

　私たちは新たな捜索場所へ急行することになった。別のところを捜索していた人たちが、強い死臭の漂う一帯を発見したのだ。保安官助手が携帯電話で得た間接情報によれば、物的証拠もあるらしい。犯罪の疑《うたが》いが出てきたため、その領域は立ち入り禁止となり、保安官が犬たちの到着を待っているという。今までとは違う捜索アプローチを取ることになるだろう。広域を隅から隅まで行ったり来たりしながら捜索するのではなく、一方向に慎重に臭気をたどりながら、問題の発見物が少女と関係があるかどうかを確認するのだ。

私たちは小さな丘のふもとに車を停《と》めた。そこは自転車道とも交差している場所で、さらに多くの電気製品と大量の廃車が捨てられている。保安官助手が問題の方向を示した。私たちは丘のてっぺんを見上げ、捜索開始の合図を待った。

「この辺は少年少女がよく車を停めるんですよ」と保安官助手。うっそうと生い茂った風通しの悪い雑木林にセックスでもしにくるのだろうか。なんだか自分がいっきに年を取った気分になる。「まさかでしょ?」信じられずに聞き返してしまった。

「まあ、星がきれいな場所だから……」そう答える口元がわずかに歪《ゆが》んでいる。どうやら経験から言っているらしい。そういった少年少女を補導したことがあるのだろうか。それとも昔、彼自身がその手の連中の一人だったとか。

また携帯が鳴った。保安官助手はしばらく離れていたあと、戻ってきて言った。「ロックされた車の中から臭いがするそうです。近くで武器と思われる物品も発見されました。泥の中には新しい衣服も落ちています。失踪少女とは関係ないにしても、犯罪現場かもしれません。皆さんには領域全体に立ち入っていただくわけにはいきませんが、犬たちを連れて車をチェックしていただきたいのです」

フリータとセイバー、マックスとハンター、エレン、私は、保安官助手のあとに続いて丘の上まで狭い道をたどった。はるか遠く、おそらく二〇〇メートルくらい離れた場所から、ボランティア捜索者の一団が私たちを見守っている。くすんだ地面を背景に、彼らの紫色のTシャツが、まるで青アザのように見える。風向きが変わり、おしゃべりの声が聞こえてきた。こちらが風下《かざしも》になったのだ。

丘のてっぺんで待ちかまえていた保安官と二人の保安官助手を先頭に、私たちは問題の車の場所まで慎重に進んでいった。一九七二年製のボロボロの青いインパラ。その向こうの地面にはステンレス製の肉切り包丁が落ちている。汚れも錆《さび》も見当たらない。

インパラの隣には、しわくちゃのジーンズが、まるで誰かがストンと脱いだきり、放置していったかのように見える。裾までクシャッとたたまり、チャックが開いていて、履き口がぽっかり上を向いている。折り重なった部分に泥の筋がついているが、どう見ても、長い時間そこにあったようには思えなかった。

最初にセイバー、続いてハンターが、ゆっくりと車の周囲を回り、その様子をエレンと私が記録していく。どちらの犬も死体捜索の経験は豊富だ。二匹とも、隙間《すきま》という隙間を嗅ぎ回っているが、まったく興味を示さない。フリータが首を振る。しばらくしてマックスも同じように首を振った。

「ノーだ。犬たちがノーと言っている」とマックス。

保安官の手招きで私たちが車に近づくと、腐敗臭が漂ってきた。「誰か、死体の臭いを嗅いだことは?」と保安官。私たち三人はうなずいて、さらに車に近づいた。示し合わせたわけでもないのに、私たちは同時にトランクの上に鼻を突き出した。ムッとするような悪臭だ。

「ひどい臭い」私がそう言うと、フリータも首を振った。こういう場合、いつもうまく言えないのだが、亡くなった人間と、道端に死んで落ちているリスやネズミとでは臭いが違うと思う。濃いとか薄いとかではなくて、人間の遺体には特有の臭いがあるようだ。化学的な理由は分からない。シャンプーのせいだろうか。マーガリンなどのトランス脂肪酸のせいか、それとも抗うつ剤のせいだろうか。もしかしたら、都市伝説にあるように、私たちアメリカ人の肉体はコカコーラ漬けなのかもしれない。

「何かの死骸があるのは確かね。でも人間のではないと思うわ」フリータが言った。

マックスは、ハンターにもう一度確かめるようにうながし、その様子を見守ることにした。「ハンター、死骸はどこだい？」人間の臭いを追跡する任務から解放されたハンターは、普通の犬に戻り、興味津々といった様子で車の周囲を歩き始めた。やがて、ゆっくりと足を止めると、左後方のタイヤの隙間に鼻先を突っ込んだ。マックスが地面に膝をついてのぞき込み、「あったよ」と言う。そして悲しげな口調でひと言。「犬だ」

全員でかがみ込むと、後部の車軸に引っかかっている死骸が見えた。脚と頭がグニャリと垂れ下がっている。茶に黒のブチが入った中型の雑種。口元の肉が後退して歯がむき出しになり、目はどんよりと曇《くも》っている。肉球は無傷だけれど、しぼみかけていて、白い小石が一つ挟まっているのが見える。この車に轢《ひ》かれたか、そこに入り込んだあとに死んだのだろう。なんとも痛ましい。ブンブンとハエが飛んでいる。

「死んでからしばらく経《た》っているな」とマックス。

「よし」保安官がぎこちなく立ち上がった。全体に日焼けしているのに、目の下だけが青白い。

「まだ犬たちに調べさせたいところがありますか？」と保安官助手が尋ねる。

保安官は、「犬たちに限らず、もうほかに調べさせたいところはない」と首を横に振ったあと、こう付け加えた。「この捜索は長引きそうだ。君たちはいったん家に帰ったほうがいいだろう。犬たちが必要になったら、また出動願うとしよう」

私たちはしばらく立ちつくしていた。保安官の視線は丘を下り、はるか向こうのボランティア・グループのところへ移った。丘のふもとに別の車が来ている。ドアがバタンと閉まり、ガサッという音。ややあってもう一度ガサッ。保安官が振り向いた。

「さて、ご両親に話してくるとするか」

保安官が小道を下っていくと、丘の下の少女の両親も歩き出した。近づいてくる二人を見て、保安官は少し背を伸ばす。父親のほうも頭を上げ、肩をいからせながら、妻を抱き寄せて坂道を上ってくる。落ち合う寸前の彼らを見ていて私は思った。失踪少女の捜索が始まってから一三日、いまだに何の手がかりもないというこの事実に、両親は耐えられるのだろうか。彼らの一番の望みは何だろう。「まだまだ可能性はありますよ」という言葉なのか、「そろそろ見切りをつけましょう」という言葉なのか。

帰宅するため、私たちは長時間のドライブに備えて車に荷物を積み込んだ。犬たちは、川のそばの小さな公園で最後のひとはしゃぎを楽しんでいる。私たちのいるペカンの木の木陰には、今日の捜索に参加した地元ボランティアが二人立っている。一人は夏期講習のためにこれから車で大学に戻るところで、もう一人は急いでシャワーを済ませて舞い戻ったばかり。ここから反対方向に何キロも離れたレストランへ仕事に向かうのだという。

ボランティアの一人が、「犬たちは捜索のことを理解しているのでしょうか？」と言う。人間が感じていることを犬たちも感じているのか、この捜索にうんざりしている自分たち人間のように、犬たちは嫌気《いやけ》がささないのか。

フリータは首を横に振り、「犬たちにしてみれば今回の捜索は成功だったのよ」と言う。「失踪した少女がここにいるか、いないかを確かめる」という任務を与えられ、立派に果たしたのだ。テント村の三人の浮浪者を除けば、ここには生存者も死者もいなかった。それに、私たちは作業区画をすべて調べ終えると、軽い気分転換の目的でボランティアに隠れてもらい、犬たちに捜させる時間も作っている。たわいのないゲームだけれど、働きづめの一日の最後にこういう遊びをすると、犬たちのモチベーションを高く保つことができるのだ。どの犬もほめられるのが大好きだから、うれしそうに跳ね回り、このゲームを楽しんでいる。

例外はあるとしても、その日の作業について忘れることにかけては、犬のほうが人間よりも上手《じょうず》なのだ、とフリータは言う。私たち人間は安心して犬たちに仕事を任せ、犬たちは人間の言葉を安心して信じる。私たちが「よくやった」と言えば、犬たちはそう信じて疑わないのだ。

私は犬たちの遊ぶ姿を見守った。捜索という共通の目標はあっても、現場での個性はバラバラ。

ハンターの集中力、セイバーの落ち着き、バスターの正確さを、私は目《ま》の当たりにしてきた。こういう遊びの時間の過ごしかたも、犬それぞれだ。

ジャーマン・シェパードのハンターは茂みの中で小動物の臭いを嗅ぎ回っているし、ラブラドールのバスターは川の浅瀬でバシャバシャやりながら、小魚をつかまえようとしている。私たちがからかうと、バスターは顔を上げ、鼻先から水を滴らせ、さっきまでの臭いを思い出したのか、困ったような表情を見せる。自分が呼ばれていると分かるとニヤリと笑い、また魚を追いかけ始めた。

ルックスの美しさではピカイチのコリーのセイバーは、普段ならその美しさを自覚しているのに、今は、みっともない格好で草むらをころげ回りながら「ウォウ、ウォウ」と叫んでいる。立ち上がったときには、白い襟巻に草の汁がつき、全身の毛がボサボサ。そんなふうに不格好になるのが、うれしくてたまらない様子だ。「なんていうおバカさんなの」フリータが抱きしめると、セイバーは彼女の耳に鼻をこすりつけた。「もう、ドジなんだから」

ボーダー・コリーのホスは、ボールを拾っては、私たち一人ひとりに持ってきてくれる。なんとも憎めない。どんなにダメといってもどこ吹く風で、出発の時間がきても、いっこうにやめようとしない。私たちに投げてもらったボールをせっせと拾ってきては、また投げてくれ、とせがむ。これを私たちは「持来《じらい》セラピー」と呼んでいる。実際、癒《いや》しの効果は抜群なのだ。笑いながら去っていくボランティアのあとを、あきらめきれないホスはボールをくわえて車のところまで追いかけていった。

我が家へ戻る車の中で私は思った。未来の我が愛犬は、捜索救助活動に、このチームに、そして私自身に、何をもたらしてくれるのだろう。仰向けでいびきをかいているゴールデンを後部座席に乗せて我が家までの長い道のり、車を走らせる自分を想像すると、うれしくなってくる。働き者の素晴らしい犬。相棒にして友だち。今日のような捜索活動のあとには、そんな道連れがいてくれたら、心の痛みも少しはやわらぐに違いない。

2　求む、優秀な相棒

テキサス州ミッドランドの空港を一歩出ると、気温は三九度。それなのに私の手は冷たい。両手にキャリーバッグ、首輪、リード、救助犬の訓練用ベストを持ち、首からはチームのＩＤカードを下げている。その首の上に乗っているのは、愕然《がくぜん》とした表情を浮かべた顔。きっと今、「ヘッドライトに照らし出されたシカ」みたいな顔をしているに違いない。

一年に及ぶ調査とブリーダーへの問い合わせの時期を経て、子犬用に家の中を整え、ようやく今、パートナーになるはずのゴールデン・レトリーバーまで所要時間三〇分というところまでやって来た。ところが、念入りな準備をしたはずが、いざ当日になるとその成果はどこへいったのやら、足元を見おろすと、左右色違いの靴下を履いているし、手には新しい犬のおもちゃまで持っている。明け方、朦朧《もうろう》としたまま我が家から空港へ向かうとき、あわてて手にしたらしい。大型犬のグレート・デンを遊ばせるのにちょうどよさそうな特大サイズの、レッド・ロブスターのぬいぐるみだ。爪のところに「ケープ・コッド」（訳注：米国北東部の観光地）の文字が刺繍されている。自宅を出るときにそれを持ち上げたことも、空港でセキュリティチェックに突っ込んだことも覚えていない。これから引き取る子犬よりも大きそうな代物だというのに。

「ペットはどこですか?」空のキャリーとおもちゃを抱え、一人で立っている私を見て、タクシーの運転手が尋ねてきた。

「その素敵な子を迎えに行くところなの!」これが証拠だと言わんばかりに、私はロブスターをかざしながら、まくしたてた。運転手は(この女、完全にイカれている)と思ったらしく、首を振りながら離れていった。


社会のあちこちで存在感をはなっているゴールデン・レトリーバーだが、意外にも犬種としての歴史は浅い。起源については諸説あり、ロシアの犬のつがいから生まれたのが、のちにゴールデン・レトリーバーと呼ばれるようになった最初の子犬たちだとも言われる。アメリカ・ゴールデン・レトリーバー・クラブは、スコットランドのトゥイードマウス卿が、一八六五年にイングランドのブライトンで手に入れた子犬が起源だとしている。ウェイビーコーテッド・レトリーバーの黒いきょうだいの中で一匹だけ黄色い被毛を持っていたオスの子犬に、トゥイードマウス卿は「ヌース」と名付け、スコットランド高地の私有地クシュグン・ハウスに飼っていた猟犬たちの仲間に加えた。その後、トゥイード・ウォーター・スパニエルのメス犬「ベル」とかけ合わせて生まれた黄色の子犬たちが、ゴールデン・レトリーバーの始祖になったという。そのうちの一匹「クロッカス」の写真を見ると、現代のゴールデン・レトリーバーに驚くほどよく似ている。やがて二〇世紀初頭から、ウェイビーコーテッド・レトリーバーまたはフラットコーテッド・レトリーバーとして英国のドッグショーに出場するようになったが、アメリカン・ケネル・クラブ（ＡＫＣ）が独立した犬種として認めたのは一九三二年のことだ。当時、ゴールデン・レトリーバーは個体数が少なかった。

先祖がそうであったように、現代のゴールデンもさまざまな形で意欲的に人間とパートナーを組む、知的な犬だ。もともとは物を回収するために作り出されたが、頭もよく、敏捷性《びんしょう》や服従の面でも秀《ひい》でている。臭跡追及や嗅覚を使ったそのほかの作業に優《すぐ》れた個体が多い。ＡＫＣの資料には、忠実で愛情深い伴侶《はんりょ》と書かれている。そうした生来の特徴は捜索現場で役立つものばかりだ。私も以前からゴールデンに関する噂はなんとなく耳にしてはいたが、子犬を探し当てるまでの数カ月の調査期間中、それが確かな評価であることが分かって、うれしかった。

現在、ゴールデン・レトリーバーはアメリカで人気の高い犬のトップ10に常にランクインしている。口コミでの評判も理由の一つだが、おもにメディアへの露出度の高さからきているのだろう。人気の高さは、逆に、この犬種特有の深刻な問題の原因になっているのかもしれない。現に問題が起きている。需要があればあるだけ満たそうとする一般市場では、ゴールデンでひと儲《もう》けしようと鼻を利かせる連中もいるのだ。そこで、乱繁殖がおこなわれることになる。パートナーの候補を見つけるまでの長い期間、私はゴールデン誕生の歴史をたどり、かかりやすい病気についても調べ上げた。たとえば、股関節形成不全、心疾患、眼病などがそうだし、年齢に関係なく、ガンで亡くなるゴールデンも多い。血管肉腫とリンパ肉腫は、ゴールデンの平均寿命を一〇年半と短くしている二大死因だ。ネットを見ると、これらの病《やまい》に愛犬を奪われた飼い主たちの悲痛な叫びが多数投稿されている。四～五歳で亡くなるケースもめずらしくない。ゴールデンに関するインターネット・フォーラムのいくつかに参加している私は、参加者たちから悲報を聞かされてきた。とても他人ごととは思えず、ときには泣きながら眠りにつく夜もある。

ほかにも考えなければならないことがあった。抱きしめたくなるような愛らしい外見とは別に、ゴールデンは、人間と一緒に働くのが大好きな、きわめて社会性の高い犬だ。かわいい子犬からやがて成犬へと成長したゴールデンに対して、場当たり的なしつけやこま切れの愛情、まして裏庭に放置するような扱いは適切ではない。毎年、何百頭もの元気なゴールデンが、悲しげな顔で自治体の保健所へ持ち込まれてくる。飼いきれなくなった原因は飼い主の選択ミスにある。自分の好きなときだけかわいがれば済む都合のいい犬が欲しい人にとっては、庭に出るたびに飛びついてくるような犬は願い下げなのだ。ゴールデンにしてみれば、一日に一〇分しかかまってもらえず、あとはほったらかしにされていれば、愛情に飢えて家族に飛びつきもするだろう。いろいろと調べた結果を総合しても、ゴールデンをアクセサリー扱いすべきでないことは明らかだった。もちろん、どの犬にも言えることだが、特にゴールデンのような大型犬が家庭という社会から無視されたときに取る行動は、家族にとっても、犬自身にとっても破滅的なものになりやすい。

そんなゴールデン・レトリーバーの飼い主としては新米であっても、私は常に一緒に過ごして愛情をそそぐことに関しては自信があった。そして、一緒に働くことに関しても。やる気の高さという点で、ゴールデンと私の相性は抜群によさそうだ。

そこでゴールデン専門のシェルター（保護施設）のいくつかに連絡を取ると、救助犬になれそうな子犬が保護されたら知らせると約束してくれた。ところが吉報は舞い込まなかった。ウェブで調査中に目星をつけておいたアメリカじゅうのブリーダー一〇軒にも問い合わせてみた。そのうち四軒からは、今年は紹介できるような子犬がいないという連絡がきた。二軒には子犬がいたが、すでに売約済み。一軒のブリーダーは、こちらがどんなに熱心にメールを書き送っても、意気込みを信用してくれなかった。私は求めている子犬のためならどこへでも迎えにいくつもりで、「遠方でもかまいません！　飛行機だろうと、車だろうと、お迎えＯＫ！　夏季休暇中につき時間はあります！」と書いたのだが、効果なし。さらには返事さえよこさなかったブリーダーが三軒も。こうして、見つかりそうなのに見つからないという状況が九カ月も続いた。すれすれのところで我が家の子にならなかったゴールデンは、いったい何匹いただろう。あまりに見つからないので、もしやこれは神様の思《おぼ》し召《め》しではないか、と思い始めたくらいだ。

「違うよ」泣き言をいう私に隣人が言った。「君は自分で言ってたじゃないか。並みの犬じゃないんだから、飼うためには準備が必要だ、って。つまり、まだその準備が整っていないってことさ」

そう言うジェランドは、風水を実践している人だ。彼のおかげで私は、食中毒の原因が傷んだチキンサラダの仕業《しわざ》だったと知り、なるほどと思ったことがある。だから、彼の言葉に耳を傾け――ときにイラッとしながら――機が熟すのを待つことにした。

すると思いがけず、五つの別々の情報源から優良ブリーダーとして名の上がった人が、私のところへ連絡をくれた。スピリットという名のゴールデンが妊娠したという。まさに私が求めていた血統だし、捜索救助活動に適した子犬を生んでくれそうだった。そのブリーダーは、いろいろな情報を教えてくれ、スピリットと、東海岸の別のブリーダーが育てている、お相手のオジーの写真も送ってくれた。どちらの家系も、服従、敏捷性、追跡能力の点で秀でている上、健康で長生きだった。

スピリットの血統に関する資料を入手すると、二日ほどかけてゆっくり目を通した。はやる気持ちを抑えて、少しは冷静に考えてみなければならない。読んでみると、はたして、何もかも申し分なさそうな犬だと分かった。そこで申込書に記入し、予約金を支払うと、まだ生まれてもいないゴールデンを待つ日々が再び始まった。今この瞬間、どこかで細胞分裂の奇跡が繰り返され、優秀なDNAを受け継ぐ未来の我がパートナーが生まれようとしている、そんな思いで頭はいっぱいだった。

「見ろよ、この頭の形」数週間後、テリーが言った。私の子犬の父親であるオジーの写真を見ている。優しいテディベアのような顔をした大きなオス犬だ。「それに、こんな顔をされたら、誰だってほほえまずにはいられないよ」なるほど。私がゴールデンに決めた数々の理由のうちの一つが、この愛らしさだった。私たち救助犬チームは、失踪した子どもやアルツハイマー患者の捜索に呼ばれることがけっこうある。道に迷ってただでさえ不安だらけの要救助者が、犬に発見されたときにさらに怖い思いをする、ということがあってはならない。だから私は、明るくて屈託のない優しい表情の犬が好ましいと思った。

テリーは次に、美人のママ、スピリットの写真を眺めている。「見て」というコマンドを受けてじっとポーズしている写真だ。それから、生後二日めに送られてきた子犬たちの初めての写真に目を移した。全部で一〇匹。メスが九匹とオスが一匹。俵型のフライドポテトに毛が生えたみたいに見える。丸っこい体、小さな耳たぶ、身を寄せ合っているので顔ははっきり分からない。一匹一匹を識別するために、色違いのリボン製の首輪を付けている。

「この中のどれが私の子になるのかしら」私はリボンを指さした。「あなたはどの子だと思う? 当たったら、あなたの指定するゴールデン用シェルターに一〇〇ドルを寄付するわ」

テリーはしばらく指先をさまよわせたあと、一匹を選んだ。このゲームを私は二〜三日続けた。誰もが自分なりの理由があって子犬を選んだ。「ほかの子たちを守っているように見えるからだ」とか、「この子は鼻がデカいからだ」とか。最後に自分でも一匹選んだ。ころんと丸まった、ブロンドの小さな子犬。ほかの子たちとは混ざらずに独《ひと》りでいる、黄色いリボンの子。子豚のように丸々と太っている。ということは、欲しいものがあれば、ほかの九匹を乗り越えてでも取りにいくタイプなのかもしれない。

偶然にも、私の選んだ子が正解だった。勘が働いたというより、まぐれ当たりと言ったほうがいい。私の「黄色ちゃん」も、ほかの子犬たちも、生後六週と一〇週の時点で、意欲、自信、人間との協調性について予備テストを受け、ブリーダーと私たち救助犬チームのヘッド・トレーナーのあいだで話し合いがおこなわれた。どの子にするかについて、私の選んだメスと一匹だけいるオスとで接戦が繰り広げられた。ブリーダーとトレーナーが長距離電話で延々と話し合った結果、私に有利な決断が下された。まるでお見合い結婚みたいだ。「メスのほうになったよ」そう知らされたのはミッドランドへ迎えに行く前日のこと。それは黄色のリボンをつけている子だった。

あとはその子に会って、連れて帰るだけだ。我が家には三匹の年老いた猫と六匹の成犬が待っている。長いあいだ犬を育ててきたけれど、今度はどれくらい大変だろうか。

我が家にいる動物たちのほとんどは、私が保健所から引き取ってきた子たちだ。実家でも、しょっちゅう市の保健所から猫を引き取っていたので、今でも私は、すぐそばで動物たちがワサワサと戯《たわむ》れていると元気になる。そこで、自宅にもそういう群れにいてもらっているのだ。どの子も一匹ずつ性格が異なり、それぞれが自己主張をしてくる。犬たちの中には、安楽死直前にシェルターから救出してきた子たちも含まれている。落ち着いて養子に出せるようになるまで、一時的に里子として預かっている。ポメラニアンのフォクスル・ジャックとミスター・スプリッツルだけは、私がもとから飼っている犬だが、彼ら以外に新たに里子がやってきたり、養子に出したりするので、犬たちの数は、しょっちゅう増えたり減ったりしている。

子犬を迎える何週間も前から、我が家の動物たちはみな、私の行動の変化に気づいていた。ただし、実際に怪しんでいるそぶりを見せたのはスプリッツルだけだった。子犬のために家を改造している私のあとをブツクサ言いながらついてきて、ときおり、賛成できないとでも言いたげに「アン」と吠える。キツネのような顔をした聡明で小柄な、このオス犬は、もみ消したタバコのフィルターのような毛色をしている。そう言うと、さも汚らしく聞こえるかもしれないが、実物はとてもハンサムだ。スプリッツルは、ここ数週間、小さな黒っぽい眉毛をしきりに持ち上げている。やけに念入りな掃除がおこなわれている上、さんざん遊んだあげくに放りっぱなしだったおもちゃが片づけられていくので、いったい何ごとかと怪しんでいるのだ。ほかの犬たちは、興味はあるようだが、さほど気にしていない。

我が家で一番の古株、フォクスル・ジャックは、私によくなついている。生まれつき穏やかで優しいジャックは、子犬の頃、リードを付けていない二匹の大型犬に襲われたことがある。あまりに乱暴な仕打ちを受けて、ジャックも私も数カ月は恐怖心をぬぐい去ることができなかった。それでも、やがてジャックはいつもの穏やかなジャックに戻っていった。彼はめったに騒いだり吠えたりしない。オレンジセーブル色の、優しく朗《ほが》らかなポメラニアンの頭を占めているのは、食べ物のことだけだ。「ご飯はいつかな？　どのくらいもらえるんだろう？　でも、その前に、おやつをくれてもよさそうだよね」

ジャックは、いつも落ち着きはらった優雅な態度で、里子の犬たちが来ては去っていく様子を見守ってきた。今回の新入りの子犬にも、我が家の動物たちの中で一番動じないのはジャックだろう。ゴールデンは犬どうしの中でも友好的な性質だから、きっと大丈夫。

対照的に、里子のミス・ウィスキーは、ピンと張ったバイオリンの弦のように緊張している。以前の飼い主はアルツハイマー病が進行した高齢の女性で、数年前、ガスコンロにタオルを乗せて自宅を全焼させてしまった。女性は寝室から無傷で救出されたが、ウィスキーは、キッチンの冷蔵庫とキャビネットのあいだに朦朧として縮こまっているところを発見された。フサフサのしっぽは、すでに焼け焦げている状態だった。火事のあと、女性の息子は母親を施設に入れた上、ウィスキーを市の保健所に引き渡してしまった。

この黒のポメラニアンは、ろくに面倒を見てもらえなかったため、心に傷を負い、おびえきっていて、社会性もほとんど身につけていなかった。そのため、保健所で時間の猶予はあまり与えられなかった。安楽死寸前のところをシェルターに引き取られ、その数日後、私のところへやってきたときには、しっぽの毛はまだ焦げて縮れたままだった。今は落ち着いているが、神経質なところは変わっていない。隣に新しい人が引っ越してきただけでびっくりし、郵便配達人が戸口でキー、ガチャンと音を立てるたびに飛び上がる。いまだに、ちょっと強めの風が吹いただけですくんでしまう日もある。いつも半分おびえている状態で、たとえ、しっぽを振りながらニコニコしているときでさえ、目には警戒の色を浮かべている。ちょっとした振動で針が飛ぶレコードみたいに、事あるごとに甲《かん》高い声で「ワン！　ワン！　ワン！」と吠えまくるのだ。

ウィスキーがスタッカートで吠えだすと、ソルティ・ソフィーはまるで目の前に蝶々《ちょうちょう》でも飛んでいるみたいにまたたき始める。ソフィーは、我が家のポメラニアンたちの中でも一番小柄で、おそらく一番大胆な子だ。ウィスキーと同様に保護されて我が家にやってきた。ガムテープでフタをした段ボール箱に入れられ、フロリダの街角のゴミ用コンテナに捨てられていたところ、鳴き声を聞きつけた通行人に救い出された。その人は自分では飼うことができないが、とりあえず獣医に連れていってくれた。その後、毛を刈られ、毛玉とダニを除去してもらった状態で我が家にやってきたソフィーは、虚脱気管とうっ血性心不全という深刻な健康上の問題を抱えていた。そのせいで呼吸がしにくく、特に蒸し暑い日には症状がひどくなる。

そんな悲惨な経歴と持病はあるものの、ソフィーは陽気で活発なおチビさんだ。丸っこい体でヨチヨチと歩きながら、家の中の出来事には積極的にかかわろうとする。食事の時間になると、張り切ってマンボダンスを始め、はしゃぎすぎてひっくり返ることもあるくらいだ。意識が朦朧として口のまわりが青ざめていても、すぐに立ち上がり、ボックステップを踏みながら、鼻をフガフガと鳴らす。吠えるといっても、ソフィーにはそれが精一杯なのだ。我が家に新入りの里子が来ては去っていくのを見ていても、ソフィーはうろたえない。ソフィーならきっと、今度の子犬——と言っても、かなり体は大きいが——とも、うまくやっていけるだろう。ある程度お利口《りこう》さんで落ち着いた子だったら、小さなソフィーの上にお尻を乗っけたり、家じゅう追いかけ回したり、なんてことはしないと思う。

我が家の長老は二一歳になるスカッピーだ。元は捨て犬だったこのスカッピーから、私は、犬がいかに賢く鼻を使うものかを教えてもらった。

ことの始まりは、シェルターが出した飼い主の募集広告を見た友だちからのメールだった。老夫婦に飼われていた超高齢の犬が、飼い主の死後、捨てられて保護されているという。後日、近所の人たちが語ったところによれば、老夫婦の成人した子どもたちが玄関のドアを開けて、年老いたポメラニアンを追い出したのだという。目も見えず耳も聞こえない老犬は、数日間、町をさまよい歩いた。車道をフラフラ渡ったり、知らない家のフェンスにぶつかったりしているうちに、ついに誰かに保健所に連れていかれた。そこへちょうど往診に来ていた獣医が、自分の病院で前に診ていたスカッピーであることに気づき、老犬が捨てられたことを確かめるために電話をかけると、家族は、母親の飼っていた犬なら何年も前に死んだと言って認めようとしない。問題の犬に限らず、どんな犬だろうと自分たちは何も知らない、と言う。獣医のカルテに写っている犬と、彼の目の前でケージに入れられている迷い犬とがそっくりだというのに、それでも家族は「知らない」の一点張りだった。

シェルターのスタッフは、スカッピーができるだけ長くペットとして生きられるように手を尽くした。それでも、高齢の上、障害があるため、引き取り手は現れなかった。予定されていた殺処分のわずか半日前、私が問い合わせると、電話口に出たスタッフは涙声だった。聞けば、飼い主募集の広告はもう取り下げたという。スカッピーは去勢されていないので養子には出せない、未処置のままでの養子縁組は法律上認められない、という。手術しようにも、高齢で麻酔に耐えられないため去勢はできない、と獣医も考えている。そうなると眠らせるしか手はなかった。

障害以外に健康上の問題はあるのかと私が尋ねると、高齢で最近はろくに世話もされていなかったわりに、健康状態はいいという答えが返ってきた。活発でよく動くという。新しいものに興味を示し、性格は優しくて、撫でられるのが大好き。すごく年を取っているだけなのだ、とスタッフは言う。シェルターとしては、スカッピーに落ち着いて余生を送れる場所を見つけてやりたいと努力してきたが、今日、最終決定が下され、養子には出せないことになってしまった。そう話す女性スタッフの声には深い失望が現れていた。

「里親になるというのはどうでしょう？　私のところで、その、なんと言うか、里子としてずーっと預かるというは？」と私。

スタッフの女性は電話を保留にした。

「何時に来られますか？」電話口に戻ってきた女性が尋ねた。

「そちらは何時までやっているのかしら」

「五時半です」

「それまでには行けます」

一瞬、間を置いて、女性は「では六時に来てください」と言い、電話を切った。

日が落ちてから、私たちはシェルターの裏手で落ち合った。私は、差し出されるがまま、暗くて読めない書類にサインした。若いスタッフの女性は、養子縁組なら普通、ペット保険がついてくるが、里子の場合にはつかないのだと言う。暗がりにもう一人スタッフが立っていて、ときおり吸い込むタバコの火に赤く照らし出される頭髪以外、何も見えない。その男性が、どのみち保険はいらないだろうと言う。スカッピーのような老犬には、たいして時間は残されていないからだ。

壊れかけのドアの隙間からもれる蛍光灯の明かりの中で、少しバタバタと動きがあった。そのあと二人のスタッフは、私が持参したキャリーバッグに何かを押し込むと、そそくさと施設の中へ戻っていった。まるで国家機密をやり取りするスパイみたいに、迅速かつ密《ひそ》やかに事は終了した。たとえ真っ昼間に町なかですれ違ったとしても、私は、あのときのスタッフだとは気づきもしないだろう。なんとも怪しげなやりかただったが、一匹でも多くの犬に殺処分を免《まぬが》れさせたいという、二人の思いからなのだ。特にこの犬だけは、という強い思い。

車の中でキャリーバッグのチャックを開け、初めて彼の顔を見た。「明るいオレンジ色」のポメラニアン。顔は老齢のために肉がこけていて白髪《しらが》が目立つ。普通の犬と違って耳はピクリとも動かない。あごの下にそっと手を当てて顔を上げさせると、目が濁《にご》っているのが分かる。こんなに年老いた犬を見るのは初めてだ。歯が一本もないなんて。私が見つめていると、環境の変化を平然と受け止め、あくびを一つする。歯茎はむき出しのピンク色だ。私は片手を老犬の横に置いたまま、優しく探りを入れるような犬の息づかいを手のひらに感じながら、車を走らせた。

我が家に到着すると、スカッピーは先住犬たちの挨拶《あいさつ》を静かに受け入れた。嗅ぎ回られ、つつかれ、取り囲まれても、騒ぎもしなければ、不満も漏らさない。ほかの犬たちは明らかに戸惑《とまど》いながらも、スカッピーのその態度に感心しているようだ。ご飯の時間になると、スカッピーは昔からこの家の一員だったかのように、みんなと一緒にキッチンのフロアで立ち上がり、フードの臭いに吠えて喜び、自分の餌《えさ》入れに鼻を突っ込んだ。食べ終われば食べ終わったで、鼻先をピクリと動かし、ほかの犬たちのために私が開けてやったドアから入る裏庭の空気を嗅ぎ取っている。すると、さっそく自分もとばかりに、鼻で勝手口を探り当て、ポーチからスロープを伝って裏庭へ出た。その場所で彼は、思いがけず素晴らしい能力を披露してくれた。裏庭を把握するために、フェンスに沿《そ》って数メートルごとにマーキングをしていったのだ。無尽蔵《むじんぞう》におしっこを作り出す膀胱《ぼうこう》と、正確に距離を測ったように散布する能力。そうやって一回裏庭を歩いただけで、ぐるりとフェンス沿いに臭いをつけ終わった。ほかの犬たちは一緒にそれを見守っているだけで、オスたちのうち一匹たりとも、大ベテランのつけたしるしに自分のおしっこをかけようとする者はいなかった。

その後の何日かで、スカッピーはさらに守備範囲を広げ、木立や茂み、鳥たちの水浴び用の水盤や、ぐるぐる巻かれた散水ホース、ガレージに通じる敷石の道の分かれめに置いてあるプランターへとマーキングを施《ほどこ》していった。ついでに、屋外で水を飲むための水入れにも引っかけたものだから、ほかのポメラニアンたちはおもしろくない。私が中身を少しこぼしてスカッピーの臭いを敷石に残し、あとは洗い流してやるまで、彼らはたいそうご立腹だった。

どうやらスカッピーは外が大好きらしい。それに、ひとたび自分のテリトリーをマーキングしてしまうと、絶対に障害物にぶつからなかった。裏庭を何時間も歩き回ったあと、柔らかい草の上に座り、フェンスの上を走るリスや、餌台で騒ぐハトたちに鼻先を向けている。ようやく満喫すると、その場でひとり優しく吠え声を上げる。「僕はもういいけど、どうする?」とでも言いたげな、少し尻上りの抑揚。そのあとは、抱き上げられて家の中に連れていかれるまで、じっと待っている。やがて私は気づいた。何メートル離れていても、私が風上《かざかみ》に立ち、膝の高さで両手を振ると、スカッピーは救助犬と同じように、臭いを嗅ぎつけたしるしに頭をヒョイと上げる。私だと分かると、立ち上がって小さなしっぽを振りながら、臭いをたどってこちらへ歩いてくる。つまり、この方法なら、目も見えず耳も聞こえないスカッピーを、庭の向こうからでも呼び寄せることができるのだ。

私は、電気コード類を隠し、柔らかくなったマットレスの詰め物を取り替え、子犬のガード用フェンスを何カ所かに設置したあと、今度は猫や小型犬たちのおもちゃを片づけた。「子犬がかじって喉《のど》に詰まらせたら危《あぶ》ないから、しばらくおもちゃは我慢してね」と言うと、ポメラニアンたちは首をかしげ、ますます不思議そうにしている。「何かが変わりつつあるけど、どうも、ごちそうにありつけるわけじゃなさそうだ」とでも言いたげな顔。

私がこうやってドタバタし始めたのは、テキサス州の向こう側でスピリットが出産するはずの四週間も前、実際に生まれた子犬を我が家に連れてこられるようになる一四週も前のことだった。早すぎるのは分かっていたが、床《ゆか》に寝そべり、ゴールデンの子犬の視線で世界がどう映るのかを想像しようとした。そして、子犬はいったい私に何を教えてくれるのだろう、それはいつのことなのか、そう思いを巡《めぐ》らせずにはいられなかった。

初めて会ったときのパズルは、疑《うたぐ》るような目つきだった。もう何度もこうして見知らぬ人にペットサークルの上からのぞかれてきたのだろう。すぐにパズルの関心は別の物へ移った。かじって遊ぶおもちゃのほうがおもしろそうだし、ころがっているバケツはもっとおもしろそうだ。こうして私たちの出会いは、特に印象深いものにはならなかった。ママのスピリットは私を優しく歓迎してくれたのに、黒い目とフワフワのお尻をしたブロンドの娘のほうは、そっぽを向いたままだった。

ブリーダーのキムが用意してくれた子犬の手帳を見ながら、餌やワクチン接種のこと、これからやらならければならないしつけのことを確認した。そのあいだも私はパズルにチラッと視線を送った。きょうだいの中では、大きくもなければ小さくもない。ペットサークルの中を少し威張《いば》って歩いたり、おもちゃをかじったり、きょうだいにちょっかいを出して取っ組み合いになったりしている。妹からぬいぐるみを横取りしたあと、私のほうをチラッと見た。やがて、くわえていたおもちゃを妹の前で離したかと思うと、その上に座ってしまった。

なるほど、パートナーとしてふさわしそうな子だわ、と私は思った。

キムがサークルからパズルを抱き上げて、床に下ろす。「〈座れ〉〈立て〉〈おいで〉は分かるのよ。トイレのしつけも順調よ」

「座れ」と私が言うと、パズルは糖蜜クッキーを期待してお座りした。そして大あくび。

「いい子ね」

ほめられても、「はいはい、そうですか」とでも言いたげな顔をしている。

こんなに扱いにくい子犬は初めてだ。今まで飼った子犬たちは会うなりすぐにすり寄ってきたのに、この子はリャマみたいに唾を吐きかけてきそうだ。いや、本当にやりかねない。

「家にはほかの子たちもいるし、犬を育てるのは初めてじゃないんだから大丈夫」と自分に言い聞かせてみる。この生後一〇週のゴールデンに、どうにか自分のことを印象づけたかった。なんと言っても美しい上に、可能性をいっぱい秘めている子なのだ。待ちこがれていた日々を思い返すと、私は胸がいっぱいになった。

「おいで」と言うと、パズルはキムのほうをチラッと見てから、やけにゆっくり立ち上がり、のそのそと私のところへ歩いてきた。ようやくたどりついたので抱き上げ、ごほうびに撫でてやろうとすると、絶対に触らせてくれない。私の胸に後ろ足を突っ張って体をのけぞらせ、同じ目の高さでじっと見つめてくる。

私はたちまち好きになってしまった。まだ相思相愛とはいかないが、それでも、こちらへやってきたところを見ると、命令に従おうという気持ちは持ち合わせているようだ。それに、私の様子をうかがうまなざしには賢さが現れている。将来、私たちが足を運ぶことになる過酷な場所には、そのどちらもが必要になる。いつかは、災害現場にも、物騒な界隈にも、湖にも犯罪現場にも、そして、行方の知れない少女を捜しに田舎町へも、私たちは出動するのだろう。

私は子犬を見つめ返した。深夜の酒場でのおしゃべりがきっかけで、今、こうして腕の中にゴールデン・レトリーバーを抱いている。賢くて頼もしそうな子。きっとこの子で間違いない。

そんなパズルに私は言った。

「初めまして。さあ、これから忙しくなるわよ。用意はいい？」

3　人と犬の絆

　地上の捜索活動に加わる以前は空を飛んでいた。といっても、まっすぐ今の場所に降り立ったわけではない。一九九〇年代の初頭、航空指導官をしていた頃のこと、経験豊富な生徒の一人が、ある場所へ一緒に飛んでくれないかと言ってきた。数日前にその場所で着陸する際、彼はトラブルに見舞われていたのだ。警官でもあり、上級者として飛行訓練を受けている優秀なパイロットでもある彼は、晴れた秋の日、同僚の警官たちを乗せ、単発小型機を操縦していた。ところが着陸の際、湖畔の短い滑走路《かっそうろ》をオーバーランし、狭い土手を下りたところでようやく停止したのだった。

　ケガ人は出なかった。機体も損傷を免れた。けれども、飛行経験の豊富な彼にとっては、やり過ごせることではなかった。そこで、私と一緒に当時の模様を振り返りながら、問題の滑走路でタッチアンドゴー（訳注：接地してすぐに離陸すること）の訓練をやりたいのだという。着陸時の機体の状態に関する彼の説明と、アスファルトに残っている長いタイヤ痕からは、ウィンドシア（訳注：突然の風速や風向の変化）が疑われた。着陸態勢に入ったあと、運悪く向かい風が追い風に変わったのかもしれない。

問題の滑走路を再び訪れた日は、最初のときとは諸条件が異なっていたが、それでもタッチアンドゴーをおこなうことにした。私のサポートなしでも何度も着陸に成功し、滑走路にも操縦技術にも問題はないことが分かると、彼は、訓練を続行する前に湖のまわりを飛びたいと言う。正直、そのリクエストを意外に思った。時間当たりの飛行料金は決して安くはないからだ。けれども私は承諾した。

寒冷前線が通過した翌日とあって、その日の午後はカラリと晴れ渡っていた。低気圧が汚れた空気を一掃してくれたのだ。こういう日に低空飛行すると、風が水面に織りなす模様や木々の葉の一枚一枚、釣り人が垂らす糸の先の浮きの色までもが、手に取るように見える。けれども、私の教え子は規定の高度を保ったまま、大きな湖の周囲をぐるりと飛び続けた。そのうち私は気づいた。計器と空と地上とを見渡すのはいいとして、この日の彼は真下に何度も何度も視線を落としている。彼とは長いあいだ一緒に飛んできたので、いつものやりかたではないのは、すぐに分かった。

「デイヴィッド、何を探しているの?」ついに尋ねずにはいられなくなった。

一瞬ためらったあと、彼は答えた。「やつが彼女に何をしたかは、今も分からないんだがね」

それきり私たちは何も言わず、夕刻まで湖のまわりを飛び続けた。ときおり交代しながら、一人が操縦し、もう一人が入り組んだ湖岸に女性の遺体がないかと目を凝らした。

この一件がきっかけで私は捜索活動にかかわるようになった。その後の何カ月かで、自分には身に覚えがないのに、評判が評判を呼び、常連客がつき始めたのだ。そして、その常連客の依頼で報道関係者や捜査機関の人間を乗せて、さまざまな問題の現場上空を飛ぶようになった。

私が好まれたのは、一つには予算上の理由からだ。固定翼機はヘリコプターよりも料金が安い。それに、目立ちにくいからという理由で私を選んだ人たちもいる。混み合う現場上空では、回転翼機よりも小型機のほうが注目を集めにくい。また、堂々たる操縦ぶりだと聞いてきた人も何人かいた。確かに、低空低速で飛んでほしいと言われれば、私は、法規に触れないギリギリの高さで飛ぶこともできた。

あるときは犯罪現場の上を飛び、またあるときは死体遺棄現場と目《もく》される山道を空からたどった。森の奥深くに墜落した航空機の軌跡をなぞるように飛んだこともある。高度規制がなくなってからは、カメラマンと一緒に、爆破されたオクラホマシティ連邦政府ビルのがれきの上も、テキサス州ウェイコのカルト教団施設（訳注：デイヴィッド・コレシュ率いる新興宗教団体。一九九三年に集団自決事件を起こした）の上も飛んだ。

あるときは、竜巻の進路をたどり、あるときは洪水で高台に孤立した家畜の上を旋回した。見晴らしの利く私の高翼型セスナ（訳注：翼が胴体の上部についているセスナ）の乗客たち——たいていはメディアや保険会社のカメラマンだった——は、大災害や個人的トラブルの現場を次々にフィルムに収めていった。撮影は、窓のブラケットをはずして視界を確保し、プロペラの後流で開け放しになった窓から身を乗り出しておこなわれる。彼らが人差し指を回して「もう一度」という合図を出すたび、私は旋回を繰り返したものだ。

必ずしも目的が明確な客ばかりではなかった。あるとき乗せた男性は、保険会社のカメラマンだとばかり思っていたら（いくつものショルダーバッグを提《さ》げて現れたからだ）、実は牧場主の父親を亡くしたばかりの人だった。影が長く伸びる夕暮れ時、農場の写真を撮りやすいように窓のブラケットをはずしてやると、男性は眼下の景色をカメラに収めていった。そのあと別のバッグを開けたので、てっきり二台めのカメラを取り出すのかと思えば、手にしたのは大きなベルベットの袋。なんと父親の遺灰を農場の上空で撒《ま》こうというのだ。

その種の依頼はよくあることだが、問題が多いので、事前に念入りに説明しておくことが望ましい。男性の意図に気づいた私は「ちょっと待って！」と声をかけようとした。プロペラの後流の中で遺灰を撒くとどうなるか、ひとこと断っておきたかったのだ。けれども、その瞬間、もう男性は袋を開いていた。風の勢いで遺灰は窓から吹き込み、狭い機内を朦々《もうもう》とさせたあげくに、私たちの上に降り積もって終わった。

「申し訳ない」男性はあっけにとられている。私はほほえみ返そうとしたが、口の中がザラッとして、真珠を噛んで本物かどうか試すときみたいな感触がした。

間もなく別の乗客からも似たようなリクエストがきた。その女性は、はじめからもっと明快で、父親の遺灰を故郷の小さな町の郊外を走るハイウェイ沿いに撒きたいのだと言った。あらかじめ入念に段取りを確認してから乗り込んだので、こちらは当然、女性が理解してくれたものと思っていた。はたして、予定していた上空にさしかかると、女性は窓を開け、両手に遺灰の袋を乗せた。あとは手を伸ばして、ゆっくり中身を撒いていくだけ――のはずが、なんと、袋ごと落としてしまった。遺灰入れは小麦粉爆弾のようにハイウェイ脇に建つタコベル（訳注：メキシカン・ファストフードのチェーン店）の駐車場の真ん中に落下。遺灰は地上に激突し、星型に広がった。

私たちはしばらく何も言わずに上空を旋回した。連邦航空局に通報しなければいけないかしら、私はそんなことを考えていた。女性が何を考えていたかは分からない。

「父はタコベルのエンチリート（訳注：タコス料理）が大好きだったから」彼女はようやくそう言うと、窓を閉めた。


当時、私の人生も、みじめな転機を迎えていた。パイロットとしてはまだ駆け出しだった上、一二年に及ぶ結婚生活はトラブル続きで破綻《はたん》し、私は独りになった。両親にしてみれば、娘が「男の世界」で稼ぎの安定しない仕事につき、若くして離婚したばかりとあっては、心配で仕方がなかったろう。

家族は、私が航空業界にいることを不安に思っていた。でも私にとって飛べることは、むしろ幸運だった。今も当時もフライトは心身を鍛《きた》えてくれる。悩み多き地上を離れられる至福のひとときなのだ。依頼があれば、私は規定で許される限り頻繁に空を飛んだ。もちろん、それだけ実入りがよくなるのでありがたかったけれど、たとえお金がもらえなくとも飛びたいくらいだった。

離婚後は、空港のそばの、収入に見合う安アパートに引っ越した。夜中にスターターの回転音で機種が聞き分けられるほど滑走路に近く、飛行場灯台の閃光も見えた。緑、白、緑、白と交互に放たれる光は、トクトクという心音のように寝室のみすぼらしい壁紙を照らし出した。

当時はまだ9・11テロの前で、航空業界はのんびりした時代だった。あの頃は、今のように民間パイロットというだけで危険視されるようなことはなかった。眠れない夜、私は航空学校の鍵を開け、セスナ一五二を点検するなり、フライトプランを提出して飛び立ったものだ。あるときは夜空に映《は》える街並みを眺め、あるときは、はるか野山を越えて遠出を楽しんだ。そうしたフライトでは、ときおり管制官や夜間輸送機のパイロットと無線でおしゃべりを交わすこともあったが、一番の思い出は、完璧《かんぺき》に一人きりになれるフライトだった。

月と銀色の地面、そして猫が喉を鳴らすようなライカミング・エンジンの音。一方の受信機を出発地に一番近い航空保安施設に、もう一方の受信機を目的地に一番近い施設に合わせ、ヘッドセットから聞こえる二つのモールス信号のズレを聞きながら飛ぶのがお決まりだった。それは文字どおり、私があとにした場所と、これから向かおうとしている場所の奏《かな》でる音だった。

家族は、私がみずから命を絶《た》つのではないかと心配していたようだ(私にはそんなつもりはなかったのに)。その上、夜中に飛んでいるなどと知ったら、肝を冷やしていただろう。でも、フライトのおかげで私は広い視野を持つことができた。人知れずテキサス州の夜空を見えない糸で縫いとりながら、悲しみの届かない別世界に自分自身をつなぎとめていたのだと思う。

舞踏家マーサ・グレアムは、舞台の上で一人きりだと思ったことはないと言った。ダンサーは「常に周囲の空間をパートナーにして踊るものなのだ」と。なるほど、そのコンセプトをお借りするとして、では、私はどんな空間をパートナーにしていたのだろう。晴れて空気の澄んだ夜、星々は手が届きそうなほど近くに迫る。五感をすっかり呼び覚まされた私は、窓を開け、舌先にスパンコールを乗せたい衝動に駆られた。あのきらめきを口に入れたら、きっと何かの味がしたに違いない。

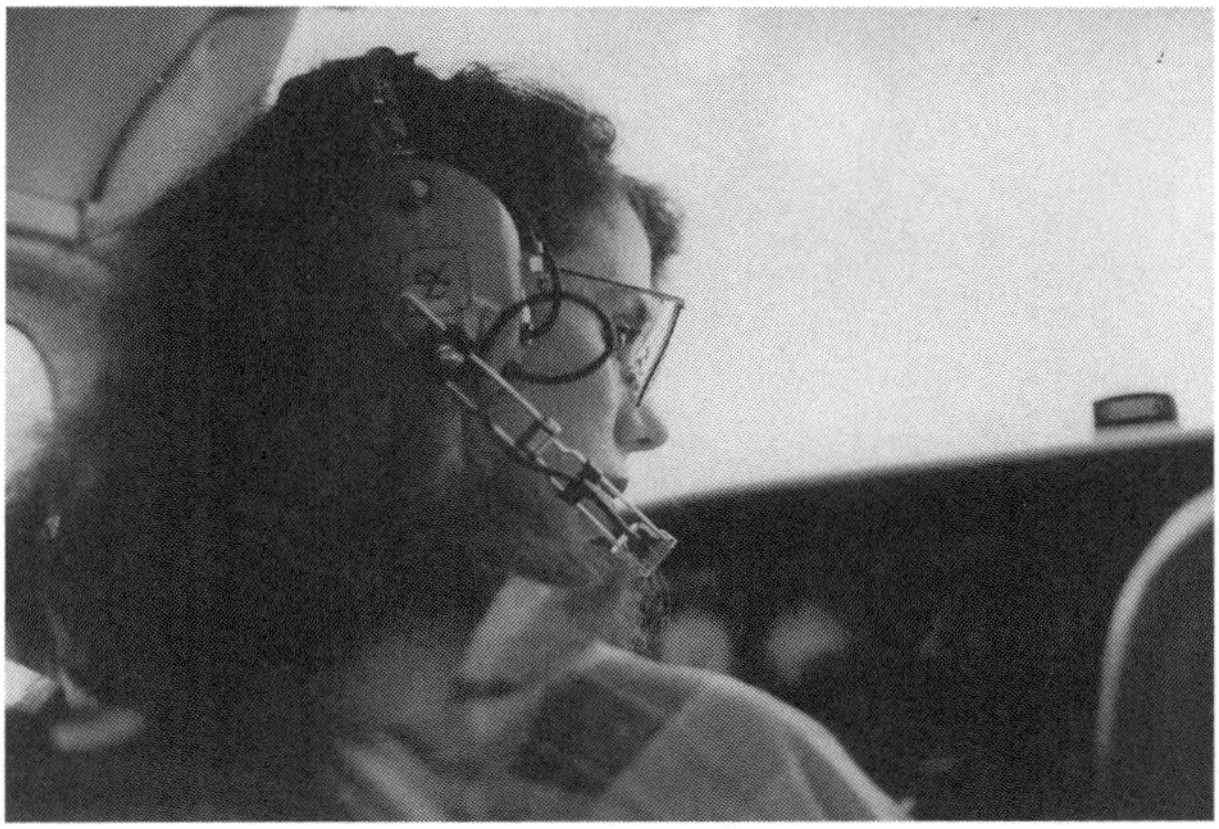

セスナ172を操縦する著者(1995年)。

パチパチキャンディかワサビのような刺激的な味だったのではないだろうか。

空いっぱいに層状雲が広がる夜もあった。その下をちっぽけな私のセスナは、布団《ふとん》の下で懐中電灯を握る子どものように、小さく密やかに飛んだ。雲の羽根布団の端には、街の明かりが美しく縁取《ふちど》っている。農村地帯の上空へ侵入するにつれて、地上は暗さを増す。その闇にアクセントをつけるのが、ときおり現れる黒々とした湖や、車の明かりが点々と浮かぶハイウェイだ。

わずかばかりの街路灯に照らし出された田舎町の家並みが、碁盤の目のように整然と並ぶ。その秩序を乱すように、どこかの建物から火の手が上がると、暗い道路を緊急車両が点滅しながら猛スピードで駆け抜けていく。その光は五〇キロ先からでも見えた。

そんな火事の光景を目にしたから、自分にも不運が待ち受けているのではないかと心配になったわけではない。確かに、本拠地の北側滑走路へのアプローチを開始すると、地上まで一〇メートルというところで違和感を覚えた。けれど、計器類、機体音、翼への風の当たり具合を確認しても、地上の吹き流しの様子を見ても、その感覚の正体を突き止めることはできなかった。それなのに、肩を揺さぶられ「引き返せ」と命じられたような強い不安を感じるのはなぜだろう。直感に従って着陸を中止することにした私は、スロットルレバーを押し、機体を安定させると、失速しないようにフラップを引っ込めた。

二度めのアプローチも一度めと特に変わらず、接地してから制動をかけるまでも問題はなかった。駐機場へ移動し、エンジンをシャットダウンすると、舗装路の端まで歩いていって暗い滑走路を見渡してみた。いったいあのとき何が心に引っかかったのだろう。最初の着陸態勢で感じた不安の手がかりはないだろうか。

何もない。飛行場の南側は静まり返っている。滑走路の端の吹き流しを通り抜ける風が鳴っている。まるで、瓶の中の不機嫌な妖精が甲高い声で歌っているようだ。飛行場灯台の光が格納庫、飛行機、舗装路、そして私を白と緑に交互に照らし出す。何もない――そう思った瞬間、動くものがあった。迷い犬が一匹、三四番滑走路の一番端の暗がりをフラフラと西へ向かっている。ふと立ち止まって振り向いた。私の臭いか音に気づいたのだろう。なるほど、あのとき私が感じたのは、この犬の存在だったのだろうか。

最初に着陸態勢に入ったとき、いったい彼はどこにいたのだろう。痩《や》せこけたブチ模様の雑種が、滑走路の末端灯に赤く照らし出されている。頭をもたげたその姿からすると賢そうだ。私たちはそれぞれのやりかたで危険性と可能性を探りながら、長々と見つめ合っていた。犬のほうが最初に結論を出したようだ。前へ向き直り、野原の闇の中へゆっくりと消えていくその姿に、私は思わずフライトケースを投げ出してあとを追いかけたくなった。

ソワソワして仕方がない。なんだか落ち着かなかった。滑走路犬との遭遇は私の中に変化を求める強い気持ちを呼び覚ました。それと同時に、我が家の犬たちとの絆《きずな》を教えてもくれた。深夜の飛行場での出来事以来、犬が自分の環境と折り合いをつけていく様子に、いっそう注目するようになった。目、耳、舌、鼻、肉球、そして「vibrissae」という不思議な学名を持ち、気流の変化さえ感じ取ることのできる頬ひげや眉毛――そうした感覚器でとらえたものに対して、我が家の小さな犬たちは直感的にどう反応しているのか。

観察していると、犬たちのスキル（技能）の多くは、私が習得した飛行スキルと似ていることが分かった。動いている空気の感触はめまぐるしく変化する。それをパイロットは手足と、座っているお尻で感じ取る。ただし、全身の感覚を総動員させて環境の変化をとらえることにかけては、我が家の最も過保護な犬たちにさえ、私は勝てないだろう。

落ち葉が勝手口のポーチに置いてあるアロマキャンドルをかすめて燃え上がったときも、おチビさんたちの三匹が同時に顔を上げ、鼻を動かし始めた。続いて目と耳を動員し、網戸の向こう、六メートルも離れたところでくすぶっている火のほうへ顔を向けた。嗅覚で最初に異変を察知し、視覚と聴覚でその謎をさらに解明しようとするのだ。

三匹とも興奮しているけれど、ミスター・スプリッツルだけは、身を震わせて激しく吠えながら、隣の部屋まで私を探しに走ってきた。全身の毛を逆立てて、トラブルの現場へと先導してくれる（興奮すると、スプリッツルはまっすぐ走るのではなく、クルクルと回りながら移動する。だから私がポーチに向かうときも、まるでコマのあとを追っているようだった)。

現場に行ってみると、もう、ろうそくの小さな炎などではなく、バケツの水が必要なほどの火になっていた。それを消しながら私は、スプリッツルがどれほど明確にメッセージを発していたかを考えていた。「なんか変だよ。まずいよ。こっち、こっち。そっちじゃないってば。早くなんとかしてよ」

しかも、火のことを単に吠えて知らせただけではない。ほかの犬のところではなく、迷わず私のもとへ飛んできたし、私が外へ出て消火に当たっているあいだは、じっと家の中で見守っていた。スプリッツルは、それを当然のことと感じているらしい。私のことを給餌係やマッサージ係というだけでなく、頼れる庇護者と思っているのだ。もちろん私はそのつもりでいたけれど、スプリッツルのほうでも、そう思っているとは知らなかった。

犬はほかにどんなことを教えてくれるのだろう?

いったい、どんなことを知っているのだろう?

その好奇心から、ついに、私は犬たちとの活動に志願してみようかと思うようになった。周囲の異変に気づき、それを人間に知らせるという役目を負った犬たちと、本格的にかかわりたいと思ったのだ。犬との絆を確かめてみたかった。それに、大都会に住んでいると、その種の機会は山ほどある。関心とやる気の度合いによって、盲導犬のパピーウォーカーを引き受けることも、ソーシャライザーになって、介助犬に一週間に一回、社会性を身につけさせる訓練をおこなったり遊んでやったりすることも、あるいは——これに一番興味を持っていたのだが——救助犬チームの現場アシスタントになることも可能だった。どれも時間を取られる活動ばかりだけれど、特に捜索救助には、かなりの覚悟が必要になる。一週間に三〜七時間は訓練に参加し、家でも勉強しなければならない。急に呼び出されることもある。

ある友人はこう尋ねた。「それって儲かるの？」

親戚はため息をついた。「もう結婚はないわね」

親友のマリーナだけは理解してくれた。「まあ、さんざん飛び回ってきたんだもの、今度は犬を飛ばす勉強を始めたいと言っても、おかしくないわね」

一九九五年のオクラホマシティ連邦政府ビルの爆破事件のあと、『ダラス・モーニング・ニューズ』紙から、私は一枚の写真を切り抜いておいた。それを再び見つけ出したのがきっかけで、私は、のちに加わることになるK９チームに足を運んだ。その写真には、マイアミ・デード郡の消防チームに属するハンドラー、スキップ・フェルナンデスが頭を垂れ、目を閉じて、ゴールデン・レトリーバーのアスペンに寄り添うように座り込んでいる姿が映し出されている。見出しには「夜を徹しての捜索」とあり、彼らの様子がその過酷さを物語っている。人も犬もほこりだらけ。犬は前脚で上体を支えながら、横座りしている。疲れきっているらしく、さえない表情だ。

なぜその写真を切り抜いておいたのか、自分でも分からない。でも六年後、再び巡り会ったときには、運命を感じずにはいられなかった。災害現場の中には、空からの支援を必要とする場合もあるが、地上での生存者と死者の捜索には、必ずと言っていいほど犬たちが必要とされる。そして、彼らのメッセージを読み解く人間のパートナーも必要だ。

捜索プロセスそのものは分からないことだらけでも、私は犬たちの言葉をもっと知りたくて仕方がなかった。それに、自分なりに貢献できることもありそうだった。パイロットの経験から、風の働きを理解し始めていたし、無線も使いこなせる。暗闇で怖気《おじけ》づくこともない。初心者でこれだけ条件が揃っているなんて、上出来ではないか。決して楽な仕事ではないだろう。それでも、自分の探していたものは、まさにこれだと思った。

4　子犬《パズル》が家にやってきた

発券カウンターの荷物係は英語を話せないのか、私がパズルを連れていくと、何かのジェスチャーをした。意味不明のぞんざいな仕草に続いて、何かを押し出すように手のひらを返す。どうやら、パズルをハードタイプのキャリーケースで貨物室に入れなければならない、と言っているらしい。「いいえ。この子は訓練中の救助犬なんです。私と一緒に客室に乗せて帰ります」私は、座席の下に置くソフトタイプのキャリーを見せた。パズルが入れる大きさだ。それに航空会社からは、立派な資質を証明されている救助犬なら、膝に乗せるなり足元に座らせるなりすれば、かまわないと言われていた。それなのに、これまでのいきさつを最初から説明し直さなければならなかった。

荷物係は、さっぱり分からないというように首を振りながら、発券係を呼びにいった。すると発券係が手を拭き拭き戻ってきた。鼻の頭にマスタードがついている。

「それで、このワンちゃんは私たちのためにどんなことをしてくださるのかしら？」発券係の女性は、怪しむような口ぶりから、急に笑顔になった。パズルが愛嬌を振りまきだしたからだ。しっぽを揺らし、ニコニコしながら、女性の手に前足を乗せている。

「そうですね。特に何をするってわけではないけれど、出会ってすぐにその人を大好きになりますね。それから、フライドポテトを一本おねだりするかも。でも、もう最初の適性検査は合格しているんですよ。これから我が家で救助犬の訓練を始めます」私は自分のチームIDと、パズルに着せている訓練用の緑のベストを示した。一番小さいサイズなのに、まだ体の三倍ほどもあり、まるで樽《たる》をかぶっているように見える。

IDとベストをチラッと見た発券係は、「まあ。救助犬を見るのはあなたが初めてだわ」と言ってパズルの耳を撫でた。あまりの気持ちよさに、パズルは目を閉じそうになっている。

「もう、〈座れ〉〈立て〉〈おいで〉も覚えたんですよ」私は誇らしげに答えた。内心では、〈お願い、ちゃんと覚えていてね〉と祈りながら、パズルをカウンターに乗せた。

「座れ」と女性が言うと、パズルはうれしそうにストンと腰を下ろす。勢い余って私の運転免許証を床に落としたが、口の端から舌を垂らして笑っている。どうやらこの発券係が大好きらしい。彼女が前かがみになると、パズルは鼻の頭のマスタードを舐《な》めた。

「私にはできないわ」

「何をですか?」

「子犬に訓練をして、誰かにあげてしまうなんてこと」

彼女の髪に絡《から》んだパズルの前足をはずそうと、私は身を乗り出した。

「それならご心配なく。私がこの子のパートナーになるんです。この子は、私のもとで救助犬として働くんですよ。それに一緒に暮らすんです」

「あらまあ。じゃあ、これからお家へ向かうわけですね」女性は搭乗券を差し出した。

「ええ」私はぎこちなく搭乗券を受け取った。いつの間にか腕の中でパズルが向きを変えてお尻を上げたものだから、あごの下でしっぽが揺れている。「そう、我が家へ向かうところなんです」

ターミナルでも、通りすがりの二人のパイロットやベビーカーを自分で押しながらヨチヨチ歩いている子どもに、パズルは愛想がよかった。セキュリティのセンサーに首輪とハーネスとベストが引っかかり、三人の運輸保安局員にチェックを受けたときも、お利口さんだった。カウボーイ・ブーツの男性を見つけると、首をかしげて愛嬌たっぷり。男性は話していた携帯電話を切り、わざわざゲートエリアを横切って撫でにきた。

「こうかわいいと、何をやっても許してしまいそうだな」と男性。

私はパズルの顔を上に向かせて視線を合わせた。「確かに何でもやりそう」

「頭もいいし、黒くて大きな鼻をしている。猟犬かな?」

私は首を振った。「捜索救助犬です」

「そりゃあ大変だ。ともかく走らせることだな」

そう言うと男性は、大きな手のひらでパズルの頭を包み込むように撫でた。それからクスリと笑い、君には勝てないよ、とでも言いたげに首を振りながら去っていった。

対照的だったのが客室乗務員だ。フライト中、通路を歩きながら視界にパズルが入ったとたん、神経質そうに小さな悲鳴を上げた。パズルが搭乗するところは見ていたはずなのに、私の膝の上で眠っている姿にギョッとしたらしい。パズルときたら、脚を折り曲げ、丸いおなかを上にして、頭をダラリと通路に垂らしている。重力で耳と唇がめくれ、歯はむき出し、目は開いているが何も見えてはいない。白目になっているからだ。とても、美しい眺めとは言えなかった。いや、犬にすら見えないかもしれない。むしろモンスターだ。

「子犬ですよ」隣席の人が、脚と鼻としっぽを指さしながら助け船を出してくれた。

「失礼しました。い、一瞬、その……ミュータントか何かかと……」と客室乗務員。

「この子、救助犬になるんですよ」私は緑のベストを見せながら付け加えた。

「まあ、きっと優秀なワンちゃんになりますわ」言葉とは裏腹に、うさんくさそうな表情で、そそくさと立ち去った。

私たちのおしゃべりに眠りをさまたげられたのか、パズルは「はぁ、なあに？」とでも言いたげに鼻を鳴らすと、グイッと四本の脚を上に伸ばした。一瞬、道で轢かれた死体のように固まったあと全身脱力。一分もしないうちにいびきをかき始めた。鼻の先でピーとやったあと、今度は奥のほうでスーという音を立てる。また徐々に白目をむき始め、通路の向こうの二人の乗客にどんよりとしたまなざしを向けている。一人はニコッと笑い、もう一人はムッとして機内誌に視線を戻した。

私はパズルを見おろしながら、こんなぶざまなゴールデンの子犬を撮った写真なんてあるかしら、と思った。まあ、撮らないのには、それなりの理由があるのだ。

「不細工《ぶさいく》だっていいんですよ」通路の向こうで笑っていた男性が、優しい声で言った。「賢ければいいんだから」

自宅で待っていたポメラニアンたちは、ホラー映画でも見るように顔を引きつらせた。

機内でひと眠りして元気になったパズルは、弾《はず》むような足取りで好奇心いっぱいに我が家に入っていくと、新入りをチェックしに集まってきたポメラニアンたちの後ろに回り、さっそく一匹ずつお尻を嗅ぎ始めた。それから、洗濯かごに入っていた猫を追い出し、リサイクル用に私が並べておいたペットボトルをなぎ倒す。さらには、今まで一緒に旅してきた巨大なロブスターのぬいぐるみを、まるで今、気づいたように口にくわえると、小さなソフィーのところへ駆け寄り、めったやたらと振り回している。「ほうら、ほうら、ロブスターだよ。ほうら」たまらずソフィーはキャンと鳴き、黒い目を見開いて逃げ出した。

逃げられてもパズルはめげない。くわえていたおもちゃを離すと、今度は一番の年寄り猫、マディのところへ飛んでいった。マディは、この家にいろいろな犬がやって来ては去っていく様子を見てきただけあって、ちっとも怖がらない。犬に対しては「どうぞご自由に」という態度を取るのが身のためだと知っている。パズルが近寄ると、床にストンと降り立ち、子犬なんてしばらく我慢してやれば大丈夫とでも言わんばかりに目を細めている。

パズルは鼻を利かせてゆっくりと徹底調査に取りかかる。挨拶の儀式は順調に進んでいるようだった。ところが、マディのお尻を調べだしたところで事態は一変。何かに興味を引かれ、はたと動きを止めたパズルは、そこから背中へと鼻をクンクン這わせていったのだ。そんな侮辱《ぶじょく》にマディは耐えられない。ひと声鳴いて立ち上がるとソファの背めがけてピョン。ところが勢い余って飛び越えてしまい、そのままソファの後ろに隠れていたほかの二匹のところに降り立ったものだから、さあ大変。三匹とも一番近くにある高いものを目指して駆け出す。窓辺に置かれた鉢植えのイチジクの木に登ろうというのだ。大きな陶器の鉢に植わった大きな木。けれども、三匹とも年を取っている上、体重と気力の点で問題がある。細い枝に昇ろうともがいているうちに、とうとうイチジクのほうが猫たちの体重に負けてしまった。私がソファをよけて窓辺へ駆けつける間もなく、鉢植えはひっくり返った。

ほぼ同時に四つのことが起きた。イチジクの木が倒れ、鉢が割れ、猫が『スターウォーズ』の戦闘機みたいに散り散りになり、パズルが鉢植えの残骸に飛び込んで初めて吠えた。満足そうに明るく「ワン！」とひと声。私が残骸の中から引っ張り出したときには、すでに木の根っこに鼻を突っ込んだあとだった。得意げな顔つきで、鼻先から土壌改良剤《バーライト》の粒々をぶら下げている。それにしても、子犬がこんなにせわしなく眉毛を動かせるものだとは知らなかった。

ワン、ワン、ワン！　新入りが来たぞ、とウィスキーが吠える。

アウ！　そのようだな、とスプリッツルが応じた。

5　やるせない一日

「お兄ちゃんはガールフレンドにムカついてたんだよ」というのが、失踪少年の弟の言い分だった。いや、一時間前に警察が家族から聞き出した話というべきだろうか。少年は、「ガールフレンドにムカついて、週末を過ごしに友だちとヒッチハイクでオースティンへ行った」らしい。出かけたのは夕食の前。様子を見ていた弟によれば、兄はドアをバタンと閉めると、右へ曲がり、丘を下って見えなくなったそうだ。服装はウェイターの仕事のときに履いていたカーキ色のズボンのまま。油やケチャップのシミがついているのに、カンカンに怒っていて履き替えようともしなかった。荷物をドサッと置くと、上からもう一枚シャツをかぶっただけで、両親が帰宅する前に出ていった、という。

ところが二匹の救助犬の言い分は違っていた。少年が歩いていった方向を見つけるようハンドラーに命じられると、二匹とも、弟の証言するルートにはほとんど興味を示さなかった。臭跡追求の作業はそれぞれのペアが別々におこなうため、最初のペアの捜索結果を次のペアのハンドラーは知らない。それでも、どちらの犬も少年の弟の言うルートを示さなかった。警官のうち二人は犬たちが正しいと考えているが、もう一人は迷っている。少年の弟の話は簡潔だし筋が通っている。私自身も二度聞いた。勢いよく飛び出した少年が友人宅のある右方向へ歩いていく様子は、容易に想像できる。あとは、ヒッチハイクでオースティンへ向かい、ガールフレンドとはしばらくお別れ、というパターン。

ところが、オースティンにいる友だちが携帯で言うには、少年とは、その日の早い時刻に学校で会ったのが最後だった。オースティンに来たとしても別々だし、さらには、「親が行くのを許したんじゃないのかな」とも言う。

消えた少年は、学校の写真二枚を見る限り、なかなかのハンサムだ。高校一年のときの写真にはあどけなさが残っているが、今年の写真にはそれが見られない。髪も伸びた。自信ありげで賢そうな顔がカメラをまっすぐ見つめている。今年の撮影には、よっぽど横柄な態度で臨《のぞ》んだか、それとも、撮られる用意ができていなかったかのどちらかだろう。色あせたしわくちゃのTシャツにボサボサの髪。後頭部の髪がひと房、クジャクの羽のように突っ立っている。ほほえみはぎこちない。口角からあごにかけてピンク色の傷。一年生の写真の少年は不安そうに見えるが、二年生になった彼は、「俺を誰だと思ってるんだ」とでも言いたげな瞳をしている。

行方不明の子どもの捜索では、事前の説明で学校のアルバムを見せられることが多い。ときには家族がスナップ写真を持ってくることもある。この少年の場合も、家や近所で撮った写真があれば普段の様子が分かるから、捜索に役立つはずだ。どんな服を着て、何を持ち、何を大切にしている少年なのだろう。けれども今回そういう写真は出てこなかった。両親はしばらく自力で息子を捜したあと、警察に電話をかけた。彼らが差し出した写真といえば、学校で撮ったものくらいだった。両親は自宅のポーチに無言でたたずんでいた。少年の弟二人は、数メートル離れたガレージの前で自転車にまたがっている。どちらも幼児用の自転車で、両足が地面についてしまう。二人は曲げた膝で車体を前後に揺らし、ハンドルには手ではなく肘を乗せている。両親とは離れていても、血のつながりは一目瞭然だ。深夜の暗がりの中でさえ、一家が同じ顔つきをしているのが見える。下弦の月の弱い光と住宅一軒分離れたところから差す街灯の薄明かりに、青白くよそよそしい顔と顔が浮かび上がる。言葉も交わさず、触れ合うことすらしない。一家で集まっていても心はバラバラ。次第に緊張感だけが高まっていく。

両親はこちらへ近寄って私たちに話しかけるでもなく、息子の捜索に当たろうとしている犬たちに挨拶に来るわけでもない。この種の捜索では、家族の態度は二つに分かれる。私たちと親しくなりたいと思う場合と、そうでない場合。しかも今回の捜索には地域社会の住人が加わっていない。そのこともまた異例だった。たまにカーテンの隙間から外をうかがっている住民もいるが、少年の家族を助けにくる人や、警察に話をしにくる人はいない。

それでも、私たちが到着する前に、母親が寝室の椅子の背に掛けてあった息子の上着を持参していた。しかもなんと手回しのいいことだろう、彼女は「遺留品」の大切さをよく分かっているらしく、自分の臭いをつけないようにサラダ用のトングで挟んできた。私たちに説明をおこなった警察官が、歩道の上に置かれた上着のところへジェリーとシャドウをもう一度連れていった。ジェリーが命じると、シャドウは意識を集中させながら素早く臭いを嗅いだ。その臭いはすでに知っている。少年の弟の証言が正しいかどうかを調べるために、一時間ほど前に嗅がされていたからだ。

ジェリーの「捜せ」という合図を受けたシャドウは、少年の弟が最後に目撃したという東方向の小道には目もくれず、暗闇の中を北へ蛇行しながら伸びていく道を選んだ。私の役目は、この作業区画でジェリーとシャドウのペアをサポートすることだ。彼らの少し後ろを歩きながら、記録を取ったり、シャドウを観察したりする。北のルートを選んだシャドウは、道路にも歩道にも進まず、住宅地とその向こうの原っぱの境界にある壊れかけのフェンス沿いの小道へと、それていった。

木材とワイヤーでできたフェンスは、これまでにさんざんよじ登ってきた人間たちの重みでたわんでいる。その向こうの闇の中に広がる、草ぼうぼうの空き地には、両端に風雨で傷んだ二枚の看板が立っていて、売り地だと示しているが、まだ買い手がつかないのか、ろくに手入れもされていない。遠い側の東端には一列に木々が並び、土地の境界線を作っている。その木立は、この距離からだと、空き地の上に身をかがめているように見え、何かが落ちてくるのを待っているハゲワシを連想させる。

警察の話では、そこは近所の愛犬家やティーンエイジャーの通り道になっていて、ある警官の言葉を借りれば、「自由にウンチをさせる」ために飼い主たちが犬を放す場所なのだそうだ。子どもたちはピザ屋やコンビニへの近道として利用している。ときには、ドラッグやセックスを楽しむために林の中に入っていく若者たちもいる。この空き地と奥の林は、よからぬことや麻薬取引の温床として問題視されていた。その向こうには交通量の多い二本の道路が交差するように走っていて、この一帯へのアクセスを容易にしている上、比較的目立ちにくくもしている。これまでにも、子どもたちがトラブルに巻き込まれてきた。この土地が売りに出されてからの四年間に犯罪が多発しているため、今晩もすでに警察はその一帯の捜索をおこなっていた。ただし何も見つからなかった。

シャドウは明かりの中を出入りしながら小道を進んでいる。私たちの前を行くその動きは流れるように美しい。明るい場所に出ては銀色に輝き、暗闇に入っては黒に染まり、また銀色、また黒へと変身する。この区画の捜索を始めてから、かれこれ七時間、シャドウはゆっくり足を止めると、ジェリーに何かささやいた。鼻先をフェンスにつけてから、そのまわりを歩き、壊れかけたゲートのかんぬきに前足を乗せる。ゲートといっても、すでに掛け金が歪んでいて閉まらない。シャドウはこの場所に興味を示している。それもかなり強く惹《ひ》かれているようだ。ゲートにぴったり鼻先をつけて動こうとしない。

ジェリーはその家の正面へ回ると、住所を確認し、警官に無線で知らせた。失踪少年の別の友だちの家だと分かった。警察はすでに訪問済みで、友だちとその両親に接触した結果、少年はそこにはいないと判断している。ただし、しょっちゅう来ているのは確かだった。いつも裏のゲートから台所を通って入ってくるから、シャドウが興味を示したのは古い臭いではないかと、その家の人々は言う。なるほど、そういうことなのか。ジェリーが先に進むよう命じると、シャドウはしぶしぶその場を離れた。いかにもハスキーらしい、低く歌うような声で不満をもらしている。立ち去るのが嫌でたまらないらしい。

ジェリーが、警察は少年のガールフレンドに連絡を取ったのだろうか、と言う。私はさっそく無線で尋ねてみた。回答を待つあいだも、私たちは小道を北へ進み、やがて街灯が切れて暗くなっている場所に出た。そこから先は懐中電灯だけが頼りだ。私たちのはるか前方にシャドウが照らし出される。落ち着いた足取りで前進しているが、目当ての臭いを捜し出した犬特有の興奮は見られない。ときおり立ち止まっては、こちらを振り返り、懐中電灯の光に淡いブルーの瞳をきらめかせる。次の瞬間、また前方へ向き直り、軽やかに歩き出す。

無線がパリパリと音を立てた。寝静まっている住人を起こさないように音量を下げておいたからだ。私はマイクに向かってささやくと、受信機を耳に当てた。少年のガールフレンドとは、すでに連絡を取っている、との捜索本部の確認が取れた。少女はボーイフレンドの消息を知らなかったし、それに(と、ここで少し声のトーンが落ちた)少年とケンカしたのではないかと言われて驚いたようだ、という。それを聞いてジェリーは首を横に振った。私たちはなおも歩いていくと、小道の終わりにたどりついた。そこで東に折れて隣の通りへ移り、今度は南へ向かって捜索を開始する。

東側へ移動すると、シャドウはますます興味を示さなくなった。次の通りを南下し始めてから反応を示したのはたった一度だけ。忍び足で歩く私たちを従え、意味ありげに二軒の真っ暗な家のあいだを行ったり来たり、続いて、通りの向こう側へ渡ると、何かつぶやいてから、奥のほうへ首を伸ばした。ジェリーが気づいた。先ほど小道でシャドウが興味を示したのと同じ家だ。二度めであることを無線で報告してから、私たちはやりかけの捜索を終えるために先へ進んだ。

ここより南西、南東、北西の作業区画から、ハンドラーたちが捜索本部に無線を入れる声が聞こえてくる。時間と場所を知らせる通常の連絡だ。どの区画でも反応を示した犬は一匹もいなかった。

懸垂下降中のジェリーとシャドウ（2003年）。

今晩は新たな捜索手段を投入する。私たちのチームにはカリフォルニアの警察に勤めていたプロの捜し屋がいるのだ。その彼ともう一人のメンバーが、少年の弟の証言を見きわめるための証拠を捜し始めた。少年が向かった方向を示す痕跡をあぶり出すのだ。靴のサイズと身長は分かっているので、そこから歩幅をかなり正確に割り出すことができる。懐中電灯で照らしながら、道路に残された草の汁、草地に落ちている路地裏の土、誰かが乗り越えたばかりで沈み込んだフェンスのワイヤー上の泥などを捜していく。足跡捜しは骨の折れる作業であり、優れた視力と、あらゆる生きものが地面に残していった痕跡を見落とさない能力が必要になる。元刑事のテリーは、長年の経験を活《い》かし、てきぱきと作業をこなしていく。アシスタントを務めるウェッブも飲み込みが早い。

　ジェリーとシャドウ、そして私が作業区画の一番奥で待っていると、テリーが捜索本部に連絡を入れた。テリーとウェッブは、私たちが最初に歩いた砂利道にそれらしき足跡を発見していた。私たちのブーツではなく、別の人間の靴跡。フェンスには日中、誰かが空き地に入った形跡は見当たらないが、数歩離れた土と倒れた草の上には足跡が三つあり、どうやら人の通行があったようだ。その先には、ちょっと前にシャドウが鼻先をくっつけて離れようとしなかった、あの壊れかけのゲートがある。

ジェリーと私はしばらく顔を見合わせていた。すでに区画内の四本めの通りに入り、シャドウは私たちから家一軒分くらい先を南に向かって黙々と捜索している。その動きからして、捜し求めている臭いの源《みなもと》にはいっこうに近づいていないようだ。持ち場についているほかの犬たちの動きも、やはり「手がかりなし」とそれぞれのハンドラーに告げている。私たちは捜索を完了すると、自分たちの拠点を目指して戻り始めた。四方八方からチラチラと明かりが見える。ほかのチームも戻ってきているようだ。彼らが歩くたびに懐中電灯が揺れ、そばを静かに歩く犬たちの目がときおり銀色に光る。

捜索本部は、新しい足跡が見つかったことと犬が強い興味を示したことから、北側の七軒めの家に再度、話を聞くべきだと考えていた。二人の警官がこれからその家へ向かうところだ。私たちはチーム全員で捜索本部へ戻ると、担当した作業区画の報告書作りに取りかかった。区画の地図を描き、誰がどう捜索し、どんな問題があって、どのエリアで犬が強い反応を示したか、説明を加えていく。そんなふうに書きながらも、誰もが捜索本部の無線機のほうへ少し体を傾けている。私たちの無線は黙ったままだ。近くに停めてある警察車両のあいだから、たまに警官どうしの無線の会話が漏れてくる。淡々としているようにも緊迫しているようにも聞こえるが、いずれにしろ私たちの無線が鳴ることはない。

ほぼ同時に犬たちが北へ顔を向けた。鼻先を上げ、耳を前に突き出している。どうやら少年が帰還したらしい。まだ何も見えず、聞こえもしないうちから、犬たちのポーズだけで分かった。やがて、警官に挟まれ、ゆっくりと自宅へ向かう少年の姿が見えてきた。うつむきかげんで腕組みし、曲げた左腕の下に差しこまれた右手をぎゅっと握っている。庭先で両親に迎えられると、三人で固まったように突っ立っている。少年と母親は無言、父親は付き添ってきた警官たちにひと言ふた言、きつい口調で何かを告げた。二人の弟は家の中へ引っ込んだきり、二度と姿を見せなかった。

私たちには聞き取れない会話が終わると、警官の一人が犬たちを少年のところへ呼び寄せた。ハンドラーのそばに待機したままで、しきりにしっぽを振っている姿を見ていたのだろう。

ハンドラーの合図で犬たちは駆け出す。まるでバレエの群舞か何かのように、少年の立っている場所へ一斉に集まるコリー、ジャーマン・シェパード、ハスキー、そして二匹のラブラドール。少年は、腕をほどき、犬たちに手のひらを差し出して臭いを嗅がせているが、打ち解けようとはしない。相変わらずうつむいたまま、私たちにも警官にも、そして父親にも目を向けない。その父親は私たちが荷物をまとめ始めると、息子を叩こうとするかのように手を振り上げたが、結局その手で乱暴に少年の背を押しながら家へ入った。

少年を連れてきた警官の一人が、ふと漏らした。

「自分のしたことが本当によかったのかどうか、分からなくなるときがあるよ」

6　訓練開始

経験を積んだハンドラーと、訓練を始めたばかりの幼犬との、こんなエピソードを聞かされたことがある。その日の訓練は要救助者役のボランティア一名を捜し出すというもので、三階建ての倉庫は、練習場所としては、おあつらえ向きだった。木箱が山と積まれ、造園用の道具や季節はずれのクリスマスの飾り、窓拭き用具や廃棄されたオフィス家具、それに、ときおりホームレスが忍び込んで使っている簡易ベッドなどが置かれている。明かりは乏《とぼ》しく、階段の吹き抜けや使われていないエレベーター・シャフトは薄暗い。空気の流れが読みにくい上、臭いが淀《よど》みやすい死角もある。ベテランの捜索チームでさえ苦戦しそうな場所だ。それでも、新米の救助犬がやる気を見せていたので、ハンドラーは試してみることにした。

ほとんど空っぽの一階から始めて、倉庫じゅうをくまなく捜索したものの、若いオーストラリアン・キャトルドッグが立ち止まったのはたった一カ所、ハロウィンに使ったカビ臭い藁《わら》の残骸が散乱するコンクリートの一画だけだった。藁の臭いに少し戸惑っていたが、ハンドラーが指示するとようやく二階へ向かった。二階では、処分されたパソコンデスクのあいだを縫いながら、淀んだ空気の中をゆっくりと、徹底的に捜索。それでも何も見つからない。三階へ上がると、空気はさらにどんよりとほこりっぽく、床にはハトの羽やフクロウの糞《ふん》が散乱している。部屋の周囲と隅々を調べてから、がれきの中を行ったり来たりしながら部屋全体を捜索したものの、そこでも犬はまったく興味を示さなかった。隠れているのは一人だと分かっているハンドラーは、今とは逆方向に三階を調べさせる。やはり何も見つからない。二階も再び捜索するが、またもや反応なし。

まだ幼く経験の浅い犬だから信用できないのかもしれない。そう思って見切りをつけると、木箱を開けて中身をひっくり返し始めた。そうすれば要救助者役のボランティアが見つかるかもしれないし、淀んだ空気がかき回されて、手がかりの臭いが漂ってくる可能性もある。それでも犬は反応しなかった。いらだったハンドラーは犬を連れて一階へ戻り、素早くもう一度調べさせた。またしても、うっすら藁が積もった場所で犬が立ち止まる。ハンドラーが二度指示を出して、ようやく犬はエレベーターのドアの前に向かった。

すると、もうウンザリだという様子で、ハンドラーを無視して通り過ぎたきり、命令にはいっさい従わなくなった。そのまま倉庫から出ると、外で待つヘッド・トレーナーのもとへまっしぐら、彼女の膝の上に納まった。怒りで顔を真っ赤にして出てきたハンドラーに、犬はそっぽを向いた。愛想を尽かし、「こいつ、おかしいんじゃないの？」とでも言わんばかりの顔だったらしい。

ハンドラーの報告にしばらく耳を傾けていたトレーナーは、倉庫の中で犬がいっさい興味を示さなかったのかと尋ねた。ハンドラーは投げやりな口調で藁のことを口にした。するとトレーナーは立ち上がり、ハンドラーと犬を倉庫の中へ連れていった。彼女が足先で藁をよけると格子が現れた。その下の通気孔には、要救助者役の一〇歳の子どもが辛抱《しんぼう》強くうずくまり、人間たちと犬を見上げていた。

私はこの話の結末を聞いたことがない。そのハンドラーは犬と仲直りできたのだろうか。犬は持ち前の優しさでわだかまりを水に流し、その後、コンビで活躍したのだろうか。この話には、さまざまなバージョンがある。でも、どの話も共通の教訓を含んでいる。つまり、「犬を信頼せよ」ということだ。

でも、それがなかなか難しい。確かに、ハンドラーは犬への信頼を育てなくてはならない。でも、相手はやんちゃにはしゃぎ回る子犬なのだ。救助犬の多くは、狂犬病、ジステンパー、パルボウィルスの予防接種が済むと、生後一〇～一二週で訓練を始める。活発で遊び好き、ときに注意散漫な子犬たちには、手始めに「ランナウェイ」というゲームで捜索とは何かを覚えさせる。

まず、信頼できるアシスタントに子犬を抱いてもらい、ハンドラーが短い距離を走って隠れる。そこでアシスタントが「捜せ！」と命じて子犬を放す。子犬はすぐにハンドラーを捜しに走り出し、発見できればほめられ、ごほうびをもらう、というのが理想の筋書きだ。ハンドラーはこの走って隠れるというプロセスを繰り返し、子犬が何度も成功するようになったら、アシスタントと役割を交代する。今度は自分が子犬を抱き、アシスタントに隠れてもらう。子犬がハンドラーのときと同じようにアシスタントのことも捜すようになれば、犬もハンドラーも学習したことになる。

こうして犬は、「捜せ」には目標があり、ごほうびがあることを覚え、ハンドラーは信頼への最初の一歩を踏み出す。子犬が、大好きな飼い主を自然に追いかけるのと同じように、別の人間を懸命に捜し出そうとすると、その様子を見たハンドラーは、がぜん、やる気が湧いてくる。このゲームでは、なるべく多くのアシスタントに交代でいろいろな場所に隠れてもらい、子犬がちゃんと発見できるかどうかを観察するといい。犬が確実に結果を出せるようになると、ハンドラーも自信がついてくる。

そこからシンプルな捜索――「作業区画」と呼ばれるエリアで一人の要救助者を捜すこと――を始める。ただし、閉じられた、広すぎない場所でおこなう。その際ハンドラーは、ボランティアがどこに隠れるかを見てはならない。狭い空間であっても、作業区画は捜索をおこなうペアにとっては未知の領域であるべきだ。この時点で、風向きや気流の基本を理解しているかどうかで、犬とハンドラーという捜索ペアの戦略に大きな違いが出てくる。また、この訓練で、幼い犬がどんなものに誘惑されるかも分かるはずだ。風に吹かれて木の葉が飛んでくるだけでも、子犬は本能を刺激され、獲物のように追いかけていくし、五〇メートル先に通行人を見かければ、人なつっこい犬は捜索をやめてすり寄るだろう。あるいは、別の犬が視界を横切ったとたん、じゃれたくて飛んでいくかもしれない。

やがてハンドラーは難しい時期に入る。それは、若い救助犬の将来を決定づけるような、間違った選択をしやすい時期だ。ハンドラーの接しかたが厳しすぎれば、犬は捜索を罰だと思って意欲を失うし、甘やかしすぎれば、気ままな暇つぶしと思ってしまう。中でも一番まずいのは、子犬だから集中力がないのだとハンドラーが決めつけ、自分の目で要救助者を捜し出しておきながら、犬の手柄にしてやることかもしれない。

子犬を訓練しているチームには、普通、熟練のハンドラーか捜索を監督するトレーナーがいて、気をつけるよう助言してくれるものだが、それでも、子犬のつたなさに人間がつい助け船を出してしまうという危険は、どんなチームにもつきまとう。これは、親バカで済まされるような単純な問題ではない。実際以上の手柄を子犬が上げたかのように接していると、能力に見合わない、さらにきつい訓練へと向かわせることになりやすいからだ。そうなると、犬は欲求不満を覚えるし（さらには、ハンドラーの欲求不満までも感じ取るかもしれない）、捜索意欲を持続させてくれる冒険心や遊び心をたちまち失っていく。一方、ハンドラーの自信も打ち砕かれる。

結局、子犬の幼さに見て見ぬふりをすれば、自分を追い込むことになるのだ。その結果、ハンドラーが自分の目ではとうてい捜し出せないような難しい状況で、かたや、犬のほうは訓練を急がされすぎたために、すっかりやる気をなくしている、というシナリオが待ち受けている。

生後一一週のパズルは、脚ばかりがやけに長く、おなかは丸々と太り、頭でっかち、鼻は大きくて真っ黒で、しかも、その鼻を何かに役立てたくて仕方ないようだ。家の中には嗅ぎがいのあるものが多い。ガスレンジにかかっている鍋、クローゼットの革靴、ほかの犬や猫の臭い、それに、高床式の我が家には、床下を走り回るネズミやリスもいる。けれども捜索訓練を始める準備はまだできていない。パルボウィルス感染症ワクチンの最終回が済んでいないのだ。

火災現場を模した消防訓練所の施設で臭いを嗅ぐ、生後12週のパズル。

新境地を切り開くにあたって、獣医さんの「ゴーサイン」が出るまで、私は、家の中で「臭い嗅ぎゲーム」をすることにした。この遊びを通して、物を捜すというコマンドを覚えさせ、成功するとほめられるということを教えたい。まず両手を背中に回し、おやつを一方の手からもう一方の手に移動させてから、両方の握りこぶしをパズルに見せ、どちらにおやつが入っているかを当てさせる。その際、入っているほうのこぶしに鼻をつけさせる。

パズルは飲み込みが早かった。何度か繰り返すうちに、弱い臭い（少し前におやつがあった場所）と強い臭い（今おやつがある場所）の違いを嗅ぎ分け、うれしそうに鼻先を私の手にくっつけた。ときには「絶対にこっちよ！」とでも言いたげに、キャンとかウーとか声を出す。

ポメラニアンたちもこのゲームが大好きだ。盲目のスカッピーは絶対に間違えない。食いしん坊のフォクスル・ジャックは、ごほうびにありつく一番の近道は正解することだとたちまち理解した。ミスター・スプリッツルは慎重派だ。身を乗り出して両方のこぶしを怪しげに嗅いだあと、首をかしげ、まるでフォアグラの品定めをする美食家のように考えている。「おやつの臭いがするぞ。でも、僕の舌に合うかな?」正解して、おやつもほめ言葉もせしめると、おもむろにごほうびをくわえて、独りになれる場所へ引き上げていく。これから前足で押さえて、ゆっくり吟味するのだろう。

こうして「どっちの手だ?」ゲームを何日か楽しんだあと、今度は汚れていない植木鉢を三つひっくり返し、そのうちの一つにおやつを隠して当てさせるようにした。この進化したゲームでは、正解の植木鉢を選ぶだけでなく、実際に目当ての物を手に入れるための工夫もしなければならない。パズルが苦戦している様子を私はおもしろがって見ていた。まだ細かい運動能力が発達していないし、物理特性も分かっていない。ちゃんと正解を選んだものの、頭から植木鉢に突進して、おやつが中に入ったままポーチの向こうへと押しやっていく。それが済むとストンと座り込み、植木鉢に向かって怒ったように吠え、次に私の顔を見て、また憤然と吠えた。何が言いたいかは分かる。「これ、ちっとも協力してくれないじゃない。あなたのせいよ!」

まあ、そう言ったかどうかはともかく、正しい選択をしたのは確かだ。パズルがこちらの注意をひきたくて吠えたのを見て、私は植木鉢からおやつを取り出して与えた。

パズルの正確さと粘り強さがうれしい。翌日からは、選んだ植木鉢を小突《こづ》き回すことが減り、むしろその前に立つと、すぐに私に向かって吠えるようになった。これからは、目当てを見つけるたびに、はっきりと言いたいことを伝えるようになっていくだろう。「私はちゃんと仕事をやったのだから、今度はあなたが仕事をする番よ」

ゲームの難易度をさらに上げた。家や庭のいろいろな場所に隠すことにしたのだ。さまざまな物の下、フェンスの柱の上、若木の枝の股などに、私はおやつを仕掛けた。このゲームにパズルは熱心に取り組んだ。普段なら、蝶々を追いかけていた次の瞬間、もう小鳥に目移りし、足がもつれてころがったりしているせわしない子犬が、このゲームでは、がぜん集中力の塊になる。私がおやつを取り出し、その細い首に首輪をつけてやると、これから「捜索ごっこ」が始まると知って、目の色が変わるのだ。

ポメラニアンたちはパズルと私の様子を見守っている。自分たちも毎日のトレーニングに少なくとも一回は参加するのだが、ゲームの回数も、もらうおやつの数も、パズルのほうが断然、多いことに気づいている。パズルと一緒に庭にいるとき、彼らの厳しい視線を感じたこともある。顔を上げると、キツネ顔をした小さな三匹が寝室の窓辺に一列に並んで、私たちをじっと見つめていた。

ミスター・スプリッツルはブツブツと不満をもらしていたが、子犬が続けて三回もおやつをもらっている様子を見るなり、「アウ！」と怒りの声を上げた。パズルの予防接種が完了したら、さっそく、トレーニング場所を庭以外のどこかへ移したほうがよさそうだ。私には犬の力関係はよく分からないけれど、一部のポメラニアンたちが不公平感を抱いているらしいことは分かる。パズルばかりがかわいがられていると感じているのだ。

その日の午後は遊びの場を家の中に移し、それぞれの犬を順に嗅ぎ当てゲームに参加させた。私の足の下にあるおやつをスプリッツルが見事に探り当てたので、足をどかしてやる。すると、スプリッツルは、じかに臭いを嗅いで確認する。その動作までが、ゆっくりと用心深い。「いい子ね!」とほめられても、ただ、おやつをくわえ、耳を後ろに倒したまま、そそくさと立ち去る。ぎこちない態度には、ほんのりと軽蔑《けいべつ》がにじんでいた。

さて、今度はパズルがポメラニアンたちを見守る番だ。パズルは特にスカッピーの動きに魅《み》せられている。老犬は裏庭をやすやすと歩き回る。マーキング済みの障害物にはぶつからないし、ほかの犬たちが行く手をふさいでも、臭いと動きで察知してよけている。若い頃はきっと、いたずら好きだったのだろう。今もそのなごりが見て取れる。ハトの群れにゆっくり近寄ったかと思うと、突然、襲いかかるような仕草を見せ、弱音器《ミュート》のついたおもちゃのトランペットみたいな吠え声を上げる。鼻だけを頼りに生きているスカッピーは、臭いの流れや溜《た》まり場所を、身を持って示してくれる。その動きを見ていると、私にはまったく感じられない微妙な変化や違いを簡単に嗅ぎ分けているのが、よく分かる。

パズルはこの老犬に一目置いている。若いポメラニアンたちには体当たりして突き飛ばしたりするのに、スカッピーのことは注意深くよけて通るし、老犬のハト追いに横やりを入れることも、庭を歩き回るときに道をふさぐこともしない。サッカーの選手が相手をぴったりマークするように、あるときは一定の距離を置いてあとを追い、またあるときは、じっと観察したりする。

私は勝手口を開けたまま、裏庭で仲良く寝そべっているスカッピーとパズルの様子を見ていた。二匹は、鳥の臭いとリスの臭い、赤ん坊をおぶって走る人の臭いと犬を散歩させている少女の臭いを嗅ぎ分けている。鼻を同時にヒクつかせたり、スタジアムでウェーブを作る観客のように、少しばかりずらして順に動かしたりもする。

ある晩、私は勝手口から静かに外へ出ると、二匹から離れた風上に黙って立ってみた。風のない生温かい夜。前かがみになって両手を振ってみる。二匹が私の臭いをとらえるまでに、どれくらいかかるだろう。すると何秒も経たないうちに、二匹とも鼻を動かし始めた。スカッピーは体をこわばらせながら立ち上がると、しっぽを振ってこちらに来ようとする。パズルは柔軟な子犬らしく、座っている敷石の上で首だけをグルッと巡らせて、私に笑顔を向けた。

スカッピーが私のほうへ歩き出したのを見ると、自分も立ち上がり、慎重に距離を置いてあとに続く。迷わず私のところへたどりついたスカッピーは、両手に鼻を押しつけてくる。柔らかな耳を撫でてやると、気持ちよさそうにグルグルと言う。いつもなら、かまってもらいたくてライバル心をむき出しにするパズルが、スカッピーのときは押しのけようとしない。

パズルがチームの訓練に加わる日は待ち遠しい。けれども、人間の指示などなくても、こうしてほかの犬たちから多くを学んでいるのも事実だ。パズルは常に五感をフルに働かせている。二軒先の家で泣く赤ん坊の声に耳をピンとそばだて、窓の外にリスを見かけては足を止める。ガラス越しにスプリッツルが吠えると、興奮してクルクルと回る。ただし、パズルの意欲を最もかき立てるのは、思いがけないことに、年老いたスカッピー先生だった。

友人の一人に「あの高齢のワンちゃんとパズルを一緒にしておいて大丈夫なの?」と尋ねられたことがある。自分ではそんなこと考えもしなかった。パズルはすでにスカッピーの二倍は重たいし、おそらく一〇倍は力があるだろう。それでも庭に一緒にいるとき、スカッピーのそばでは用心しながら動く。まるで、飛び石を一つ一つ慎重に選びながら川を渡っていくかのようだ。裏庭の調べかたにしても、スカッピーの方法にならって隅から隅まで徹底的に臭いをたどる。夕方、ひんやりとした敷石に並んで寝そべる格好までそっくりだ。そして何より素晴らしいのは、人間の臭いの大切さをスカッピーから学んだことだろう。

夜中に小さな町の住宅地を歩いているところを想像してみてほしい。立ち並ぶ家々は明かりを落とし、テレビの音も聞こえてこない。車も芝刈り機も今は静まり返っている。にぎやかだった昼間と比べれば、騒音レベルは数段下がったものの、夜の世界はまた別の音に包まれている。かすかな物音でさえ聞き分けられるような時間帯だ。あれは、三軒並んだ家々のエアコンのうなり、あれは、どこかのテラスで寝返りを打った猫が首の鑑札をコンクリートにぶつける音。そよ風で一本だけ鳴るウィンドチャイムのパイプ。暗がりに一人腰を下ろしてタバコを吸う人のマッチをする音。草むらで言葉を交わしていた二匹のコオロギは、人の足音に思い直したのか、愛の歌をピタリと止めてしまった。一キロ先のハイウェイを走るトレーラーの音も、もちろん自分の靴音も聞こえる。そして、今どんな地面を歩いているかも聞き分けられる。ゴム底がアスファルトに当たればグニャリとし、砂利を踏みしめれば軋《きし》む。

仮にあなたの任務が、どこかの路地裏でかすかに鳴っているラジオを突き止めることだとしよう。調べなければならないのは五ブロック四方の区域だ。それらしい音を捜し出すために、やみくもに

飼い主を亡くしたばかりで元気のないポメラニアンのミスティと、優しく初対面の挨拶をするパズル。共感を示すように同じ姿勢を取っている。

走り回るという方法――偶然に音をキャッチできるかもしれない――もあるが、計画を立て、表通りや路地を一本一本しらみつぶしにする方法もある。

捜している古いAM放送専用のトランジスタ・ラジオは、小さな独特の音を発する。歩くのが速すぎると、ほかの音にかき消されたり、騒音にまぎれたりして聞き取れないかもしれない。そこで整然と捜索を続けることになる。すると、あるとき、ラジオの音が聞こえたような気がする。そこから前後左右へ動いて、音のする方向を絞《しぼ》っていく。こっちへ行くと音に近づくのに、そっちだと遠ざかるという具合に。

そうこうするうちに、だいぶ正解に近づいたらしく、ラジオ以外の何ものでもない音が聞こえてくる。カントリー調の歌がかかり、続いて政府公報のCMが流れているから、もう間違いない。ここまでくれば、あとはかなり楽だ。

ほどなくして問題の家を突き止めることができた。裏手にフェンスがあり、トランジスタ・ラジオは、そのフェンスのすぐ内側のガーデンチェアの上に乗っていた。

この場合、働かせたのは嗅覚ではなく聴覚だけれど、まさに救助犬と同じような方法で仕事をしたことになる。順序立てて一つのエリア内を歩き、そこで拾い集めたさまざまな情報の中から、特定の要素に絞り込んでいく。救助犬チームの仕事を観察していると、まるで魔法か何かのように見えるかもしれない。でも、人間の感覚能力に置き換えて考えると、犬たちが鼻を使ってどんなことをやっているかが分かりやすくなると思う。


救助犬は、本当にさまざまな鼻のスキルを見せてくれる。

浮遊臭をたどるエアセント犬は、どちらかというと人気《ひとけ》の少ない領域内で生存中の要救助者を捜すのに使われることが多い。生きて動いている人間は、常に「ラフト」と呼ばれる微小な皮膚細胞のかけらを落としている。スヌーピーで有名な漫画『ピーナッツ』に登場するピッグ・ペンという少年は、いつも体からもうもうとほこりを舞い上げていたけれど、目に見えないだけで、私たちはみな、あんなふうに証拠物質を撒き散らしているのだ。

そのラフトが発する臭いの塊をたどるように訓練されたエアセント犬は、災害現場や原野での要救助者の捜索には欠かせない。短時間のうちに領域内で生存者の有無を判断できるし、広大な捜索区画の中から、複数でも単数でも負傷者を嗅ぎ取ることができる。子ども、若者、スポーツ選手は代謝がよく、より多くのラフトを落とす。だから、それだけ臭いの塊は大きくなる。一方、動きの少ない赤ん坊や代謝率の低い高齢者などは、皮膚からはがれ落ちるラフトの数が少ない。それでも、徘徊《はいかい》のすえに草むらやがれきの中に入り込んで出られなくなったアルツハイマー患者を、エアセント犬が無事に捜し出したという事例は多い。作業するエアセント犬の動きはとても早く、鼻を上げて臭いの源へ近づいていく。

「トレーリング」と「トラッキング」は、（間違って）同じ意味で用いられることが多い。そうでない場合も、意味があべこべになっていたりする。厳格な人は、二つのテクニックは大違いだと言うかもしれない。たとえば、トレーリングは原臭を必要とするが、トラッキングは必要としない、とか、トラッキングでは、犬はハーネスをつけ、鼻を地面に這わせながら捜すが、トレーリングでは、頭を上下させながら移動し、リードも長い、とか。そうかと思えば、そんな区別はないと言う人もいるだろう。

一般論として、トレーリング犬は空中を漂う臭いも追うし、木の葉や土の上に落ちている臭いも拾う。ハンドラーは特定の人物の原臭（遺留品）を犬に嗅がせ、同じ臭いを捜し出すように命じる。犬は頭を上げも下げもするが、ひとたび、臭いを嗅ぎつけると、その人の動きをたどって、なるべく近くまでいこうとする。ジェン・ビドナーが著書『Dog Heroes（頼もしい犬たち）』（未訳）で述べているとおり、トレーリング犬は、吊り下げ装置で一度も地面に触れずに移動した人間の臭いでも追うことができる。これは二〇世紀なかばの実験で証明されたことだ。

一方、トラッキング犬は、人間に踏みならされた草や足跡といった複数の臭いを追いかける。優秀な犬は「コールド・セント犬」とも呼ばれ（訳注：コールド・セントとは微弱な臭いのこと）、何日も、場合によっては何週間も前の臭跡でも、あとから大勢の人間が通って臭いがまぜこぜになっても、それをたどることができる。トラッキングというと、探偵小説や犯罪映画などで、逃亡犯を追跡するブラッドハウンドを連想するかもしれない。その手の作品では、鼻を地面にくっつけて歩く格好やしゃがれた吠え声が定番になっている。実際、ブラッドハウンドはコールド・セントを追うことにも秀でている。鼻を使って仕事をするほかの犬たちの嗅覚細胞数が平均二～二・二億個なのに比べ、ブラッドハウンドは二・三億個と言われる。もちろん、どちらにしても、犬たちの嗅覚は人間をはるかにしのぐ能力には違いない。犬たちの四〇分の一の嗅覚細胞しか持たない私たちには、どこにどれだけラフトが落ちていようと、嗅ぎ分けることなど不可能だ。

死体捜索犬は人間の遺骸を捜し出すように訓練されている。つまり、遺体そのものや、皮膚、毛髪、骨、血液といった遺体の一部、または精液、尿、汗、腐敗臭などの入り混じった臭い――これらが組み合わさると独特の臭いになるのだが――の発生源を突き止めるのだ。人骨を探り当てることも、人の遺灰と動物の遺灰を嗅ぎ分けることもできる。場合によっては、一〇〇年も前に埋められた遺体でも見つけ出す。死体捜索犬の能力のすごさは、木の根元に埋まっている遺骸を見つけたときの行動によく現れている。光合成などの働きで人間の臭いを発している木があると、前足を上げてアラートするのだ。

ボートの上から水死者を捜し出す犬もいる。水の中の何を嗅ぎ取っているのかについては諸説ある――損傷のない遺体の内部で発生するガスだという人もいれば、それとは違う皮脂や皮膚などの人体そのものの臭いと腐敗臭だという人もいる――が、ダイバーや底引き網を投入する前に捜索範囲を絞り込むのに、水難捜索犬は非常に役立っている。

しかしながら、依然として懐疑的な人も多い。そんな中で救助犬チームの強い味方になってくれるのが、猟犬愛好家、発作《ほっさ》探知犬やガン探知犬と仕事する人々、犯罪捜査や爆発物や麻薬の探知に犬を使っている当局の担当者、そして、ひとまず懐疑論は脇に置いて、救助犬とは何かを知ろうという意欲のある人たちだ。

ただし、犬たちの様子を見たからといって、必ずしも納得できるわけではない。何も知らない人にとっては、作業区画内にめぼしい臭いがないときの犬は、ただ草むらで遊んでいるだけにしか見えないだろう。それに、難しい気流の中で臭いをとらえかけたときの犬は混乱を隠せない。何もない隅のほうをチェックしてみたり、歩道の上をグルグルと回ったり、蛇行しながら斜めに進んだりして、もう一度臭いをとらえようとするからだ。

この私も、熟練のハンドラーにくっついて活動し始めて半年後、ようやく作業中の救助犬が発する微妙なシグナルの意味を解読できるようになった。犬たちも、経験とともに技術を磨いていく。これまで何年も一緒に作業をしてきた犬であっても、訓練のたびに新たな仕草や動きを見せるから、そのつど、こちらも学ばされる。

救助犬への懐疑的な見かたが問題になるのは、いざ出動となったときだろう。たとえば、現場の担当者の誰かが、使える手段は何でも使おうという気持ちから救助犬チームに出動を要請したとする。そこでチームが到着してみると、その上の捜索責任者は、チームをどう配備すればいいか分かっていなかったり、犬などどうせ役に立たないだろうと決めつけていたりする。

現場での説得と説明には時間を要する。しかも一刻を争う状況であれば、貴重な時間をさくわけだから、それ自体が捜索を長引かせる一因にもなる。公園から連れ去られた子どもの捜索に、何日も経ってからエアセント犬が派遣されたり、二〇〇名もの捜索ボランティアが前日すでに歩き回った現場で、たった一つの臭いを捜し当てるようにブラッドハウンドが投入されたりする。

私の知っているトレーナーはよく、「犬たちは『特効薬』じゃないんだ」と言う。犬は数ある捜索手段の一つであり、その効果を期待するなら、仕事のやりかたを理解しておかなければならない。「犬たちが来るとゾッとするね」何年か前に一人の刑事にそう言われたことがある。「俺たちにとっては敗北のしるしなんだ。捜索は暗礁に乗り上げ、行方不明者はたぶんもう死んでいる、ってことさ」

私は言った。「私たちの犬は、生きている人間も見つけ出すのよ。生存者の発見を第一優先にしているんだから」

刑事は、またラフトがどうの代謝率がどうのと、いらない講釈を聞かされるとでも思ったのだろうか。あるいは、犯罪現場に駆けつけた近所の霊能者ばりの絵空ごとに付き合わされるのはごめんとでも思ったのか、首を横に振りながら、きっぱりと言った。「あいにく、うちは遺体の捜索にしか犬を使わないもんでね。生きている人間じゃあ、たいして臭わないだろうし」

ヘッド・トレーナーのフリータが、地元の消防訓練場の草むらにパズルを待機させている。私たちの前には鉄道用のタンク車があり、その左手には壊れた車が二列に並んでいる。はるか右手には災害現場を模した「がれきの山」がある。パズルは、最終的に、その下に埋もれている要救助者を

初めての捜索のあとで、ひと休み。

見つけなければならない。今日の訓練は、パズルにとって、このチームで初めての「駆けっこ」捜索が含まれている。目標は、シンプルに、今は姿の見えていない人間を捜し出しておやつをもらうこと。

我が家にいるときのパズルは、まだ私に特になついているようには見えない。フリータからコマンドを受けると、車の後ろに隠れている私を捜しに草地の向こうから飛び出してくる。優雅とはほど遠い格好で、全速力のまま壊れた車の脇を曲がろうとしているが、太ったおなかと気まぐれな脚が言うことを聞いてくれない。横すべりしてころんだあと、立ち上がって体をブルッと震わせてから、かがんでいる私のところへたどりつく。ほめられて、しっぽをブンブン振り回している。

二回めの「ハンドラーを捜せ」ごっこでは、走る速度を少し加減するようになった。一回めに私を見つけた場所で立ち止まり、そこにいないと分かると、顔を上げ、臭いをとらえて、鼻先を軸に方向転換。別の場所に隠れている私のもとへやってきた。パズルにとっても私にとっても、ハッとする瞬間だった。視覚には限界があり、嗅覚が肝心だということを、このときパズルは身をもって学んだのだ。そして、私はパズルが体得したその瞬間を目の当たりにした。

次は役割を交代し、私がパズルを押さえておき、フリータがおやつを見せる。そのあと、パズルに目隠ししているあいだに、フリータが走り出し、三〇メートルほど離れた場所に隠れる。「捜せ」の合図で、パズルは二～三歩、踏み出したあと、フリータが消えた方向へ一直線に走っていく。そのあとを追いながら、私はおかしくて仕方がなかった。しっぽをプロペラのように振り回しているパズルは、ぽっちゃりしたお尻が、今にも宙に浮き上がりそうに見える。

「いい子ね！」フリータの声がした。「いい子ね！」私も声をかける。おやつを獲得したパズルは、元の場所へ戻っていく。どうやらそこがスタート地点と思っているらしい。草の上にストンと座り込み、一度、鼻を鳴らしてからヒョイと顔を上げ、満面の笑み。まるでハロウィンのカボチャみたいだ。自信に満ちたうれしそうな様子には、単なるいたずらっ子以上の何かが漂っている。

しかし我が家の庭のリスたちは、パズルを大歓迎とはいかないようだ。鼻のよさにすっかり悩まされている。ある日のこと、ガレージの屋根に三匹が並んで身を乗り出し、パズルに向かって「チキチキ」という怒りの声を延々と発していた。そのうち一匹が、折れた小枝を子犬の頭めがけて落とした。でも、細い枝などパズルはなんとも思わない。それよりも今は、四つめの穴を掘ることに夢中なのだ。柔らかな土に当てた前足をせっせと動かし、突き出したお尻のあいだから黒々とした土をかき出している。掘り進むほど、リスたちの非難の声は高くなる。すぐにその理由が判明した。

パズルは、リスたちが埋めたペカンの実を掘り起こしているのだ。しかも食べるのではなく、敷石の上に落として楽しんでいる。やがて目的を果たすと鼻先をぐるりと巡らせて、ほかにも木の実の埋まっている場所がないかと探している。

まだ朝の八時だというのに、ざっと庭を見渡しただけで四つも穴が開いていた。角を曲がった先には、さらにあるかもしれない。朝食後の三〇分で、パズルはリスたちが一日がかりで埋めた冬用の食料一週間分を掘り起こしてしまった。それを見てリスたちは憤慨していたのだ。三匹はこの庭の住人なのだろう。苦労してため込んだものを、あっという間に掘り返されれば、怒るのも無理はない。

次にパズルの関心は植木鉢に移った。植わっている草木はとっくの昔にしおれてしまい、見る影もない。シソ科のコリウスなどは、退廃的な女優のように鉢の縁からしどけなく垂れ下がっている。ただし、パズルが興味をそそられているのは、その奥にあるものだ。

リスたちと私が見ていると、後ろ足で立ち、前足を植木鉢に突っ込むという不安定な格好で、穴を掘り始めた。バランス感覚と慎重さを要するので、今までよりも時間がかかっている。ときおり穴の大きさを確かめていたが、あるところまで掘り進むと鼻を突っ込んでハフハフ言わせた。鼻息がテラコッタ製の植木鉢の中に響いたかと思うと、土ぼこりが舞い上がり、パズルの目にまともに入った。まばたきしながら体勢を立て直すと、鼻から額は泥だらけ、前足のつま先も黒く染まっている。そのまま意気揚々とこちらへ向かってくると、屋根の上のリスたちは騒然となった。パズルが私の足元にポトリと落としたのは、殻つきの真っ黒なペカンの実だった。

ただし、私が何か言う前に、もうパズルは身を固くして鼻先を上げたかと思うと、裏庭の向こうの端まで駆けていった。しばらくそこにたたずんで鼻孔を動かしている。私にはフェンスとフェンスの狭い隙間の向こうに何があるのか見えない。パズルは鼻を鳴らすと、しっぽを揺らしながら歩き出した。それでも、まだ私には何も見えない。

「どうしたの、パズル？」そう尋ねたとたん、カツカツカツという軽快な足音と、ドタドタドタという足音が聞こえてきた。近所のジェランドと、最近、飼い始めたばかりの犬のトークンだ。ジェランドはすっかり息が上がっているようで、「待てよ……もっとゆっくりだ……ゆっくり」などと言っている。

パズルがうれしそうに吠えると、去勢済みとはいえトークンもオス犬だけあって、メスのパズルには興味津々のようだ。姿は見えなくても、パズルの若いエネルギーに触発され、フェンス越しに意気投合でもしたのか、「ハッ」と小さな張り切り声を上げると、いっそう強くリードを引っ張りながら北へ歩いていった。パズルはトークンが通った場所に鼻を押しつけ、残り香《が》を存分に味わっている。やがて小さくため息をつくと、その場に座り込んだ。

「パズル、いい子ね。あの人たちが来るのを教えてくれたのね」理解できないとは分かっていても、私はこう語りかけずにいられなかった。

このところ何週間もジェランドとは話をしていない。今日もおしゃべりはお預けみたいだ。ひっくり返った植木鉢の上に乗り、私はジェランドとトークンの後ろ姿を見送った。トークンは鼻を上に向け、一心不乱に歩いている。ジェランドは角を曲がるとき顔を上げた。体がよく動き、元気そうに見える。こんなに幸せそうなジェランドを見たことがない。

「天に任せていれば、いずれ機は熟すものさ」いつだったか、ジェランドにそう言われたことがある。今、自分の犬を見おろしながら、私は思う。ああ、まさしく。

7 無給のプロ集団

ビルの屋上の先端から後ろ向きに、かかとを突き出して立っているのを想像してほしい。ゾクゾクするような緊張感が背筋から心臓、脳へと駆け上がる。それは水銀を吸い込むような、火花を飲み込むような、そんな熱くて金属的な感覚だ。いま私は、その体勢で消防訓練用の「高層ビル」の最上階に立っている。こうしていると、懸垂下降用のロープが風にあおられているのが分かる。まさかこれで私も一巻の終わり？　いや、単純に恥をかけばいいだけの話だろうか。

一歩間違えば、側壁に叩きつけられながら降りていくことになるだろう。そして体勢を立て直すのに手間どるうちに、地上のチームメイトに迷惑をかけるのだ。そうなったら、安全確保のために下でロープをピンと張って、宙ぶらりんにしてもらうしかない。それはまるで、自分の作った巣に絡まったクモみたいに見えるだろう。

私の場合、懸垂下降では、かっこよく決められるのは数えるほどで、ドジを踏むことのほうが多い。別に高所恐怖症だからというのではない。むしろ高いところは好きなくらいだ。それでも今日は、まだ今のところ、うまくいっているほうだ。レンガの壁に何度かキスするはめになり、作業ズボンの左ひざをぶつけて破いたのと、両ひじを血だらけ、アザだらけにしたくらいで済んでいる。

今日はパズルにとって、このチームで三回めの週末訓練に当たる。そして、私たち隊員は懸垂下降と高所救助の訓練をおこなう。場所は消防署の訓練施設。五〇メートルほど離れたところで、新人消防士たちが大型エンジン車を使ってタンクローリーの模擬火災の消火訓練をおこなっている。長いはしごの先端でゆらゆら揺れていたかと思うと、今度はそこから放水を開始。炎を背に浮かび上がる、大がかりな消火活動の様子は、さながら映画のワンシーンを見ているようだ。

秋は粋《いき》な計《はか》らいをしてくれた。今朝は暖かく、微風も吹いている。おかげでパズルのいるところまで水しぶきが飛んでいく。実は、私たちの訓練場所から離れたはしご塔の陰に、クレートごと設置してやったのだ。隔離されると不安を感じやすい犬もいるけれど、パズルのような幼い訓練犬には、その不安が伝染してほしくない。だから、例のロブスターのぬいぐるみとおやつを入れてやり、何か観察できるもの――この場合は、タンクローリー火災と闘う二〇人ほどの若い消防士たち――の近くに置いたのだ。伏せの姿勢でくつろぎ、鼻先を上げて目を細めている。どんな形でも水があればごきげんなパズルは、こうして天気のいい日に日陰でしぶきを浴びられるのだから、うれしくて仕方がない。

三〇分ほど前に私がそばを離れるときも鳴かなかった。「幸先《さいさき》いいじゃないか」とチームメイトは言う。でも、どんな場所だろうと、私が立ち去ったからといってパズルがあまり心配そうにしたことはない。今こうしてビルの七階分の高さから見下ろすと、黒っぽいクレートの床の上に落ちている、小さな薄茶色の綿くずにしか見えない。

このビルに登る前は、パズルにもっと近いところのはしご塔から下降訓練をおこなった。はしご塔というのは三階分の高さの構造物で、駐車場の真ん中に設置されているので、四方八方からよく見える。たいした高さではないのだが、てっぺんから背を向けて飛び降りるのは、やはり恐ろしい。うらやましいことに、一〇人ほどのチームメイトたちは、自信満々で弧を描きながら下降し、月面の宇宙飛行士みたいにふんわりと着地する。今このビルからも、小さくスイングすること三回、壁に軽く足を触れること二回で、もう地面に両足で降り立ち、屋上に残った仲間たちをニヤニヤと見上げている。

私にはそんな優雅さは微塵《みじん》もない。ぶざまな軌道を描きながら、いっきに降りていくスタイルは、たとえるなら、走りながら出産しているカバといったところか。さっきのはしご塔からの下降も、ひと苦労だった。足場になるのが壁ではなくて、鉄のフレームだからだ。チームのベテランたちは、ポン、ポン、ポーンと両足で正確にフレームをとらえながら降りていく。私にはまねのできない芸当だ。フレームに足がまったく触れずに突き抜けてしまい、体をしたたかぶつけるか、筋交《すじか》いにまたがる格好になって臀《でん》部をドシンと打つか。

チームの医療隊員に「そこは坐骨恥骨枝だな」と言われると、なおさら痛くなった。

高いビルのてっぺんには、ときおり南からの生温かい突風が吹きつける。これから、風の当たらないほうの外壁を懸垂下降するのだが、屋上で自分の番を待っていると、風で髪は目に入るわ、Tシャツの袖がはためくわ、なんだか不安で気もそぞろになってきた。前から一〇番めくらいだから、チームメイトの下降をじっくり観察して学ばせてもらおう。そう思って乗り出して下を見ると、デリルはもう地上に降り立っていた。堂々たる体格の彼が、ここからはなんと小さく見えることか。でも、いざ私に番が回ってきて、万一、下降のやりかたを忘れてしまったとしても、彼が安全を確保してくれるだろう。今は体格の大きさより、そのまなざしの強さが安心感をくれる。頼もしいデリル。彼なら、私が自分で失敗に気づかないうちに、もうロープをピンと張って止めてくれそうだ。

屋上の先端から元の場所に引き返し、並んでいるチームメイトたちを見ているうちに、ふと思った。彼らも、一〇年前には、まさかこんなふうにビルの屋上で降下の順番を待つことになろうとは、誰ひとりとして予想していなかっただろう。しかも後ろ向きに降りようだなんて。

「私なら、お金をもらってもできることじゃないわ」地域の防災フェアでチームの展示ブースを訪れた人に、そう言われたことがある。女性は、救助犬チームのパンフレットや写真を見ながら、活動全般の印象を口にしたのだった。貼り出されていたのは、修正も何も加えていない、ありのままの写真。そこには、犬を連れて懸垂下降する様子や、トゲだらけのメスキートの藪をかき分けて進む様子、気温四〇度の炎天下、犬たちを先頭に、人間の臭いを求めて必死にがれきの山を歩く様子が映し出されている。私が「全員ボランティアなんですよ」と言うと、女性は少し笑ってから、疑うように首をかしげた。「じゃあ、好きこのんで、こんなことを?」

よくきかれる質問だし、いつも答えに困る。ひと言で答えるなら、「人助けのため」ということだ。それは真実でもある。ちょっと偉そうに聞こえるだろうか。でも、実際の救助犬チームは、偉そうな人間の集まりとは、ほど遠い。ゴミ溜めをかき分けて進むことなどざらだし、温かい犬のウンチが入った袋を、しょっちゅうひっさげて歩いている。とても偉そうになどしている暇はない。確かに、楽しい訓練もあるけれど、活動そのものは苦難の連続なのだ。

熟練のハンドラーにせよ、アシスタントにせよ、誰もが口にこそしないけれど、苦労を重ねている。何年にもわたり、雨が降ろうが槍《やり》が降ろうが、毎週三〜七時間は各種のトレーニングメニューと訓練捜索に捧げなければならない。それに、一度出かけると一〇〜一五時間にも及ぶ原野捜索では、キャンプを張っての泊まりがけになる。臭跡理論、応急処置、気象学、レポート作成、建築構造、状況判断など、学ばなければならないことも山ほどあるし、講義が終われば所定の試験が待っている。モールス信号のCD学習や、ロープの切れはしを使った8の字結びの練習などは、毎日、取り組まなければならない課題だ。自宅での犬の訓練も欠かせない。日頃ハンドラーが「つけ」「伏せ」「待て」の訓練を何百時間も繰り返して初めて、犬は現場で頼れる存在になる。それらができてこそ、混沌とした状況でも興奮せずに命令にきちんと従える犬だと言えるのだ。私がチームに加わった当初、仲間に言われたことがある。「災害救助隊員として働くには、充実した週末とは何か、という問題を考え直さなければならないよ」

ある取材記者はオフレコで、私たちがボランティアだということに驚いた、と言った。「災害救助犬チームは有償で働くプロの精鋭たち」だと思っていたのだ。彼女の言う「精鋭」の基準が何なのかは分からないけれど、私の知る限り、災害救助犬チームの大半はお金をもらってはいない。むしろその逆で、この活動をするためにお金を払っているくらいだ。

チームの多くはＮＰＯであり、集まる寄付の金額は犬一匹分の年間の維持費にも満たない。ただし、無給とはいえ、私たちは「専門家《プロ》」集団であり続けたいと思っている。犬による災害救助活動は、非常時に有志の人々が駆けつけるという、アメリカの古くからの重要な伝統の一部なのだ。ボランティアによる緊急対応の歴史は、開拓時代の消防活動にまでさかのぼる。

　私のチームメイトたちにはいくつかの共通項がある。隊員のおよそ半数は元軍人で、何人かは元または現役の初動要員（警察官、救急医療隊員、消防士）だ。プロの犬の訓練士も何人か。そして少数ながら、パイロット、スキューバ・ダイバー、ロック・クライマーも。一方、学生、起業家、教師、エンジニアもいて、一人はパティシエを目指している。職業的な背景はまちまちだけれど、総じてアウトドア派であり、汚れることを嫌がらない。それに全員が大の犬好きだ。さらに誰もが同胞である人間に対して強い責任感を持ち、人の役に立ちたいと情熱を燃やしている。その思いは訓練を重ねるごとに強まり、捜索現場に出ることで満たされるのだ。

　犬による捜索救助活動には大いに関心が寄せられている。特に災害や大きな事件の際に、犬による感動的な救出劇が報じられたりすると、がぜん注目度が上がり、その結果、どのチームにも短期的なボランティアが集まってくる。中には、趣味程度の軽い気持ちで参加する人、自分のペットにベストを着せて歩き回っていれば簡単に何かが見つかると思い込んでいる人、マスコミに注目されて、ちょっとしたヒーロー気分を味わいたいだけの人もいる。そしてもちろん、人の役に立ちたいと強く願い、私たちのように、週末の朝や平日の夜を訓練に捧げることをいとわない人たちも。

　また、この活動には常に危険がつきまとう。訓練のときでさえ、不安定ながれきの上で這いつくばったり、野山を歩き回って傷だらけになったりする。そうかと思えば、真夏の炎天下、つぶれた車の中に身を潜め、訓練中の子犬が捜しにくるのをじっと待たなければならない。

私たちのチームでは、新人はまず、ハンドラーと犬のペアにつくアシスタントとして訓練を積むことになっている。アシスタントは、地図の見かた、コンパスやGPSの使いかた、応急処置、各関係機関への対応、無線によるナビゲーションについて学び、試験に受かって初めて、現場でのサポート業務に出ることができる。その後も上級トレーニングがあり、全米捜索救助協会（NASAR）、連邦緊急事態管理庁（FEMA）、消防庁が実施する筆記と実地の試験に受からなければならない。晴れてアシスタントになると、いよいよハンドラーと犬のペアにくっついて作業区画内に入る。そこで、彼らを仕事に専念できるようにする、という重要な役割を果たす。

すべての訓練と試験を終えるまでの道のりは長く、かなりの献身を求められる。そのことに驚くボランティアは多い。冷たい雨を浴びながらトゲだらけの藪を突き進むのは、楽しいものではないし、洪水のあと、不法投棄のゴミが散らばるがれきの中を歩き回るのも厄介きわまりない。運よくウルシにかぶれなくても、足がまめだらけになる。それにサルファ剤の効かないツツガムシが、いたるところに潜んでいるから、油断できない。だから、訓練を始めて一カ月くらいで、新人たちはゴソッと脱落していく。

もしかしたら、今がそのやめどきだろうか。私のすぐ前のチームメイトは、ビルの屋上の先端で尻込みしている。はしご塔からの懸垂下降はうまくできても、それより高いこのビルからとなると、話は別なのだ。延々と落下したあげくに、レンガとコンクリートに激突して死んでしまいそうな気がするのだろう。

前のほうにいたおしゃべりなサディストたちは、最近、特別機動隊（ＳＷＡＴ）の新人がここよりも短い懸垂下降でうっかりミスをやらかして、えらい目に遭ったという話をしていた（両足首を骨折し、前歯を四本失ったんだぜ、とかなんとか）。そのおしゃべりのおかげで、私たちの何人かは考え込んでしまった。中には少々ハイになり、震える膝をごまかすように「アハハハハ」と笑いだした人もいる。

私の前にいるチームメイトは、プレッシャーに押しつぶされそうになっている。誰にせかされているわけでもないのに、早く飛んでほしいというみんなの気持ちが伝わってくるのだろう。実際、私も早く飛んでほしいと思う。ちょっと自分勝手かもしれない。でも、成功例を見れば、残りのメンバーは勇気づけられるのだ。例の骨折した機動隊員のイメージ――前歯にできた隙間のおかげでスプーンの上のグリーンピースを息で浮き上がらせることができるようになったとかいう、あの新人警官のイメージ――を頭からぬぐい去れる。

私は前方でためらっている彼女に言った。「あなたは航空指導官なんだから、いつも、きりもみ状態になった機体を立て直す方法を教えてるでしょう？　それに比べれば、ここから降りるのなんて、たいしたことないはずよ」すると元気が出たらしく、意を決したように下にいるデリルに声をかけ、装備をチェックすると飛び出した。素早くなめらかな下降、両足での見事な着地。みんなが拍手を送った。彼女のおかげで、自分にもできそうな気がしてきた。私は、ロープをつかんでデリルに声をかけると、屋上の縁《へり》で身がまえた。

捜索活動では、やる気と同じくらい忍耐力が要求される。背景のまったく異なる大人たちで構成されているチームともなると、当然、誰もが同じことを同じようにできるとは限らない。優秀なハンドラーがコンパスを使いこなすのに苦労したり、野山では何日でも精力的に活動できる人が、狭いところで閉所恐怖症ぎみになったりする。迷子になった子どもの気持ちを容易に想像できる優しいアシスタントが、建築構造や崩壊の理論となると、さっぱり理解できなかったりもする。要するに私たち隊員は、互いに持ちつ持たれつの関係なのだ。自分には苦手《にがて》な面もあるということを、一人ひとりが自覚している。

私はアシスタントとしては恵まれているほうだった。飛行機を飛ばすのに必要なスキルと重なる部分が多かったからだ。ナビゲーションや無線、緊急時の対応はすでに習得済みで、そうした手順を地上での捜索救助活動に置き換えるのは、難しいことではなかった。けれども、犬との共同作業となると、分からないことだらけだった。しばらくは、ハンドラーについていくだけでも四苦八苦した。一人ひとりの要求がまったく違うからだ。「すぐ横をついて来い」と言う人もいれば、「一五メートル後ろを歩け」と言う人もいたし、「危険がないか前方を確認しておけ」という人も、「いや、犬を先に行かせろ」という人もいた。

こうした矛盾に翻弄されていたある日、立て続けに四匹の犬と同じ区画内で訓練をおこなう機会があり、私はようやく気がついた。作業区画は同じでも、犬たちはそれぞれ能力が違うように捜索のスタイルも異なるのだ。鼻が優れていても、回りに頓着せずにグイグイ進むタイプの犬は、ゆっくり慎重に進むタイプの犬よりも、こちらが危険に対して気を配ってやらなければならない。どんどん進みたがり、しかも群れ意識が強くて、常に自分の後ろにハンドラーがついてこないと嫌な犬もいれば、単独で藪に分け入り、遠くからコミュニケーションをとってくる犬もいる。当時、訓練を始めたばかりの私は、どのペアにも一律に同じように接していた。きっとハンドラーたちはイラついていただろう。それなのに、私は一度として怒鳴《どな》られたことはなかった。彼らの思いやりには頭が下がる。それと同時に、自分も見習わなくてはならないと思う。この私にできるだろうか。

今日の懸垂下降の装備を整えてくれた若い女性がやってきた。彼女もまた忍耐の人だ。屋上で身がまえたまま動こうとしない私のそばで黙って待っている。たぶん、私が下降の手順を確認しているか、ロープの物理特性を理解しようとしていると思ったのだろう。それとも、勇気を奮《ふる》い立たせているところだと思ったかもしれない。どれも当たっている。

「今回は壁にぶつからないといいんだけど。足を離した瞬間から壁にタッチするまで、何をすべきか分かっているのに、体が言うことを聞かないのよね」と私。すると女性は言った。「落ちる、落ちる、と思わないようにすれば、無事に降りられるようになるわ。今までは、足を離したとたんに胎児のような姿勢になっていたから、膝が壁にぶつかったんだと思う」

胎児のような姿勢か。なるほど、自分では怖いと思っていないのに、足を離した瞬間から、私の中の何かが体を丸めさせ、「お母さん、助けて」と叫んでいたのか。なんだかおもしろい。できるていると感じならないことを、かっこよく、これ以上は傷を負わずに降りたいという気持ちだけでなく、そんなことを感じていることは、自分でも気づかなかった。

女性は付け加えた。「このビルから七階下にある別のビルに跳び移るつもりでやってみるといいわ。ビルとビルがどれだけ離れているかは、この際、考えないで。片足を離したら、谷間をまたいでもう一方のビルに移る自分を想像するのよ。落ちるのはたいした問題じゃないわ。大切なのは、どれだけの距離を移動するかではなくて、目的地にたどりつくことなの」

なかなか哲学的だ。忘れずに隣人のジェランドに伝えよう。「もたもたしてごめんなさいね」私は言った。すると彼女は、こっちはかまわないわ、とでも言いたげに首を少しすくめてから、「安全は証明済みだけど、もし落ちていく感じが不安なら、後ろ向きで這い出してもいいわ。そのほうが気が楽かもしれない。まず仰向けになるでしょ。先端から脚を突き出したら、クルリと腹ばいになって、垂らしたつま先で壁を探すのよ。ロープがピンと張るのを感じたら、下降を始めて」

ビルの屋上からハイハイで出ていくなんて、胎児の姿勢で降りるのと同じくらい、まずい。彼女は淡々と言ってのけるけれど、みっともないに決まっている。いくらこの私だって、そこまで落ちぶれちゃいないわ、まだプライドがあるんだから、と思った。そうだ、この際、彼女を信じて、思いきって踏み出すとしよう。航空指導官時代、四回めの訓練飛行を迎えた生徒たちは、私の操縦でいよいよ初めての失速状態を体験する段になると、決まって深呼吸を一つし、ＯＫのしるしに親指を立てて見せてくれたではないか。防衛本能から「飛んでいる飛行機を止めようだなんて冗談じゃない！」と叫びたくなるのをこらえて、この私に信頼を寄せてくれたのだ。彼らの振る舞いを思い出すと自分が恥ずかしくなる。私は目の前の若い女性を見つめると、「あなたを信じるわ」と言って親指を立てた。

「安全確保!」地上にいるデリルに声をかけ、彼が制動器をチェックしたのを見てから、私は後ろ向きに踏み出した。今度は、風がヒューという奇妙な小さな音を立て、両耳に吹きつける。屋上の先端付近の風は、まるでダブルの平手打ちを食らわせようとしているようだ。

三秒間の自由落下など、一生のあいだに味わう不愉快な出来事の合計から考えれば、ほんの一瞬にすぎない。けれども忘れがたい経験ではある。まるで、自動車の衝突実験用のダミー人形にでもなったような気分だ。ドスンとぶつかる直前の、フォークで歯の詰め物をついたみたいな、しびれる感覚。

私の懸垂下降は安全と言っていいものだった。ちょんと跳んで弧を描きながら下がっては、しっかり壁に足をつけ、また同じように下がって、下がって、最後に着地。歯も折らなかったし、作業ズボンに新しい穴も開けずに済んだ。ただ、下降の途中で壁を殴ったらしく、左手の甲をすりむいていた。

屋上と地上のチームメイトたちから歓声が上がる。今のところは、おほめに預かってはいるけれど、このあと、からかわれるかもしれない(どこかで一度、逆さにならなかっただろうか。目の前に地面が迫ってくるのを見たような気がする)。

絶対に上達しよう。もっと自信を持てるようになれば、パズルも懸垂下降の訓練を始められる。

犬と一緒の懸垂下降は、私と一緒に上がり下がりするので、一人のときとは勝手が違う。ポン、ポン、ポーンと優雅に降りることはできない。それでも、ハンドラーの私が落ち着いていれば、パズルならきっと大丈夫だ。

私がクレートを開けてやると、パズルはうれしそうにキャンと鳴いて、しっぽを振りながら出てきた。私を見てこんなに喜んだことが今まであっただろうか。膝に乗せると、身をよじらせ、ブツクサ言いながら私の顔を舐めてから、腕や脚のアザや傷に鼻先をつけて、一つひとつ丹念に調べ始めた。チームメイトのミシェルが「あらまあ！　あなたに会えて喜んでるじゃない」と言うと、バージットも「やっと飼い主が誰か分かったみたいね」と言う。そうだといいけれど。

離れていた一時間半ほどのあいだに、いったい何が起きたのだろう？　懸垂下降を終えた私から立ちのぼる臭いのカクテルにでも反応したのだろうか。アドレナリンと汗と、こすれた皮膚と血液の臭いがいっしょくたになっているのは確かだ。

それとも、単にタイミングがよかっただけ？　クレートから出たいと思っていたら、私がやってきて出してくれたとか。こうした突然の心境の変化も、パズルという犬の不思議なところだ。

私はパズルをチームメイトたちに挨拶させるために連れていった。抱っこする人もいれば、ゴロンと地面にひっくり返ったパズルのおなかを撫でる人もいる。ただし、かわいがるのも簡単なことではない。みんな大の犬好きには違いないけれど、こうした社会化のプロセスが、これからチームに加わろうというこの子犬にとって大事な基礎になることも心得ている。パズルには、ハンドラーと組むパートナーであることだけでなく、チームという群れ全体の一員であることも学ばせなければ

犬たちに懸垂下降を覚えさせるには、チームワークが必要。

ばならない。チームメイトたちは、パズルにとっては教官であり、庇護者であり、検定試験合格に向けて訓練を積む上で、雨の日も嵐の日も要救助者役を引き受け、どんなところにでも隠れてくれる人たちなのだ。ただし、今の段階で覚えさせなければならないのは、もっとシンプルに、ここは楽しい場所だということ、信頼と愛情が出発点であること、そして人間はパートナーであり、見つけ出してやらなければならないということだ。

パズルが足元でうろちょろしているのにかまわず、チームメイトたちは、会話を続けている。犬たちと一緒でも人間たちと一緒でも、パズルはせわしない。子犬はそうやって跳ね回るものだし、気が多いものだ（あれはおやつかしら？　タバコって何だろう？　あら、あの鳥は？　へえ、この犬、根性あるじゃない……という具合に）。覚悟していたとはいえ、パズルより身長も重心の位置もはるかに高い私にとって、ついて回るのはひと苦労だ。それにしょっちゅう謝《あやま》っていなければならない。今、チームメイトにじゃれついて足をすくったかと思うと、今度はほかの犬のおなかの下をすり抜けて、別の犬からおやつの最後のかけらを横取りしようとしている。間一髪、私が駆け寄ると、コリーのミスティがラブラドールのバスターに目くばせした。チラッと視線を交わしただけで二匹は通じ合っている。「この悪ガキにルールを教えてやる？　それともやらせておく？」結局、どちらも顔をそむけ、パズルにおやつをくすねさせた。今は大目に見てやることにしたようだ。

「子犬だからって、いつまでも許されるわけじゃないからね」フリータは大笑いしている。

「こんなに我《が》が強いとはね」別の誰かが言った。「ゴールデンって、もっと穏やかかと思った」

捜索の番が回ってくると、パズルは穏やかどころの話ではない。「捜せ」と命じられた瞬間、私の腕の中から弾丸のように飛び出し、勢い余ってころんだり、そうかと思えば、鼻先を上げたまま走ろうとしたり、自分のしっぽにイラついてグルグル回ったりしている。そのあとようやく、がれきの上を水切り石のように駆け抜け、残骸や草むらの中に隠れていた要救助者役を発見する。今は、見つけ出した若い女性の胸に納まり、小さく「ワフ」と鳴いている。優雅なやりかたではないけれど、とりあえず課題はクリアした。ほめられたパズルはすっかりいい気になって、捜索エリアを離れる途中、フラフラと一匹の先輩犬のところへ歩み寄ると、もう、前足でちょっかいを出し始めた。相手は黒い鼻の付け根にしわを寄せ、白い歯をむき出して、警告を発している。そばに立っていた四匹の成犬は、一斉に頭をもたげると、そっぽを向いた。いかにも犬らしく「鼻をそむけた」わけだ。しかもシンクロナイズド・スイミング風に動きが揃っている。その仕打ちがパズルにどれほど効いたかは分からない。先輩たちのお尻に軽くじゃれついたあと、飛び跳ねるようにして、草むらの向こうの自分のクレートまでおもちゃを取りにいった。

私が見たときには、我が愛犬は、もう、ぬいぐるみのロブスターの左目を引っ張っていた。縫い糸を太い前足でしっかり挟んで、一心不乱にかじっている。やがて、プツプツという音がして黒い縫い糸がほつれた。そのあいだもときどき顔を上げて、近くにいる犬や人間に視線を送っている。挑戦するような、自慢するような顔つきで、「ほらほら、私をよーく見てよ」とでも言いたげだ。

チームメイトの一人が私の肩に手を回した。「最後の懸垂下降はうまくいったな。自分の足で着地できたし、流血もなかったようだし」それからパズルを見てニヤリと笑った。「生後一四週か」

それはまるで「税務監査」と言うのと同じような口調だった。自分の犬のことを思い返しているようでもあり、パズルの週齢が賃借対照表にでも書かれているかのような口ぶりでもある。

「この子は天災みたいなものよ」私はパズルにほほえみかけた。

「そりゃ、たいした存在感だ」チームメイトは言い換えた。「ともかく、いいところを数え上げよう。君はうまくやっているよ」

私たちはパズルを見つめた。なんと、ぬいぐるみの頭を噛み切ってしまい、濡れた赤い生地の切れはしをオエッと吐き出している。私たちを笑顔で見上げてくるが、鼻のまわりには、ロブスターの詰め物がくっついている。どうやら今日も、充実した一日を送っているようだ。

けれども私のほうは放心状態に見えただろう。この子と一緒に崖の上から落ち着いて降りられるようになるとは、とうてい思えない。リードをはずしたりしたら、パズルは二度と戻ってこないような気がする。やがて、チームメイトは首を振ると、私の腕を軽く叩いた。「まあ、心配するなよ。万事うまくいくって。パズルには君がついているんだ。それに君には僕たちがついている」

8　水辺の遺体捜索

朝、携帯電話が鳴ったときは、もう雨が降っていた。その雨は、二〇分後、町を出るときも降り続き、町なかへ向かう車のライトに浮かび上がるハイウェイを銀色に染めていた。早朝のため、まだあたりは暗く、シトシトと降り続く雨のせいで、眠気に襲われそうだ。魔法瓶にはコーヒーを入れてきたし、ラジオでロックのオールディーズをかけてはいるけれど、なんとなく不安になる。メールの暗号を読み解いたところ、六日ほど前に溺れた男性の捜索が待ち受けていると分かった。

遺体が出てこないのは不自然だ。体格が大きかったらしいし、暖かい日に浅瀬で溺れたと見られている。水死体が再浮上するまでの時間を示すデータ表を見る限り、男性の遺体は何日も前に出てきていてもおかしくない。そんなことを車中でチームメイトと話しながら、私たちは現場に向かった。これまでにチームが体験してきた状況と似ている点が多い。たとえば、水中で何かに引っかかっているのかもしれないし、重い衣服のせいで浮上しないのかもしれない。または、何日も前に浮上していたのに、発見されず、岸に打ち上げられ、がれきの中に埋もれている可能性もある。それとも、野生動物がどこかに引きずっていったかもしれない。さらには、そうしたシナリオとは別の状況で遺体が消失している可能性もある。

出動を要請してきた当局は、遺体はまだある、と踏んでいた。

私は、六日間も水に沈んだままの遺体がどうなるかを考えた。たとえ見つかったとしても、かなり損傷が進んでいるだろう。なんとも恐ろしい。頭の中で小さな掛け金がカチッとはずれるような感じがした。思考回路は分析を続けようとしているのに、私の中の感じやすい部分は拒絶反応を示している。今までに、きれいな水死体など見たことがない。今度もそうだろう。

水中の遺体でも、犬は臭いを嗅ぎ取ることができる。

あるとき記者に尋ねられた。「犬は遺体の何を嗅ぎ取っているんでしょう？　香水とか、ニンニクとか、洗濯用洗剤の臭いですか？」

たぶんそうだ。ただし、それより可能性が高いのは、自然に水面まで浮上して空気中に出てくる、人間特有の細胞組織の副産物だ。血液もそういう臭いに含まれるだろう。水流のせいで動いたり、何かに引っかかったりしない限り、普通、水中の遺体はうつ伏せで頭部を垂れている。そのためにうっ血し、死後に受けた損傷によって血液がしみ出しやすくなる。理論家の中には、水で皮膚がふやけたり、遺体が物にぶつかったりするため、水中の死体から発生する臭いのほうが、陸上の死体から自然発生する臭いよりも多いと言う人もいる。

水中の遺体は、帆船のように、さまざまな力の影響も受ける。川などでは、遺体の臭いは水の流れに運ばれてから空気中に放出され、そこから風向きや地形によって、さらに移動する。湖では、通過するボートや水上スキーが臭いをかき散らしたり、向きを変えたりもする。水温や水質、水深、遺体の沈んでいる深さによっても、遺体と臭いの上がっている水面との位置関係が分かりにくくなることがある。

水難捜索犬が遺体の真上でアラートすることはまず不可能だ。けれども、臭いが最初に出ている水面の位置を、ボートの上や岸から特定することはできる。私たちのチームは、複数の犬を使って臭いが出ていないエリアを除外し、二匹以上が反応を示したエリアはGPSで正確な位置を割り出している。犬とハンドラーのペアは、そうやって割り出されたエリアを、できれば、臭いの強さの度合い——弱い、強い、非常に強い——で分けていく。各ペアは「まっさら《ブラインド》」な状態で、つまり、先行のペアの捜索結果を知らされない状態で作業に臨む。あるハンドラーが同じような答えを出したとしても、前のハンドラーのそれに影響されたわけではないことを明らかにするためだ。

パズルはまだ検定試験に合格していないため、私は、今回の捜索に岸から参加するか、ほかのペアにくっついて水上でおこなうことになる。バスター、ベル、シャドウ、ハンター、セイバーは、水上捜索も水際での捜索も経験が豊富だし、彼らのハンドラーもベテランぞろいだ。

私は、運転するチームメイトの隣で懐中電灯を当てながら、年季の入ったブーツカバーをチェックした。このところの暖かさでヘビたちの動きが活発になっている。私自身は向こうが悪さをしてこなければ特に干渉しない主義だけれど、水際を捜索するうちにこちらが間違って藪をつついたりすれば、ヘビの一匹や二匹は出てきてもおかしくはない。獰猛とは言わないまでも、身を守るために反撃してくる恐れはある。現場に着くと、警官にも釘を刺された。「この辺にはヘビがウヨウヨしてるんだ」忌々《いまいま》しそうに湖の一帯を指し示して言った。

雨は上がったものの、空気は重たく沈んでいる。これから捜索するエリアは、私たちの基準からすれば狭いほうだ。湖がわずかにくびれたところの奥にある複雑な入り江で、一帯は絶好の釣りスポットになっている。船着き場と隣接しているからアクセスには困らない。湖岸は荒れ放題で、茂みや木々は投棄されたゴミがひしめき合って黄色く変色している。そのひしめき合いに勝った木々が、茶色い水の上に恐る恐る枝を伸ばし、下のほうではイバラと張り合っている。私が立っているところからでは、水際まで降りるのは難しそうだ。

一瞬風向きが変わると、対岸から、がれきや、何かの死骸の臭いが漂ってきた。犬たちは鼻先を上げて嗅いでいるものの、何の反応も示さない。警官の一人が、ここはクラッピーというクロマス科の魚がよく釣れる場所なのだと言う。何年も前から、地元の人間が捨てていった古い家具やクリスマスツリー、壊れた車やボートが漁礁になって、繁殖を助けているのだそうだ。湖岸のいたるところにゴミを放置していく者もあとを絶たない。別に漁業をさかんにしようというのではなく、便利だからだ。「ついでに捨てていくのさ」と警官。ちょっと釣りを楽しみ、そのついでにドサッとゴミを捨てるというわけだ。

私たちは顔を見合わせた。今回、ボートからの作業は比較的スムーズに進められそうだ。一方、岸辺からの捜索は難しくなるだろう。楽なほうの作業なら、私たちはすぐにでも始められる。我ながらなんと準備のいいことか。一方の手にブーツカバーを、もう一方の手に救命胴衣を持ち、捜査本部の命令が下り次第、どこへでも出動できる態勢だ。

犬たちも足元で待機している。イエロー・ラブが二匹、ハスキー、コリー、シェパードが一匹ずつ。彼らは、湖面や岸辺、近くのコンビニの裏手の大型ゴミ入れから漂ってくるさまざまな臭いをとらえるたび、かすかに首を動かす。鼻をヒクヒクさせたり、通り過ぎる音に耳をピクッと動かしたり。犬たちの様子を見ていると、私はいつも思う。そうやって黙々と好奇心を働かせながら、彼らが感じ取っている世界を一緒に体験できたら、どんなにいいだろう。

行方不明の男性の写真はなかった。ただし、別の州に住んでいる腹違いの兄が自分の写真を送ってきた。子どもの頃から、双子に間違えられるほどそっくりなのだという。その男性の写真に私たちは目を向けた。誕生日に撮られたもので、小さなケーキに火を灯《とも》した細いキャンドルが立てられ、その向こうに笑いながら目をしかめている男性がいる。カメラをさえぎろうとかざした手がぼやけている。この写真から、行方不明の男性の身長、筋肉量、毛髪の色がイメージできる。最初の二つは再浮上するまでの時間予測にかかわってくるし、三つめは水際の捜索に移ってから重要になるだろう。鳥などの生きものが、巣づくりに毛髪を使う場合があるからだ。

行方不明男性は、数日前、ボートで釣りに出た。最後に目撃されたのは、地元のファストフード店の外で、誰かと口論している姿だった。未開封のビールの六本パックをしっかりと胸に抱え、空いているほうの手で最初に自分を、それから湖を指し示していたという。ただし何を言い合っていたのかは不明だった。この目撃情報から犯罪の可能性が浮上した。もし男性のボートで事件が起きたのでなければ、ほかのボートか、近くの別の場所か。

ただし、矛盾する目撃談もあった。口論よりもあとの時刻に、ボートに乗っている男性を見かけた、という人が出てきたのだ。夜半の雷雨が来る少し前のこと、男性のボートはまだ船着き場にあったという。また、不明男性かどうかは分からないが、暗がりで、自分のものらしいボートの縁に男が座っているのを見たという話もある。座っていたのが誰だったかはともかく、「嵐になりそうですね」と声をかけても、その男は無視したまま、入り江のはるか向こう、湖の中ほどの静かな水面を見つめていたという。

警官たちは、こうした情報を眉唾《まゆつば》ものと思っていた。こういう場合、誰もが話に加わりたがるものだし、小さな町では、居もしない人間の目撃談が次々に生まれるのだ、という。ところが、犬たちの一匹が行方不明男性のボートのまわりで興味を示した。ハンターは栈橋をせわしなく歩き回り、ボートに乗り移ろうとするが、それができずにイライラしている。ハンターは栈橋とボートの隙間に臭いの流れが渦巻いているのだろうか。ハンドラーはハンターが強い興味を示したことに注目している。それでも慎重な姿勢は崩さない。ボートに残っている男性の持ち物に反応しているのかもしれないからだ。ハンターが興味を示したことを記録し、私たちは、男性の痕跡の有無を確かめるため、別の作業区画へ向かった。

一時間後、ハンドラーのジョニーとイエロー・ラブのバスター、そして私は、うっそうとした茂みをかき分けていた。分厚い藪とがれきに邪魔されながらも、バスターは懸命に進んでいる。トゲだらけの植物が衣服や靴ひもに引っかかる。執拗な枝が皮手袋に突き刺さったときには、無理やり

野生生物保護区で捜索中のジョニーとバスター。

引っ張った拍子に、ホルスターから無線機が飛び出してしまった。

ジョニーが言った。「俺たちが一つめの区画をやっと半分進む頃に、犬たちは二番めの区画に移ってるんだろうな」服も靴もつけていないバスターを見ていると、かわいそうなのか、うらやましいのか分からなくなる。あちこちに引っかき傷を負っているけれど、私たちよりもはるかに速く移動できるのだ。

実際、バスターはどんどん進んでいく。ここは人間の臭いがあふれている。ただ、どの臭いもかなり古くて、バスターは惑《まど》わされない。崩れかけの車のシート、ビールの缶とプラスチックのカップ、使い捨てのおむつなどが、巣づくりの季節に何千匹ものネズミたちに荒らされたまま散乱している。それに、お約束のヘビたちもいる。

私たちが近づくとたいていはスルスルと逃げていくのに、岸辺の茂みの一番奥で、六〇センチほどの長さの若いヘビが、こちらへ向かってきた。低い枝の上を這ってきたかと思うと、サッととぐろを巻いて、扁平な頭をもたげ、口を大きく開く。黙々と進むバスターはチラッと見やっただけで進路を変えた。ジョニーも私も、それが毒ヘビなのか、毒ヘビに似ているだけの無害なヘビなのかを見分けられるほど、長居はしなかった。

それでも、私がヘビに興味を持っていることを知っているジョニーは、ニヤッと笑って、しっぽの裏側の鱗《うろこ》は一列だったかい、二列だったかい、と尋ねてきた。あいにく私には見えなかった。でも確かめに戻りはしない。ヘビが見られただけで充分。鮮やかな体の模様と満面の笑みが見て取れたし、震えるしっぽの先が黄緑色だったのも分かった。

湖面を渡って、私でもそれと分かるほどの死臭が漂ってきた。やがてそれは雌牛の死骸と判明した。奇妙なぎこちない姿勢は、捨てられてから時間が経っていることを示している。自然の猛威にさらされて、すでに毛と蹄《ひづめ》ぐらいしか残っていない。白っぽい骨の湾曲したところには、蔦《つた》が絡みついている。バスターは牛の死骸に気がついても、臭いに惑わされない。黙々と歩みを進めている。気丈で利口な犬は、「ここにはおもしろいものがいっぱいあるけど、どれも私たちの捜しているものではないよ」という明確なメッセージを伝えていた。

水上からの捜索では、犬たちのメッセージが変わった。私が桟橋で見ていると、最後のペアが戻ってきた。ブラインド・サーチ（先に捜索したペアの反応を知らずに、まっさらな状態で臨む捜索）を繰り返したところ、三匹とも強い人間の臭いに反応を示したという。しかも、そのスポットとスポットをつないだ先には、例の船着き場のボートがある。その場所で、さきほどハンターは水面に首を伸ばして水を噛もうとした。水中に沈んだ人間の臭いを嗅ぎ分けようというときに、彼がよくやる方法だ。ほかの二匹もその地点へ戻ってきて、一匹は強い興味を示し、もう一匹は数十センチ離れたところで、完全にアラートを発した。

二人の警官が桟橋の周囲の淀んだ水を見下ろした。がれきの山は魚にとっては絶好の棲《す》みかかもしれないが、ダイバーを潜らせるには安全な場所ではない。ただし、捜索と遺体回収にダイバーを投入するのは、まだこの先の話だ。

捜索作業を終えたジョニーとバスターと私が戻り、チームは出動態勢解除となった。各自、報告書の作成に取りかかる。どこをどう捜索し、犬がどんな反応を示したか。風、地形、歩いた方向、捜索範囲のカバー率を記していく。そのあと駐車場で、現場の環境、天候、要救助者について分かったこと、分からないことについて、フィードバックをおこなった。

犬たちは、これ以上ないというくらい一致したメッセージを発していた。現在は伏せの姿勢でリラックスしている。ほめられて満足している様子だ。私は自分の記録用に地図を作り、バスターの姿を描き入れた。素早い動きを示すために、バスターの後ろに線を引く。しかも四本の足は車輪になっている。ヘビと雌牛の絵も小さく描き添えた。

ダイバーたちは、潜水が終わったら結果を知らせると約束してくれた。難しい捜索になりそうだ。おそらく、あの場所でがれきや釣り糸に引っかかりながら、捜索をしているのだろう。彼らは、きっと見つけ出せると考えていた。この一件は犯罪だったのか、事故だったのか、結論が出るのは、まだまだ先になるだろう。それに、私たちがその手の結論を知らされることは、めったにない。

私はセイバーの頬を撫でながら、発見の知らせを待っているはずの家族のこと——誕生日にカメラをさえぎろうとした腹違いの兄の家族と、ボートの下で発見されるのを待っている男性の家族のことを考えた。

「いい子ね」私がハンターに声をかけると、セイバーは撫でている私の手に寄りかかってうなった。

いまだ太陽を約束することのできない空模様の下、私たちは家路についた。

9　犬たちの家庭内戦争

インターネットの検索エンジンに「ゴールデン・レトリーバー」「性格」とキーワードを入力すると、ゴールデンの優しさ、人なつこさ、サービス精神の旺盛さなどを示す、うれしい記述が次々と出てくる。どれも、この犬の性質としてよく知られているものばかり。ゴールデンが世界的に人気が高いのも、テレビ・コマーシャルやグリーティング・カードに引っ張りだこなのも、当然といえば当然なのだ。観葉植物をひっくり返し、トイレットペーパーのロールを追って廊下をころげ回る子犬たちは、本当にかわいらしい！　映像で見る子犬のいたずらは一瞬のうちで終わる。ところが、パズルの悪ふざけは延長戦に突入する。

ポメラニアンたちは、あっという間に自分たちより三倍も重くなってしまった犬が子どもじみた振る舞いをすることに、戸惑いを隠せない。我が家に来てからの数週間、パズルが飛び跳ねたり、前足でちょっかいを出したり、お辞儀《じぎ》をしたりして遊んでくれとせがむと、彼らは散り散りに逃げ出してしまう。よっぽど猫のマディのほうがパズルの相手になっているくらいだ。初対面のときにひと騒動あったものの、どうやらマディはこの子犬が気に入っているらしい。実際、我が家の四本足の住人の中でパズルに調子を合わせているのは、今のところこの猫だけだ。パズルが寝ていると、マディは背後から忍び寄り、周囲を歩きながら、やけに優しそうな視線をそそいでいたかと思うと、一転、パズルの鼻先に猫パンチをお見舞いする。深い眠りから叩き起こされたパズルは寝ぼけまなこで追いかける。でも、相手はとっくの昔に部屋を突っ切って脱出したあとだ。

起きぬけに寝ぼけるのはパズルばかりではない。私も睡眠不足のまま朝を迎えると、頭に靄《もや》がかかったようにボーッとしている。子犬のいる生活に体が慣れていないのだ。ところがパズルのほうはリズムが出来上がっている。ある朝早く、用を足しに外に出たくてブツクサと訴えるパズルに、私は気づかなかった。すると、パズルはスリッパで顔を叩きにきた。私が目を開けて見つめていると、眉間にしわが寄り、表情が変わっていく。怪訝《けげん》そうな顔に幻滅が入り混じっている。ピシャリと叩けば、私がもう少し利口になると期待していたのだろう。

残念ながら、翌朝もパズルは同じことをしなければならなかった。外に出たいのに飼い主は起きてくれない。そのうち少し切羽詰《せっぱ》まってきた。飼い主は目を覚ましたとしても、もたつくだろう。それなら、スリッパで叩いてから、それをドアの前まで運んでおこう。その場所にスリッパが片方落ちていれば、理由が分かるだろうし、もう片方のスリッパでドタバタと歩くうちに目が覚めて、きっと鍵を開けてくれるはず……と、パズルは思ったらしい。

私を起こしたいなら、もっと穏便な方法でやってくれればよかったのに。でも、パズルの粘り強さは興味深い。この先、彼女はさまざまなことを私に伝えなければならない場面に直面するだろう。

複雑な難しい状況で、自分が知っていることをどうやって伝えればいいか、考える必要が出てくるはずだ。ドッグトレーナーの中には、このスリッパの一件を聞いたら、何かしら言いたくなる人もいるだろう。飼い主の頭を叩くことが何を意味するか、それに対して私の反応がいかに鈍《にぶ》すぎるか、そして、始まったばかりの新しい関係で、どちらが実権を握るべきなのか。

とはいえ、パズルのやりかたが成功したことだけは間違いない。パズルがブックサ文句を言う声が聞こえてくると、私はすぐに目が覚めるようになった。そうやって一～二週間、素早い対応ぶりを示していると、二度とスリッパで叩かれることはなくなった。

我が家のほかの犬たちは、まだ、そんな妥協点を見い出せずにいる。この私も、育ちざかりの子犬ならではの粗相《そそう》や、遊びたくてちょっかいを出す様子には目をつむっているが、体重わずか三・五キロのおとなしいジャックを相手に横っ跳びで体当たりするとなると、話は別だ。パズルは群れの中で自分の位置を探ろうとして、ライバルと見なした相手には誰彼《だれかれ》かまわず食ってかかる。呼吸器と心臓に持病のある小柄なソフィーのそばでは慎重に歩くし、体重二キロしかないスカッピーには優しく接するというのに、なぜか、ジャックだけは目の敵《かたき》にしている。

でも、選んだ相手がまずい。二〇〇二年、まだジャックが子犬だった頃のこと。リードをつけて散歩中のジャックは、どこかのつながれていない二匹の大型犬に襲われた経験がある。私がゴロツキどもを蹴り飛ばし、ジャックの上に覆いかぶさらなければ、危《あや》うく殺されるところだった。今こうして、傍若無人なパズルに体当たりされ、むき出した歯を見せられて、四歳半のジャックは生まれて初めて抵抗を試みている。でも、しまいに床に押さえつけられると、悲鳴とともに降参するしかない。いったい、これのどこまでが遊びで、どこからがいじめなのだろう。私には見きわめるだけの経験がないし、二〇〇二年のトラウマも癒えていない。犬には犬の言い分があるとしても、私にとって、このパズルの振る舞いは頭痛の種でしかなかった。

パズルには、この先、いろいろ学ばなければならないことが待っている。だから、私をリスペクト（尊敬）してもらわなければならない。それに、体の大きな遊び仲間の群れから、お灸《きゅう》をすえてもらう必要がありそうだ。我が家の小さな犬たちはパズルと折り合いがつけられずにいるが、散歩に出れば、子犬に寛大な成犬を連れた人たちと出会う。その犬たちと遊ばせてもらえば、家庭内の緊張も少しはやわらぐかもしれない。疲れた子犬ほど素晴らしい子犬はいない、とはよく言ったものだ。これを我が家に置き換えると、疲れた子犬は、おもしろ半分にポメラニアンを追い詰めたりしない子犬、を意味する。

数週間が過ぎた。救助犬チームのほうでは、成犬たちとの交流が続けられた。私たちは、彼らがパズルの強引さににらみを利かせてくれないかと期待しているのだが、今のところ、うなり声をあげて本気で怒りを見せたのは、オスの中の一匹だけだ。

「やつらが、自分を落ちつけようと一〇まで数えているのが聞こえるようだな」ハンドラーが別のハンドラーに笑って言った。そのかたわらで、私はパズルを別の場所へ連れていこうと必死になっている。興奮して暴れるパズルを扱うのは、サメとマグロでお手玉するくらい難しいかもしれない。

私たちのおおかたの予想では、パズルは素直で、人なつこく、働くことに意欲的なはずだった。働く、という部分に関してはある程度当たっているが、家にいるときのパズルは、相変わらず頑固な一面を見せ、ときおり乱暴者になる。じゃれつかれた三匹のポメラニアンたちは、毛糸の玉のようにころがされて驚きの悲鳴を上げているし、さらに悪いことに、食事の直後だというのに、ジャックはまた廊下に追い詰められている。後ずさりながら恐怖で甲高い声を上げるジャックに、パズルは跳びかかるなり、まるで獲物を振り回そうというかのように、首まわりの毛に噛みつく。パズルはすでにジャックの数倍は重い。そんな体格差のある二匹がもつれ合っていると、究極のじゃれ合いなのか、それともケンカなのか、私には見分けがつかない。どちらにしろ、好ましいことには思えなかった。すかさず私があいだに割って入り、二匹を引き離すと、パズルは戸惑い、ジャックは震えている。こんなことになるとは思ってもいなかった。たとえ遊びだとしても、きわどすぎる。それに、飼い主として私が至《いた》らないせいで、いろいろな問題が起きているのも事実だ。すぐにドッグトレーナーを雇《やと》おう。

ジェット機の轟音に慣れてしまったパイロットが、急にエンジン・ストップで静かになったとたん、「さっきまでの音は何だったんだ?」と絶叫する、という言い古されたジョークがある。

私には分かる。

新入りの子犬のいる我が家が静かになると、それは、子犬が眠っているか、どこかあさってのほうをひそかに占拠して、カーペットを破いたり、電気コードをかじったり、ポメラニアンたちを隅に追い詰めてにらみつけている可能性がある。パズルをクレートに入れておくか、ポメラニアンたちが眠っているのでない限り、静寂はトラブルの前兆と思っていい。

適性テストで優秀なしるしとされた性質——賢さ、好奇心、自信、機転、抜け目のなさ——は、家庭内では別の意味を帯びてくる。賢いから、クレートの掛け金をはずし、こっそり抜け出して、クローゼットの折れ戸の隙間から身をよじるようにして中へ入る。好奇心旺盛だから、猫のトイレの砂も味わってみたくなるし(「コクがあって、しょっぱくて、ちょっとサーモンの香りがするわ!」)、私の靴だってかじらずにはいられない(「エナメル革は、なめし革と同じ牛の香りがするけど、歯ごたえがあるのがうれしいな」)。

あるときは、私の寝室から廊下に点々とボタンが落ちていたこともある。機転が利き、抜け目のないパズルは、私の足元で昼寝をしていたはずが、いつの間にか抜き足差し足でクローゼットに侵入し、クリーニング店から返ってきたばかりのシャツ五枚からボタンを引きちぎってしまったのだ。幸い、食べようという気はなかった。拾った数とシャツからなくなった数は一致していた。たぶん、ちぎれるときのプツンという感触が気に入ったのだろう。また、自信に関しては、いたずらがバレて叱《しか》られても堂々たるものだ。

かたや私は、自信をなくした。子犬のいる生活では、ものごとの優先順位の見直しを迫られる。自分ではその覚悟ができているつもりだったのに、パズルがいたずらっ子すぎるのだろうか、それとも私が注意散漫すぎるのか。その両方という気もするが。

しかし、ドッグトレーナーのスーザンにズバリと言われた。「あなたがリーダーになりきれていないのよ。この子は頭がいい上に、その頭を使う時間がありすぎるわ。頭のいい犬は悪い犬より厄介なの。しばらくは、こちらが考えてほしいことだけに頭を使わせなきゃダメよ。そして、やれと命じたことだけをやらせるようにするの。撫でるときは『座れ』と命じる。おやつのときも『座れ』。

理由がまったくなくても、ともかく『座れ』。座ることが自分の使命だと思わせるのよ」

そして、こんな指示が出された。パズルの行動をよく観察し、こちらが方向を決めてやる。よいことをしたらほめ、基準を示し、それを守らせる。

確かに、我が家の群れ全体を見ても、私はリーダーになりきれていなかった。すべての犬たちにルールを守らせよう。

それからというもの、私があまりに「座れ」を連発するので、ついには猫までが座るようになった。あるときなど、セールスマン相手にもやってしまった。ややこしい契約書を必死に読んでいる最中、セールスマンがいちいち口を挟むので、ついに四度め、私は手を上げて反射的に「座れ」と言っていた。彼は目をパチクリさせた。同じく私も。

「新しい犬が来たので、つい」と弁解すると、「ああ、なるほど」と言って、彼は黒ラブの写真を取り出した。筋肉質の体に黒光りする頭。「何歳？」と私が尋ねると「一〇カ月です。お宅は？」「六カ月」私たちは一瞬だけ心を通わせた。そのあと彼は、もう口を挟まなくなった。

散歩もまた、チャレンジの連続だ。パズルにとって、外の世界は何もかもが新鮮だし、おまけに我が家の周辺では激変が起きている。古い家屋が取り壊され、新築ラッシュの真っ最中なのだ。いたるところで掘り返された土の臭いが漂っている。パズルはリードをグイグイ引っ張り、刺激的な臭いを求めて、ときおりイルカみたいに前のめりにジャンプするし、二ブロック離れた裏庭にいる犬友だちの臭いを嗅ぎつけただけで、もう大騒ぎだ。「ロキシーよ！　ロキシーの臭いがする！この先にいるんだわ。早く行かないと、私、死んじゃいそう」

そうやって、ロキシーの臭いにせつない声を上げたかと思うと、今度はレディの臭いに文句を言い、アニーの臭いに何ごとかつぶやく。声の違いに気づいた友だちが言った。パズルが鼻先を上げてつぶやくと、彼は「おや、アニーが庭に出ているな」と言う。そのとおりだった。

犬友だちが悪いとは言わない。でも、パズルにはまともな散歩の仕方を覚えてもらいたい。リードを引っ張らずに、私の横を歩いてほしいのだ。トレーナーのスーザンのアドバイスはこうだ。「散歩中は集中させて。あくまでも、あなたの散歩にパズルを付き合わせるのよ。必ず同じ言葉を使い、それを守らせる。パズルに自分のやりたいことを考える暇を与えないで」

数カ月後、ときおり発作的にリードを引っ張るものの、まあまあ許せるかなという程度の速足で私の前を進むようになった。リードがたびたび緩むようになり、以前のようにチェーンソーを持って歩いているような感覚は減ってきた。けれども、「つけ」という命令はパズルにとって屈辱らしい。親にいやいや付き添われているティーンエイジャーみたいに、体をそらして歩いている。互いにつながれていて離れようがないというのに、なんという不格好な歩きかただろう。私など必要ない、透明人間ならいいのにと思っているのだろうか。

リードを見ただけで、パズルはクルクルと回りだす。若い彼女は元気の塊だ。私が忙しそうにしたり、高い声で何かひと言、発したりすると、とたんに家じゅうを駆け回る。仕方なく私は、散歩の三〇分前くらいから、瞑想でも始めるかのようにゆっくりと行動するようにした。話すときは静かに、動くときはゆったりと重々しく。テレビもラジオも消して、どの犬にもカロリーの高いおやつを与えないようにする。これであとは、お香を焚《た》き、ヨガのポーズで真鍮の銅鑼《どら》をゴーンと鳴らせば、完璧だったのだろうが、そうなる一歩手前で、そっと「散歩」と言ってみた。

ポメラニアンたちと同様、パズルもボディ・ランゲージの観察に余念がない。私としては、リードに手を伸ばす最後の瞬間まで、散歩の「さ」の字も悟《さと》られないように努力しているのだが、数分前には意図を見抜かれてしまう。いったい私の中の何を感じ取っているのだろう。タイミングも服装も仕草も、自分では、決まったパターンを作っていないつもりだ。それなのに、散歩のことを頭に浮かべたとたん、パズルは私につきまとい、呼吸がどんどん速くなっていく。しまいには、椅子が倒れたり、壁に掛けた写真の額が傾いたりするほど、ピョンピョン跳ね回る。

私の脳内回路を「散歩」という考えが駆け回るのが聞こえるのだろうか。そんなパズルの行動を見て、スプリッツルまでがドアの前でクルクル回りながら吠え始める。出かけるのはパズル一匹で、自分には関係ないだろうに、体重二キロとはいえ、スプリッツルは大人の男として黙ってはいられない。パズルが今まさにしようとしていることにも、将来するかもしれないことにも、過去にしたに違いないことにも、釘を刺しておきたくてたまらないらしい。感心なことに、パズルのほうは、スプリッツルの口やかましさを好意的に受け止めている。彼をヒョイとかわすと、リードの置いてある棚を目指す。散歩のことで頭がいっぱいなのだ。私が一大事業を前に心を整えていることを、どれだけ分かっているのだろうか。

やがて、友人たちが助け船を出すようになった。ある晩は、チームメイトのエレンがパズルの散歩に付き合ってくれた。彼女は私たちのスペクタクルな散歩を目撃したことがあり、チームで使っている長いリードをパズルに試してみることになった。そのリードなら重みもあるし、落ち着きを与えてくれるかもしれない。まずは裏庭で遊んで疲れさせ、一時間ほどリラックスして、まったりしているときに散歩に出るという作戦。「まったり……って、もう、してるわよ」裏庭で四〇分ほど追いかけっこを楽しんだあと、家に入れたときのパズルは、そう言わんばかりの顔つきだった。

エレンが思いついた。「そうだ、テレビを見ている途中、いきなり散歩に出かけましょうよ。二人で座ってテレビを見て、しばらくしたら突然、立ち上がって出発するの」よさそうな作戦だ。自発性と順応性を学ばせられる。まあ、散歩のことをパズルに悟られないようにしたいというのが本音だけれど。それに、毎日必ず二回やっていることに大騒ぎする必要はないということも分かってもらいたい。たかが散歩ごときのために、ダイニングルームをメチャクチャにしたり、ポメラニアンたちに向かって吠えまくったり、興奮して猫たちを二階へ追いやったりする必要などないのだ。

私たちのこの計画は、いくつかの点で失敗に終わった。パズルは床に寝そべって、タコのぬいぐるみを大事そうに抱え込み、頭を優しく噛みちぎっていたのに、私が立ち上がると、すぐにおもちゃを離し、伏せの格好で、こちらの行動を観察し始めた。長いリードを取りに行った私の足元に寄り添い、パチンと装着するとうれしそうに身をよじる。気に入ったようだ。黒い縄状のリードのこぶを口にくわえ、頭を上げて、しっぽを振り振りドアへ向かう。私が家の鍵を取りにいき、エレンがかがんで靴ひもを結んでいると、そこへ猫のマディがサッと現れ、パズルの鼻先をかすめて逃げていった。パズルにとって挑発以外の何ものでもない。どうして応戦せずにいられるだろうか。すぐさま、長いリードを引きずったまま猫を追いかけ始めた。私がつかまえようとした寸前、リードの端が、陶器を収納したキャビネットの脚に引っかかった。キャビネットはガタガタ揺れてはいるが、倒れずに頑張っている。エレンと私が「パズル、止まれ！」と悲鳴を上げる間もなく、リードはピンと伸びきった。それでもパズルはマディをあきらめない。不安定なキャビネットはピョンと持ち上がったかと思うと、リードに取られていないほうの二本の脚を軸にクルリと時計回りに回転、九〇度向きを変えたあと、まるでガラス製の相撲取りがシコを踏むみたいにガシャンと着地した。その重みでやっとパズルは止まった。物理学上の奇跡だろうか、ダンスを踊ったあとも、キャビネットは壁と直角を作りながら直立している。中に入っている陶器とクリスタルは、場所を変えたものの、割れてはいなかった。エレンと私はあっけに取られて声も出ない。私は、皿やワイングラスやキャンドルを並べたテーブルから何も壊さずにテーブルクロスを引き抜く芸当があるのを思い出した。パズルは、マディが部屋の角を曲がって視界から消えるのを少し恨《うら》めしそうに眺めているが、リードの抵抗を感じて、いい子にお座りしている。

エレンが先に口を開いた。「ねえ、今の見た？」キャビネットに向かって腕を振り上げながら、「いったい何なの、今のあれって！」と大声を上げる。その声がだんだん上ずって、しまいには犬笛かと思うほど高くなると、パズルは小さくワンと吠えた。人間が発する高い声は犬を興奮させる。私がリードをたぐりよせながら、パズルに座ったままでいるように命ずると、パズルは従っているが、うれしさが振動になって長いリードを伝わってくる。口角から舌を垂らし、デレッとした顔で私にほほえみかける。猫、追いかけっこ、回転、悲鳴。これが散歩の前の決まりごとになった。

10　すべてが破壊された町で

春直前の湿った暖かな夜、私は、ほかの八台の車とキャラバンを組んで、州間道《インターステート》三五号線を走っている。同乗者は、チームメイトのフランシス。彼女はグローブ・ボックスに膝を押し当て、ダッシュボードに載せたピーナッツバター・サンドイッチで食事中だ。ＧＰＳの登録地点を削除しながら、サンタナの歌に合わせてハミングを続けている。私は座席の横にコーヒーの入った魔法瓶をスタンバイさせた。まだまだ先は長い。悪天候が予想される別の州の要請で、私たちは現地に向かっているのだ。活動が数日間に及ぶことを見越して荷物を整えてきた。フランシスも私もアシスタント役として、ハンドラーと救助犬のペアをサポートすることになっている。

街の明かりをあとに北上を続けるうちに、農村地帯に入り、あたりは暗い闇に包まれてきた。オクラホマ中部方面へ嵐を運ぶ大気の中に突入したとたん、星も見えなくなった。レーダーには凄《すさ》まじい規模の暴風雨が映し出される。その画面は、過去一〇年間のたび重なる天災で立ち直る暇もない地域に、またもや竜巻が襲いかかろうとしていることを意味していた。そのため、私たちは予測される嵐の通り道になるべく近い中継基地に待機を要請されているのだ。地元の警察と消防隊は、これまでの経験をもとに、特殊な捜索救助チームが現場に駆けつけるまでの所要時間を割り出していた。私たちが集合をかけられているのは、災害が予想される地域に三時間で駆けつけられ、自分たちが巻き込まれない程度に離れた地点だった。それに、運がよければ、災害はまったく発生しないかもしれない。

けれども、走れば走るほど、空模様は荒れていく一方だ。渦巻く雲から雲へと稲妻が走り、地平線上で大規模な連鎖反応が繰り広げられている。十数カ所で発生する閃光の中に、積乱雲が三つ、くっきりと浮かび上がる。まるで、昔の帆船軍艦どうしが砲撃し合っているみたいだ。

前方に注意しながら、フランシスと私は嵐にまつわる経験談を打ち明けあった。ニューヨーク育ちのフランシスは、こちらに来るまで竜巻を見たことがなかった。若くして元軍人と結婚し、テキサスの農場に移り住んだ最初の年、一人で家にいるとき嵐に見舞われた。そのときの空は、見たこともないような色をしていたという。垂れ下がった雲が、パープル、シルバー、グリーンに染められて、この世のものとは思えないほど美しかったそうだ。

嵐がその力をいっきに吐き出すと、家の中の気圧が突然変化したように、窓という窓がポンと音を立てた。ソフトボール大の雹《ひょう》は、放牧中の牛の何頭かの命を奪い、厩舎の馬を震え上がらせた。前庭に植えたばかりの若木は全滅した。ものすごい音を立てながら延々と降り続く雹のせいで、フランシスは頭がおかしくなるかと思った。やがて、夫の家族が心配して電話をかけてきたときには、相手の声も自分の声もほとんど聞こえず、受話器に向かって叫ばなければならなかった。

そのときの嵐は、テキサスの過酷な気象の中では、まだまだ序の口だったが、フランシスは、こんなことならロード・アイランド（訳注：米国北東部の州）の男性と結婚すればよかったと後悔せずにいられなかった。

ところが、嵐よりも恐ろしいのは、帰宅した夫だった。フランシスは夫の愛車ムスタングをガレージに入れるのを忘れていたのだ。若すぎた結婚は挙式の直後から波乱の連続で、夫とフランシスはたびたび衝突しては、何カ月もにらみ合いを続けた。今思えば、自分はムスタングをわざと出しっぱなしにしておいたのかもしれない、とフランシスは言う。少しばかり嵐を呼び込んで、膠着《こうちゃく》状態を揺さぶろうとしたのではないか。少なくとも、自分が夫にどう思われているか分かるかもしれない。結局、どうも思われていないことが判明したのだが、ともかく、夫の気持ちは分かった。

嵐のあと何日も夫は、砕けたフロントガラス、へこんだボンネットや剥《は》げ落ちた塗装を見るにつけ、フランシスに向かってわめき散らした。しまいには、フライパンを投げつけて彼女の飼い犬を殺すと脅し始めた。ついに出ていく決心を固めたフランシスは、夫の仕事中を見計らって、彼が軍隊から持ち帰ったダッフルバッグに衣類を詰め込んだ。それでもう、荷造りは完了。当時、まだ一八歳だったフランシスは、自分のプードルを連れて、嵐でなぎ倒された若木をまたぎ、ガソリンで焼かれてくすぶっている牛の死骸を横目に見ながら農場をあとにした。

「で、あなたはどうなの？　テキサスっ子は、嵐なんてどうってことないのかしら？」

私は、幼い頃から何が怖いと言って、嵐ほど怖いものはないのだと打ち明けた。嵐が先か、子どもの頃テレビで再放送された映画『オズの魔法使い』が先か分からないくらいだ。私のまわりには、放送のあと何週間も空飛ぶサルやしゃべる木のことを怖がる子や、西の魔女に震え上がる子もいた。ただし私の夢に出てくるのはもっぱら嵐ばかり。ひどい悪夢だったから今でも覚えている。雲が低く垂れこめ、風が巻き起こり、飛べないニワトリたちが騒ぎだすと、地平線に竜巻が現れる。そして地下のシェルターのかんぬきがガチャリと閉まるのだ。

私には嵐を怖れる複雑な事情があった。実家は、核の緊張でピリピリムードだった時代の空軍基地のすぐそばにあった。しかも中西部の竜巻街道の最先端に位置していた。知ったかぶりの上級生たちは、たとえ核爆弾にやられなくても竜巻にやられるぞ、などと言うので、私は両方とも怖くて仕方がなかった。年上の男子たちはキューバのミサイルの話でもちきりで(「キューバとアメリカは、たったの一六〇キロしか離れていないんだぞ!」とかなんとか)、小さいミサイルはレーザー兵器を、大きいミサイルは核爆弾を積んでいて、ほぼ間違いなくすべてが私たちに照準を合わせている、と言う。それに比べれば、竜巻の話はまだかわいいほうだったかもしれない。

男子たちの中には、一九六四年にテキサス州ウィチタフォールズを襲った竜巻を目の当たりにした子たちもいたし、見ていない残りの子たちも彼らに口裏を合わせた。彼らは、竜巻がどれほど奇想天外なものかというエピソードを次々に披露しては、私たち年下の子どもたちを魅了し、恐怖で震え上がらせた。

車のボディに楊枝が刺さっていたとか、家から五〇キロも離れたところで見つかったコッカー・スパニエル(しかも生きていた!)は、両耳がきれいにもぎ取られていたとか、スーツ姿の農場主が、暴風のせいで羽をむしられて丸裸になったニワトリを神妙な顔つきで掲げていたとか。ときには二人の男子が、そのニワトリ事件の男性は誰それの伯父さんだったとか、コッカー・スパニエルの飼い主は誰それの父親だったと、言い争うこともあった。すでに私はサンタクロースを信じなくなっていたけれど、上級生の口から語られる一九六四年の竜巻のこととなると、何から何までが本当だと思っていた。

彼らの話の信憑性《しんぴょう》を間接的に証明したのは教師たちだ。当時、私たち児童は徹底した防災教育を受けた。一年生のときの町探検では、どの建物に黄色と黒の核シェルター・マークがついているか（郵便局、病院、大きな学校）、どの建物についていないか（映画館、食料品店、教会）を覚えさせられた。そうやって、竜巻や核攻撃の際の安全な場所を学んでいったのだ。いざというときのルールは単純。サイレンが鳴ったら、マークのついている建物に逃げ込め。

当時は「首を縮めて頭を守れ！」という宣伝アニメや映画をしょっちゅう見せられた。危険を察知したカメのバートは甲羅にサッと頭を引っ込め、毛皮の襟付きジャケットを着たドジな少年は、自転車から落っこちて歩道の縁石に頭から激突する。二種類の核爆弾を黒板で説明する教師の笑顔も、窓の外で何か白くまばゆいものが光ると、並んで机の下に隠れる生徒たちの様子も覚えている。

訓練では私たちも机の下に隠れたが、映画のように整然とはいかなかった。それに先生も笑顔ではなかった。サイレンが鳴り響くあいだじゅうクスクス笑っている子もいたけれど、当時、五歳で一年生の私はいつも泣いていた。

竜巻警報のサイレンは春と夏と秋、それに市民の防災訓練では季節を問わず、少なくともひと月に一回は鳴った。我が家から数ブロックしか離れていないところで、一度上がってから下がる、あの物悲しい音が長々と鳴り始めると、私は生きた心地がしなかった。共働きの両親は、放課後に面倒を見てくれる人を見つけられず、私は鍵っ子だった。空が真っ黒に染まり、サイレンが鳴り渡ると、私はカメのバートにならって階段下のクローゼットに駆け込んだ。首を縮め、頭を隠しながら『オズの魔法使い』のドロシーのように、一人ぼっちで我が家が飛ばされるのを待ちかまえていた。あのクローゼットにはずいぶんお世話になったものだ。今でこそ笑い話になったけれど。

「首を縮めて頭を守れ！」私はフランシスに向かって、歌うように言った。

「よっぽど怖い思いをしたのね」

ハイウェイの南へ向かうレーンは、嵐から逃げ出す車のヘッドライトで輝いている。北へ向かうレーンは交通量がまばらだ。「私たち、正しい方向へ走っているようね」とフランシスが言う。サンドイッチをたいらげ、再びブーツを履いていた。私たちはコーヒーを飲み終えた。

嵐は視界を横断するように東西に広がっている。雲から雲へ、雲から地面へと伸びる稲妻の中に、五つの完璧なスーパーセル（訳注：竜巻を発生させる巨大積乱雲）が浮かび上がった。北西の一つはムクムクとそびえ立ち、底の部分はうねりながら地平線に向かって垂れ下がり始めている。

静かな大気の中、私たちの車は、終夜営業のファストフード店を通り過ぎながら北上を続ける。どの店も通常どおりに営業中だ。ドライブスルーのレーンには車の列ができている（ここにいては危ないわよ、と私はつぶやいた）。ハンバーガーに夢中で、嵐のことなど気にならないのだろうか。

私たちはこの先のことを思うと落ちつかずソワソワしてくるというのに。

音楽を消してチームの無線をつけると、雷雲から放たれる電気のせいでバリバリと音がした。クルーズコントロールをオフにしたので車の動きが足裏に伝わってくるようになった。いつ突風に突き上げられてもおかしくない。


竜巻街道で暮らすこと数年で、その影響は現れた。私は六歳にして胃潰瘍《かいよう》と診断されたのだ。両親は私を当分のあいだ、祖母のところへやることにした。穏やかな気候の田舎町に住んでいる祖母が、私は大好きだった。その祖母のもとで暮らす計画は、なかなかの名案に思えた。

実は誰もが忘れていたのだが、祖母の家のすぐそばには消防署があった。向こうについた翌日、草の上で裸足になって遊んでいる最中に、もうサイレンが鳴り響いた。それは小さな田舎町の多目的用のサイレンで、有志の消防団に出動を要請するときにも、暴風雨の警報を発令するときにも使われていた。竜巻街道で聞きなれた長々と尾を引く大音量のサイレンとそっくり。

あのよく晴れた午後、私には冷静に考えるだけの余裕などなかった。とっさに頭に浮かんだのは、「サイレンが鳴ったら、急いでシェルターへ」ということだけ。一番近いのは三ブロック先の郵便局だ。急いで庭を横切り、家族を助けに行こうとしたが、その先はトゲだらけの雑草の草むらだった。とたんにころんでしまい、立ち上がり、走ってはまたころび、しまいには、首を縮めて両手で頭を守る姿勢のまま、倒れて泣き叫んでいるしかなかった。

サイレンが鳴りやみ、ようやく両親が気づいたときには、私は前かがみになって、草の上に吐いていた。母が悲しげな顔で父と目くばせしたのを覚えている。「嵐じゃないのよ」困惑した母が言った。私にはサイレンだけでも充分怖い。でも、そう言えなかった。今思い返すと、あのとき両親はさぞかし困っていただろう。お金もなく、打つ手もなく、娘は病気。しかもよく分からない理由でおびえている。どうしようもなかったのだ。

数日後、両親が帰っていったとき、自分でも、祖母の家に残るしかないことは分かっていた。私は祖母と一緒に両親を見送った。それに、嵐のことも、孫のスザンナ（私）のことも、祖母は祖母なりに考えがあった。ひと夏をメソメソと泣き暮らす必要などないのだ。

次に消防署のサイレンが鳴ったとき、祖母は「静かに！」と言うように片手をかざした。「あのね、サイレンが鳴ったからって、いつも私たちと関係があるわけじゃないんだよ。嵐のときもそう。全部が全部、こっちに来るわけじゃないの」そして、もうちょっと「冷静沈着」にならないといけない、と言う。私にはその言葉の意味が分からなかったが、なるべく自分でも事あるごとに使うようにした。

命がけで嵐を追いかける「ストームチェイサー（嵐の追跡者）」たちを載せたトラック二台が、私たちを追い越していった。彼らの車にはさまざまなステッカーが貼られ、猫のひげのようにアンテナ類が伸びている。しかも猛スピードだ。

「ああいうの、やってみたいと思う？」フランシスがストームチェイサーのトラックを指さして言った。「私はやってみたいわ」

私もうなずいた。気がつけば、いつの間にか、あれほど怖かった嵐に魅《ひ》かれるようになっていた。「保安局がホリデイ・インに入れと言ってる」ジョニーが無線でガーガーいう。ようやく目的地にたどりついたのだ。

私たちの車列は、右方向にウィンカーを出しながらハイウェイをあとにする。白と黒の空をバックに、ウィンカーのライトは目が覚めるほど赤い。ホテルの駐車場に集合すると、私たちはできるだけ歩き回った。長時間座っていたのと、前のめりになって行く手の空を観察していたせいで、体じゅうがこわばって痛い。風は強く、空はあちこちで光を放っている。クレートから出された犬たちはおしっこを済ませ、じゃれ合ったあと、駐車場に隣接する草地で体を伸ばした。

「あいつらも感づいているんだな」とデリル。私たち全員がそうだ。

州警察の車が一台入ってきた。泥だらけの上、すでに雹を浴びたらしく、ボコボコになっている。帽子に雨よけのカバーをつけた警官が言った。「あんたたち、用意はいいかな?」嵐は生まれたてだというのに、彼はすでに疲れている様子だ。「そろそろだと思う」警察無線のやり取りの中に、遠くで鳴るサイレンが混じっている。

「いつでもOKだ」マックスが言った。

一時間、二時間、三時間が経過。

ハンターは前足に頭を乗せているが目は開いたままだ。風向きの変化で、聞こえてくるサイレンが入れ替わるたび、耳を右に左に動かしている。セイバーは伏せの姿勢で、美しい頭を北西に向けている。二匹ともほとんど不動で、鼻孔だけをヒクヒク動かしている。きっと、今ここにいるチームメイトたちの嗅ぎ慣れた臭いと、近くのレストランの臭い、そして何キロも離れた町や村から風に乗って運ばれる、おびただしい数の被災者たちの臭いを嗅ぎ分けているのだろう。

セイバーは、一方の前足だけを伸ばし、肉球を軽くフェンスに乗せるスタイルで、もの思いにふけっている。口を開こうとする相手に向かって「シーッ」と制止するときの、人間のポーズにそっくりだ。鼻の動きはほんのわずかでも、正確きわまりない。どうやら新しい臭いを感じ取ったようだ。それとは分からない程度に頭を上げると、三センチほど左へ首を回し、今までよりせわしなく鼻孔を動かし始めた。私がその方向に目を凝らすと、間もなく、レストランの裏口から従業員が現れた。白い紙袋を持っている。テイクアウトらしい。夜食か早い朝食か。ほの暗い明かりの中では、黒い短髪、黒いズボン、白いTシャツにスニーカーということしか分からない。

セイバーは彼をどうとらえているのだろう。若者特有の臭いに、洗剤と揚げ油、昼間食べたレバーの付け合わせのタマネギの臭い、ガールフレンドにキスしたときにジャケットについたバニラとジャスミンの残り香、そして紙袋に入っているハンバーガー、冷えて脂《あぶら》ぎったフライドポテト、肉のあいだに挟まれたピクルスと、その端に一センチほど塗りつけられたマスタード、といったところだろうか。一つだけ確かなのは、こうして暗がりで見ている私よりも、犬たちのほうが、若者についてよっぽど多くを知っているということだ。彼が車で去っていくと、セイバーは緊張を解き、わずかに首を回して、嵐のほうへ向き直った。

私たちは車越しに会話するため、寄り添うように駐車した。いよいよ出動なのか、それとも警戒態勢解除なのか、まだ指令は下りない。そのあいだ、嵐にまつわる体験談を持っているのは、フランシスと私ばかりではないことが判明した。チームメイトたちは、テキサスの極端な天候のせいで痛い目に遭わされ、鉄砲水、竜巻、ハリケーンを生き抜いてきた、つわものぞろいだ。過去にオクラホマ州の竜巻被害で出動したメンバーも何人かいる。中でも最も有名なのが、チカシェーで発生し、ブリッジ・クリークとムーアにいたる一帯を破壊し尽くした一九九九年のＦ５クラス（強度が最大級）の竜巻だった。

私たちはそうした過去の竜巻を引き合いに出しながら、迫りくる嵐の威力について語り合った。いったいどれほど多くの犠牲者が出るのだろう。これから、どれほど多くの家屋、史跡、景観が、跡かたもなく失われるのだろう。一九九九年の竜巻被害では、ムーアの街は壊滅し、そこで生まれ育った消防士でさえも、自分がどこに立っているのか分からなかった、とフリータが言う。腰から上の高さのものがすべて破壊された住宅街で、犬たちは、ねじれた鉄骨、引きちぎれた木材、砕け散ったガラスのあいだを縫って捜索を続けた。人間にとっても、犬にとっても過酷な捜索活動だった。生存者や負傷者の臭いと、広域に散らばった死者の臭いとが充満していた。

ムーアでは奇妙なこともたくさんあった。マックスは葉も樹皮もはぎ取られた木々のことを話してくれた。丸裸になった背の高い木のてっぺんの枝に、リスが必死でしがみついているのを見たという。世界で一番タフなリス、とマックスは呼んだ。ムーアでの重苦しい思い出の中の明るいひとコマだった。ちなみに、近くの通りには世界で一番タフな犬もいたそうだ。住宅街を捜索中、通りをまたぐように倒壊した住宅の一部が揺れているのを見つけ、生存者を助け出そうと駆け寄ると、

Ｆ５クラスの竜巻に襲われたオクラホマ州ムーアのがれきの中、捜索をおこなうフリータとセイバー。

ヨレヨレになったロットワイラーが出てきた。がれきの下に二日半も閉じ込められ、傷つきおびえながらも、自力で脱出したのだ。その犬は、治療と飼い主探しをおこなっている地元の動物保護団体のもとへ連れていかれた。

ときには、思いがけず身近なところで被害を目の当たりにすることもある、とフリータが言う。セイバーと一緒に倒壊した住宅街で被災者を捜索していたとき、次の家屋を調べに行こうとすると、隣で活動していた消防士ががれきを指して、言葉少なに言った。

「ここは空っぽだから、捜索しなくていい」

「なぜ分かるの？」とフリータは尋ねた。

「俺の家だからさ」

私は今回の捜索に連れてきた犬たちを眺めた。クレートの中でおとなしく伏せている。そのうち何匹かは、普段、家にいるときには嵐が大の苦手なのに、こうして捜索に駆り出されたときは、嵐の臭いも、感触も、音も感じながら、なぜ怖がらないのだろう。何匹かは、オクラホマとテキサスの竜巻被害の際にたびたび出動してきたベテランだ。崩れかけた家屋の内部に分け入り、建物の残骸の周囲を歩き回ったりしながら、一日に何時間も懸命に捜索し、バスタブの破片に残る、コインほどの大きさの遺体の一部を見つけ出したこともある。

こうした捜索では、ハンドラーと犬は、自分の持てるすべてを試される。冷静沈着さと、かなりのスタミナがなければ、この仕事は務まらない。ムーアでは、遺体の捜索を終えたペアたちは、がれきと化した家へ戻りたいという被災者たちのサポートに向かった。持病の薬や保険証書などを急いで見つけ出す必要のある人たち、被害を免れた品々を取りに行きたい人たち、さらには、ただ救助犬と一緒にいたいという人たちもいた。また、愛犬を亡くした多くの住民は、犬たちに癒しを求めた。この経験から、ムーアのハンドラーたちは、捜索救助チームの役割が広がったと語っている。マックスも、私たちは捜索のために駆けつけるが、実際には何でもやるのだ、と言う。腹をくって、疲れもプライドも恐怖も棚上げにして、ニーズに応《こた》えなければならないときがある。

結局、私たちは一晩じゅう待機していた。

「まったくラッキーだったな」出動準備が言い渡されてから八時間後、警官が警戒態勢を解くように言った。彼の言うラッキーとは、嵐が通り過ぎていった住宅地のことだ。木々がなぎ倒され、雹に物を壊されたのと、停電だけで済んだからだ。嵐の最悪の部分は、だだっ広い耕作地を駆け抜けていったらしく、すでにあちこちから奇妙な現象が報告されている。ひっくり返ったトラクターの隣でトラックが無傷のまま残されていたとか、風車が倒れ、その中になぜか牛が挟まれていて、ケガはしていないが、おびえきっていたとか。

行方不明者、民間の犠牲者は今のところ出ていない。まったくラッキーだった、と警官は繰り返した。本当に危ないところだったのだ。彼は、私たちが夜通し待機していたことに礼を言ってから、こう続けた。「あんたたちがいてくれてよかったよ。でも、出動してもらわずに済んだのは、もっとよかった」私たちも礼を言い、みんなで息をついた。

ここには冷静沈着さがあふれている。犬たちは何があろうとこだわらない。夜通しの待機が空振りに終わったことも忘れて、今はもう、ぬかるみで子犬のようにはしゃぎ回っている。警戒解除で気が抜けた私たちも、犬を相手におもちゃの引っ張りっこやボール投げを楽しむ。ついでに捜索の練習もしておこう。私たちが車に隠れると、犬たちはさっそく車の窓に前足と鼻をくっつけて捜し始めた。

11 ベテラン救助犬の流儀

自宅では相変わらずトラブルメーカーでも、本格的な捜索訓練を始めたパズルは、まるで別の犬のようだ。これから訓練に出かけるというときの兆候は、すべて学習してしまった。クーラーボックスの氷と氷が触れ合う音や、ブーツのチャックが締められ、おやつ用バッグがパチンとベルトに装着される音。それらの意味を理解するのに時間はかからなかった。訓練開始のもう一つの合図である特別なハーネスをつけてもらうと、もう、私よりも先に勝手口から庭へ駆け出していく。やはりレトリーバーだ。パートナーの代わりに物を運ぶために生まれてきた犬らしく、頭をもたげ、軽快な足取りを見せながら、リードをくわえて庭を闊歩《かっぽ》している。チビのくせに、すでに一丁前だ。長いリードの残りを引きずりながら、「ねえ、こっちを見てよ」を意味するゴールデン特有のウルルルルというようなり声を上げ、私のかたわらを小走りに車へ向かう。どれも救助犬に期待される反応——自信、理解力、仕事へ向かう喜び——ばかりだ。

ところが、ガレージの入り口まで来て、初めてためらいを見せる。頭の中で連想が始まったのだ。

あの服を着て、あの道具を持ったということは、訓練に出かけるはずだけれど、車に乗ると気持ち悪くなるんだったっけ……。パズルはドアの前で立ち止まると、くわえていたリードを落として、一歩下がった。さて、どうしようか。「さあ、行こう。仕事だよ！」とジープに乗るように言われて、すっかり戸惑っている。しっぽを振りながら後ずさり、お尻を落とすと、情けない声で鳴き始めた。出かけたいけれど、後ろの席にまたゲーッとやるのは嫌だ。板挟みのその気持ち、私にもよく分かる。

犬の車酔いはよく見られることだ。以前飼っていたシェルティは、出発して五分で必ずもどした。でも、いったん吐いてしまえば、たとえ獣医のところへ行くときでさえ、ドライブを楽しんだ。徹底的に胃の中身を出したあとは、「へへ、ゲーしちゃってゴメンね」と言わんばかりにニヤッと笑い、ずっとお尻をプリプリさせながらしっぽを振っていた。パズルが車内で吐いたのは今のところまだ一度。それ以外は、よだれを少し垂らし、うなだれていたことが何度かあるだけ。それでも吐き気がどんなものかは、充分身にしみたのだろう。生後三カ月、車そのものや、車の臭いや形、エンジンの振動を特に怖れている様子はないのだが、走り出してものの数分で、もうガタガタと震えだし、その数分後にはうなだれて、よだれを垂らし始める。シェルティのように、ニヤリと笑えるようになるのはまだ先のようだ。

最初に我が家へ来る飛行機では、ちょっとした乱気流の中でも平気でおなかを上に向け、いびきをかいていたのだから、車酔いもいずれは克服できるだろう。ドライブが不安で気持ちが悪くなるのか、それとも気持ちが悪くなったことがあるから不安なのか分からないが、ゴキゲンな犬のドライブがどんなものか、まずはお手本を見せるとしよう。

パズルがガレージの前で座り込んでしまうと、私はスプリッツルを連れてきた。するとスプリッツルは車に飛び乗り、後ろの窓に前足をかけると、ガラス越しにパズルにニヤッと笑って「どうだ、すごいだろ」と言わんばかりに吠える。ところがパズルはちっとも心を動かされない。このときばかりは、ガラスの向こうのポメラニアンを負かそうという気持ちにはなれないようだ。

二匹はしばらく一緒にドライブに出かけた。スプリッツルはうれしくて仕方がない様子なのに、たった数ブロック進んだだけで、パズルの頭と耳はもう垂れ下がっている。

「車は楽しいな！」窓にかけたスプリッツルの前足がモールス信号を打つと、パズルのゲンナリした顔は、「車なんて大きらい。ドライブなんて大きらい。それにあんたも大きらい」と応える。

それ以外の方法は多少ましだった。車に乗せる日は、胃の中身が落ち着くように、少なくとも一時間半前に食事を済ませるようにした。犬用のジンジャー・クッキーも試した。それから、航空指導官が酔いやすい訓練生のために使う手も、とり入れた。方向感覚をつかめるように、窓の外が見える高さに座席を調節したり、新鮮な空気を浴びて快適でいられるように送風口の向きを変えたりもした。エアバッグは犬にとって危険なので、助手席に乗せることはできない。そこで、後部座席の真ん中に座らせ、安心感を与えるために犬用の特別なハーネスでシートベルトにつないだ。そうすれば、前より揺れが少なくなったと感じてくれるかもしれない。

友だちと一緒にドライブに出かけ、盛大にほめてもらうという手も使ってみた。遠くへも近くへも繰り出したし、どこにも行かずにジープの後部座席で、ただ時間を過ごすこともあった。

一度だけパズルは自発的に後ろの席に乗り込んだことがある。子犬にしてはなかなかの大ジャンプで、私はほれぼれしてしまったが、それを機に、車がどんどん好きになるということはなかった。なんとか持ちこたえているのは、訓練に行くためには仕方がないと思っているからだろう。ある日は、ほとんどためらわずにガレージに入っていくかと思えば、次の日は、敷石の上に座ったきり、暗がりをのぞき込んでため息をついている。私にリードを持たれ、うながされて、ようやくガレージに入っていく。ジープに乗り込んでしまうとおとなしく窓の外を眺めているが、ガレージを出て、いよいよ出発となると、もう喉をゴクリと鳴らし始める。吐き気がこみ上げてきては、また収まるといった様子だ。

ドライブではみじめな思いを味わっても、捜索訓練が始まれば、たちまち元気が出てくる。駐車場に入っただけで、今までの吐き気などどこへ行ったのやら、もう、ガラスに前足を押し当て、窓の隙間から鼻をのぞかせている。息づかいまでが変わり、大好きな隊員たちの臭いとその足元に群れている犬仲間の臭いをハフハフと嗅ぎ始める。シートベルトをはずしてもらうあいだも待ちきれない様子で、リードがついた瞬間、アスファルトに勢いよく飛び出し、あとは仲間の元へまっしぐら。あんまり激しくお尻を振るものだから、しっぽが自分の顔にピシャリと当たる始末だ。しかも、何度当たっても、そのたびに「誰よ、今ぶったのは?」と言いたげに、驚いた顔で振り向く。ただし、そんな屈辱も、もっと大きな喜びを前に跡かたもなく消えていく。「みんながいる!　人間の友だちも!　まあ、チームの男性陣が集まってるじゃないの!」

あるチームメイトに言わせると、パズルは男好きなのだそうだ。女性隊員のことも気に入っているし、ヘッド・トレーナーのフリータには特になついているけれど、パズルをメロメロにさせるのは男性隊員なのだと言う。確かに、男性のあとばかり追いかけて、節操もなく媚《こび》を売っては、かまってもらっている。彼らのほうもパズルのことが好きでたまらない様子だ。長年、犬を飼っている人たちばかりだから、体や耳の後ろの気持ちいいツボを心得ている。膝に抱き上げて、バンジョーをかき鳴らすようにおなかをくすぐってくれる人、抱っこして耳を撫でまわしてくれる人もいて、しまいにパズルは頭をダラリと垂らして、すっかりリラックス。うっとりしながらも、ときおり私に視線を送っては、こう言うのだ。「この人たち、大きくて強いわよ。それに、あなたよりずっとカッコいいわ」

さて、その大好きな男性隊員の一人、マットがいなくなった。元海兵隊員の彼は材木の山に身を隠しているのだが、パズルは捜しにいきたくて仕方がない。私たちのいる場所から少し離れたがれきの山では、ジョニーとバスターが捜索を続けている。それを見守っている私とパズルをヘッド・トレーナーのフリータが観察し、私はパズルを、パズルはジョニーとバスターを観察しているという構図だ。リードの先で静かに神経を集中させていたパズルは、バスターが発見に成功すると、自分でもその瞬間を確かめたいというように、少し前のめりになった。バスターはいつものように、ごほうびにボールを投げてもらい、私たちの見守る中を勢いよく飛び出していく。その様子にパズルは、一瞬耳をピンと立てたけれど、すぐにがれきの山に視線を戻し、じっと見つめている。

捜索訓練の様子なら、私は何百回と見てきた。でも、今こうしてパズルを見下ろしていると、彼

手前はパズルとフリータと私。がれきの山で被災者役のチームメイトを捜索するジョニーとバスターを見守っているところ。このあとパズルも、同じように捜索訓練をおこなう。

女が目の前の光景をいったいどうとらえているのか、気になって仕方がない。訓練が中級程度まで進んだ犬たちは、ときおり苦笑《にが》いすることがある。まるで「今日はこの人をもう二回も見つけ出したんだよ。自分の車から五〇メートルも離れていないところで行方不明だなんて、どうしようもないやつだな」とでも言わんばかり。上級の犬たちともなると、こちらの魂胆などお見通しらしく、「ふーん、これから、あの女の人をなるべく分かりにくいところに隠そうっていうんでしょ。でも、そんなのチョロいってこと、すぐに教えてあげるよ」と言いたげにニヤリと笑う。

だけどパズルにとってはまだ知らないことばかり。マットががれきに埋まっていたことに戸惑っているのだろうか。「ねえマット、いったい、そんなところで何やってんの？」と。それとも、通常の心理状態の人間と、真の恐怖におちいっている人間の臭いをすでに嗅ぎ分けられるのだろうか。

パズルは、がれきの山での捜索から発見、ごほうびのボール投げにいたるまで、一部始終を見ていただろうから、一連のプロセスを大きなゲームと思っているかもしれない。いずれにしろ、私には知る由《よし》もないのだけれど。

私たちが背を向けているあいだ、さっきバスターが簡単に見つけ出した場所に再びマットを隠した。私が風下に誘導してから「捜せ！」とコマンドを発すると、パズルはがれきの山へ駆け寄り、何の迷いも見せずにまわりをグルッと歩いたあと、マットの臭いをとらえて小躍りした。しばらく、不安定ながれきを相手に苦戦していたものの、マットの元へたどりつくと、中から伸びてきた手に鼻先を触られた。そのとたん、うれしくてニコニコ笑い、身をよじっている。「いい子ね！」私たちがほめると、がれきの下でマットがクスクス笑いながら、やはりパズルをほめている声が聞こえてきた。私が「いい子ね！」と言ってビーフジャーキーのかけらを差し出すと、パズルはそれを優雅に受け取ったものの、噛みもしないうちにポトリと落としてしまった。ほめられたり撫でられたりするより、今は、はしゃぎ回りたいらしい。

私たちががれきの下から慎重にマットを引っ張り出しているあいだに、パズルは近くにあった焼け焦げた木片をこっそり拾ってきた。マットに連れられて、チームのメンバーのところへ発見の成功を知らせにいくパズルは、意気揚々と戦利品をくわえている。「いい子だ！」とみんなにほめられると、ウルルルルと喉を鳴らし、しっぽをさかんに振りながら木切れを見せて回る。ウルルルル。私には聞きなれていても、チームのみんなは初めて聞く声だ。それは自分を人気者だと思っている犬の声でもある。

訓練では、待つことのほうが難しい。捜索中以外の犬たちは、自分の出番を待っている状態か、もしくは、日陰の水入れの前で静かに伏せて「回復」に務めている状態のどちらかだ。それまでの

パズルが初めて「発見した」被災者役のチームメイト、マットと、記念品としてがれきの中から拾った黒こげの木切れをくわえているパズル。

ブカブカのベストを着せられたパズル。リードなしでくつろいでいるところ。

捜索で失った体力を取り戻し、次の捜索に備えているのだ。パズルは、捜索からおとなしく戻ってくるものの、その目はほかの犬たちを追いかけているし、遠くからハンドラーが自分の犬に「捜せ！」と命じている声が聞こえてくると、いきなり立ち上がってしまう。待っている場所でキョロキョロ、ソワソワしているうちに、ときおり遭難者の臭いをとらえたりすると、サッと私のほうを振り返って、いらだっているような鳴き声を上げる。居並ぶ犬たちが見せるせつない顔つきを、私たちは「ねえ、私（僕）も捜索させて」の顔と呼んでいる。彼らも、遠くにいる犬とハンドラーが新しい捜索シナリオで訓練しているのを見守りながら、ジッと自分の番を待っているのだ。毎回捜索させてもらえたら、どの犬もきっと大喜びだろう。待たされて欲求不満になっているのは分かるが、そうやって見守るのも勉強のうちだと思う。

　パズルは始まったばかりの捜索活動に楽しく取り組んでいる。トレーナーによれば、ともすると犬のほうがハンドラーよりもはるかに飲み込みが早いのだという。それにパズルは、すでに「捜せ！」の意味を理解しているようだし、誰だろうとこだわらずに捜そうとする。ともかくチャレンジを楽しんでいる。捜し回ることも、その人の元にたどりつくまでのプロセスも好きだし、ほめられるのも大好きだ。ただし、どんなごほうびが一番好きなのかは、まだ分からない。

　私は最初の数カ月、そのことで悩んだ。チームにいるラブラドールとコリー、そして一部のジャーマン・シェパードは、投げてもらったボールを取ってくる遊びが大好きなので、私も裏庭でパズルに試してみると、喜んで取ってきた。そこで訓練のあと、自宅から持参したテニスボールを取り出して投げてやったのだが、パズルは疑うような目つきで私を見ただけで、ボールを追いかけようとしない。弧を描いてから地面をころがっていくボールを見送ったあと、私のほうを向いて、「あなたが欲しいなら、自分で取ってくれれば？」という顔をする。パズルにとっては、訓練中はボール遊びどころではないようだ。おやつのほうがごほうびとしてはいいのだろうか。

結局、パズルの受けが一番よかったのは、成功したら思いきりほめてやることだった。ほめ言葉はすんなり頭に入るようで、捜索を終えると、あごを突き出し、優勝旗のようにしっぽを振りながら膝を高く上げるスタイルで颯爽《さっそう》と歩いてくる。しかも観客たちに気づいてもらえるまで、お決まりのウルルルルを連発。それに最初の数カ月は、訓練そのものがパズルにとって最大の楽しみだった。パズルに本当のごほうびを与えたいなら、もう一回、捜索させるのが一番だったかもしれない。

野山でのパズルは、私よりもはるかに速く移動できる。なんといっても若いし、四本の足を地面につけている上、私よりも重心が低い。それにやる気満々ときている。もともと野外活動の好きな犬種だけあって、自然の中ではたちまち本領を発揮した。藪を突き抜けたり、川の浅瀬を渡ったりして、遭難者を見つけ出すのをこの上なく楽しんでいる。私はかなりアウトドア派の人間だと思っているけれど、テキサスの原野での捜索は、おとなしめの森を抜けるのでさえ、決してハイキングのようにはいかない。原野捜索には、トゲだらけのメスキート、毒のあるツタウルシ、バラ科の低木であるハマナスが茂る深い雑木林がつきものだ。パズルはそんな林の中でも冷静沈着さを忘れない。肉球を突かれようが、引っかかれようが、おかまいなしに進んでいく。かたや私のほうは、藪から抜け出すのに四苦八苦しているありさまだ。ツタにつまずいたり、荷物のストラップをトゲに引っかけたり、着ているものを絡め取られて、ときには破いてしまったりと、さんざんな目に遭う。

その日は、一日がかりの原野捜索に初めて参加する日だというのに、早朝に前線が通過したばかりだった。前日の午後には二九度もあった気温が、その朝は二度にまで落ち込み、誰もが驚きを隠せない。私たち人間は、着る物をTシャツからパーカーに替え、まだ慣れない気温に背中を丸めて寄り添っているのに、毛むくじゃらの犬たちはピリピリと冷えた空気の中で、はつらつとしている。どの子も野外での活動に積極的な犬種なので、森を見つめるまなざしには期待がこもっている。さかんにしっぽを振って、「こいつは、すごく楽しいことになりそうだ」と言っているようだ。

今日の訓練は三つの作業区画で順ぐりにおこなう予定になっている。一部は背の高いゴワゴワした草に覆われている場所、それ以外は、雑木林が広がっている場所や木々が集まって生えている場所だ。茂みはあまりにも密集しているので、いったん入ってしまうと、開けた草地が見えなくなる。空気は濃密で重たいものの、少しだけ風が吹いている。風速は毎秒六メートル。この風で臭いはおもしろい動きを見せそうだ。日の出から数時間もすると地面が温まるので、同じ場所でも臭いのパターンはまったく変わってくるだろう。そこへ、犬たちはほとんど何の先入観も持たずに入っていく。慎重を期さなければならないのは、ハンドラーのほうだ。私たちの誰もがおちいりやすく、特に新米ハンドラーの私が気をつけなければならないリスクは、犬の告げることに耳を傾けようとせず、自分の予想に犬を従わせすぎることだ。

消防訓練施設でおこなった都市災害の訓練を見る限り、被災者の臭いをしっかり嗅ぎ取ったときのパズルは、繊細な伝えかたなどしない。彼女の盛大でうれしそうなアラートの様子は、一〇〇メートル離れた駐車場で見ている人たちにも分かるほどだ。ただし原野での捜索となると、この私の側に、パズルの様子を正確に読み取る能力が要求される。臭いを拾い始めたところなのか（興味を示す）、その臭いの大まかな方向を絞り込んだのか（方向を示す）、ついに臭いの源を突き止めたのか（アラートを発する）を見分けられないといけない。それに、密集している草むらでは、いつものやりかたでアラートできない場合もある。

私は、作業区画に入っていく成犬とそのハンドラーたちを見ながら、自分に言い聞かせた。パズルのメッセージを読み解くことに関しては、私はまだまだ幼稚園レベルだということを忘れてはならない。今日の訓練の課題は二つ。一つは、パズルが遭難者を見つけ出すこと。もう一つは、私がそのプロセスをきちんと把握すること。

それと、自分の犬から目を離さず、体勢も崩さずにいられるようにしなければならない。私たちが最初に担当する区画は、広くはないが起伏が多い。いたるところに谷やくぼみがあり、不安定な石がころがっている上、それらがすべて背の高い草の下に隠れている。風は北から吹いているから、風下の一番南の地点から東西方向に往復しながら捜索を開始するとしよう。もしかすると、一番風下のポイントでパズルはもう臭いを嗅ぎ取れるかもしれない。そうすれば、早い段階で反応を示し、とんとん拍子で遭難者までたどりつけるのではないか。

私が「準備はいい？」と尋ねると、パズルはブルッと身を震わせ、コマンドを合図に飛び出していく。かなりスピードを出している。すでに私はついていくのに苦労しているが、子犬のぽっちゃり体型を脱したら、パズルの速さはこんなものではないだろう。鼻としっぽを上げて進むパズルの様子を見ているうちに、地面のくぼみを見落としてしまった。人生で初めて、文字どおりバッタリ倒れた。なんとか立ち上がって二歩進むと、再び転倒。今度は若木の小枝にコンパスを引っかけてしまったのだ。パズルは、二度にわたる私の「ウーン、ウーン」という声に一瞬立ち止まったものの、区画の端まで来ると、あとは気にせずに折り返していった。

二本めの進路で、パズルは頭をヒョイと動かす特徴的な動きを見せ、まるで妖精にお尻を蹴られたかのように、歩調が少し速くなった。何かつかんだらしい。そのまま端まで進み、折り返して三本めに入ると、一本めの進路と並ぶあたりで、また頭を動かした。やはり臭いをとらえたのだ。好きなようにしてやると、パズルは北へ向かって全速力で駆け出した。そのあとをヨタヨタと追いかける私は、一度ころびかけてつんのめりながらも、雑木林の中を進んでいくしっぽから目を離さないように踏ん張った。動いていたしっぽが木イチゴの茂みの中で水平に戻ったかと思うと、パズルは木立の中へ飛び込んだ。私がここまで四度も体勢を立て直さなければならなかったのを見て、並走してきた二人のアシスタントは顔を見合わせた。

「どう?」と一人が尋ねた。ケガはなかったかという意味だろうか。それとも、ころばずには走れない私の不思議な能力のことだろうか。二人が走るのにまったく苦労していないのは確かだ。もっとも彼らは、犬のあとを走る訓練をしているわけではない。それに、私はまだ、自分の犬からも自分の行く先からも目を離さずにいる方法を勉強中なのだから仕方がない。

木立の中からキャンという声、それに続いて、少しうめいてから笑う声が聞こえてきた。行ってみると、しっぽを振っているパズルと、その足元に迷彩柄のシートの下に隠れたマックスがいた。

ベテランのマックスは、パズルに「いい子だ」と声をかけ、撫でながら、同時に隠れ場所から這い出すことができる。自分が成功したのを知っているパズルは、マックスと私にそれぞれ、ほめてくれとせがんできた。さらには、GPSの数値を照らし合わせている二人のアシスタントにも体をぶつけて、ほめてくれと言っている。

私がおやつを差し出すと、今日も、そっとくわえたものの、あまりうれしそうではない。少し噛んだだけで、もう落としてしまった。ウルルルル。マックスと二人のアシスタントに優しく喉を鳴らしている。おやつを変えなくちゃダメかしら、と私は思った。いや、パズルにとって、本当は何がいいのだろう。きちんと突き止めたほうがよさそうだ。

パズルが加わる前に、私は何匹もの犬のあとを走ってきたし、パズルとの訓練が始まってからも、実際の捜索現場でひき続きアシスタントとしての活動も続けている。新人ハンドラーが訓練を始めると、とかくアシスタントをやめてしまいがちだが、ほかのペアにくっついて仕事をするのは、実はよい訓練になる。ハンドラーと救助犬から少し離れたところでサポートしていると、そのペアがおこなっている、言葉によらないコミュニケーションを目の当たりにすることができる。それは犬のそばにいるハンドラー自身にさえ見えないことなのだ。私のチームのハンドラーは、みな同様のコマンドを使っているけれど、犬を励まし、解き放ったあとの仕事のスタイルにはそれぞれ特徴があり、見ていて勉強になる。

ジェリーとシャドウは気の合う仲間どうしという感じだ。リーダーシップは完全にハンドラーのジェリーが握っているが、お互いに相手の仕事をよく理解しているし、シャドウには細かい指示など必要ない。何者の指図も受け付けず、堂々たる存在感を放つ、誇り高きハスキーのメス犬、シャドウ。初対面の人でさえ、その風格や優雅な身のこなしには驚かされる。いつからか私たちは自然に彼女を「クイーン」と呼ぶようになった。いったいほかにどんな呼びかたができるだろう。

シャドウは完全にリードなしで活動する。ジェリーが低い声でコマンドを発すると、シャドウは分かったとうなずき、迷わず作業区画に向かっていく。怖がりもせず、騒ぎ立てもせず、常にクールな仕事ぶりだ。ただし、彼女が何をどう判断しているのかは、後ろで見ている人間にもはっきり分かる。右なのか左なのか、臭いがあるのか、ないのか。一つの区画に入ると、シャドウは、堂々と大きくジグザグを繰り返しながら丹念に臭いを嗅ぎ、そのあとをジェリーが黙ってついていく。このペアには猛ダッシュもドタバタも無縁なのだが、それでいて、ものすごく効率がいい。興味のあるエリアにさしかかると、シャドウはすぐさま行動を開始。臭いをたどりながら、たちまち遭難者を見つけ出し、そこから離れない。見つけたときのシャドウはおしゃべりになる。抑揚のある声を長々と発して発見を伝え、ジェリーがごほうびを差し出すのを待っている。好物のビーフジャーキーを優雅に受け取ると、じっくり味わい、食べ終われば、まるで人間のように感想を述べるのが習わしだ。当然おかわりが出てくるものと期待しているときは、相手の膝に前足を置いて意志表示するのも忘れない。

対照的に、イエロー・ラブのベルは、エネルギッシュでよく走る。解き放たれる前にまず、ブルッと身ぶるいし、それから作業区画に突入していく。隊員たちの中の一番の健脚でも、ベルには追いつかないだろう。彼女の原野捜索の訓練で、私は要救助者役を引き受けたことがある。小高い丘の上の茂みの奥に隠れていると、遠くで「捜せ！」のコマンドが聞こえ、数秒後にはもうベルが丘のふもとに駆けつけているのが見えた。その後ろには、重装備のハンドラーとアシスタントが草むらを必死で追いかけてくる。私の臭いをとらえたベルは、方向をアラートすると、茂みを飛び越え、そのあとは腹ばいになって私の元へやってきた。その場にとどまり、しばらく勝利を高らかに歌い上げていると、茂みをかき分けてハンドラーとアシスタントがようやく到着するのだった。

「いい子ね！」ハンドラーのシンディが、ごほうびのボールを見せながら叫ぶ。

「ほんとに……いい……子だ」と、息も絶えだえのアシスタント。「ベルについていくには、真っ裸で、遠泳競技みたいにグリースを塗らないとダメだな」けれどもシンディは、ベルが遠くからでもコミュニケーションを取れることに気づいて以来、ぴったりとついていくことはさほど重要ではないと知った。ベルの発するシグナルはとても派手《はで》だ。スピード、力強さ、動き、方向を絞り込む際の、空気を噛むような仕草、そして、ごほうびのボールをねだるときの興奮した吠え声。

マックスとフリータの一匹めの犬たち、ジャーマン・シェパードのハンターとラフコート・コリーのセイバーは、チームの設立当初からのメンバーだ。数々の捜索経験を誇るベテラン犬で、近々引退を控えている。残念ながら、遅れてチームに参加した私には、彼らの駆け出しの頃の仕事ぶりや、パートナーと対話を深めていく様子をこの目で見ることはできなかった。でも、その成果は見せてもらっている。ハンターは昔からグイグイ突き進むタイプで、がれきの山をかき分けていく。被災者の居場所をマックスに知らせるためには、必要であれば、みずから掘り起こすこともある。一方、セイバーは、救助犬の長老といった風情で、冷静沈着かつ正確。しかも、もともと羊を守るための犬種だけに、発見した被災者を懸命にかばおうとする。頑固で自信満々のセイバーから、フリータは早い時期から学ばされたという。捜索とはどんなふうに進むものか、現場で彼が発するどんなシグナルに気をつけなければいけないか。セイバーと組んでいる限り、手抜きや怠慢は許されない。

二〇〇一年、マックスは二代目のパートナーになる白いジャーマン・シェパード、マーシーの訓練を始めた。フリータの二代目パートナーは二〇〇三年に来たミスティで、やはりラフコート・コリーだ。同じ犬種にすれば、二代目の訓練も楽そうに思えるかもしれない。ところが、身体的な特徴は似ていても、性格は犬ごとにまったく違う。セイバーが慎重だったのに対して、ミスティは社交的だし、ハンターが力強く大々的にアラートするのに比べて、マーシーの発するシグナルは控えめで、観察する側は注意を要する。犬によって言葉が違うのだ、とフリータは言う。

ちなみに私は、パズル語を勉強中だ。たぶん、パズルも私の言葉を勉強してくれているだろう。それに、検定試験に挑戦するまでには少し時間がある。数百時間の訓練捜索と数カ月の勉強で、私たちはお互いの言葉を流暢《りゅうちょう》にしゃべれるようになるだろう。原野でも、都会や災害現場を模した施設でも、精力的な訓練カリキュラムが待っている。それをこなして初めて、ハンドラーと救助犬のペアは、あらゆるタイプの生存者——近所でいなくなった子ども、州立公園で行方不明になった五人のボーイスカウト、崩壊したビルに閉じ込められた不特定多数の人々——の捜索に向かえるようになる。今のパズルを見る限り、そんな日は遠い将来のように思えるが、訓練場に勢いよく駆け込んでいくその様子からは、早く彼女の文法をマスターしなければという気持ちにもなるのだ。

早朝の冷たい空気の中で活動するマックスとマーシー。

パズルが一生懸命なのは確かだ。ただし、繊細さよりも力のほうが優っていて、気まぐれな体の動きで笑わせてくれる。「捜せ!」のコマンドを受けるなり、大喜びで飛び出していくのに、生存者の臭いのしそうなエリアに出くわすと、急に速度を緩める。私が見守っていると、パズルは風の中を軽やかに横切りながら、鼻で方向を絞り込んでいく。そのうちに、初めて強烈な臭いが文字どおり鼻孔に引っかかると、ふいに顔を上げてグルッと方向転換。まるで鼻先だけが同じ場所にとどまっているように見える。ひとたび臭いをとらえると、その後の行動は鼻次第だ。パズルは自分の鼻のおもむくところへ向かう。それと同時に、少し喝を入れられたような動きを見せ、歩調を速めると、さっきまで力なく揺れていたしっぽを激しく振り始める。

臭いの源に近づくにつれ、足取りはどんどん速くなる。初期の訓練は難易度が低く設定されていて、遭難者は、完全に見えないようになっているとはいえ、パズルが簡単に行ける範囲内に隠れている。原野捜索では、パズルは、精力的に茂みに分け入りながら臭いの源に向かっていくが、ビル内部のように、臭いが壁伝いに流れたり、片隅に幽霊のように浮かんでいたりする空間では、もっと努力が必要になる。かすかな臭いから、より強く臭う方向を絞り、最も強く臭う場所を捜し出さなければならないのだ。

ただし、パズルが臭いをキャッチしながら、その源を見つけられずにいても、私は手出ししない。犬たちがいらだって不満をもらすのは、ちょうど人間が、ハンドバッグに入れたはずの車のキーが出てこないときに「ここに入れたのに、なぜ見つからないのかしら！」などと言うのによく似ている。それはパズル自身が解決すべき問題だから、私は「頑張れ」という励ましの言葉を少しかけるだけで見守っている。

いよいよ解決できたとき、臭いの方向を示すだけの段階から、臭いの源を突き止めてアラートする段階へとはっきり移行する。パズルは一瞬うれしそうに飛び跳ねると、腰を低くして、お尻全体が揺れるほどしっぽを振り始める。ときには喜びのあまりクンクンと鳴くこともある。特に、遭難者役がパズルの知っている人物であればなおさらだ。訓練を始めたばかりのパズルのアラートはまだ子どもっぽいが、成長とともに、そういう特徴のどれが残り、どれが失われるのだろう。すでに最終的なアラートは進化を見せ、私には明白で遭難者には優しいというスタイルになった。もう以前のように、相手の胸に飛び込んだり、前足で引っかいたり、顔を唇に押しつけたりしない。この穏便なやりかたを維持してほしいので、うまくできたときは盛大にほめるようにしている。実際の捜索の現場では、ケガをしている人や、犬を怖がる人もいるから、こうした穏やかなアラートのほうがふさわしいはずだ。それに、犯罪がらみの捜索では、発見したのはいいが、犬がはしゃぎ回って現場を踏み荒らしたのではまずい。

春の終わりのある土曜の朝、私は、むき出しの鉄筋コンクリートに立てかけられた二枚のセメント板の隙間に横たわっていた。要救助者役を始めて、かれこれ一時間、ベテランと若手の犬たちが次々と私を捜しにきてくれた。まだしばらくこの状態を続けなければならない。

砕けた石に覆われてはいても、隙間からわずかに光が入る。周囲にはコンクリートとベニヤ板らしき破片が散らばり、頭を少し動かすと、鉄筋の隙間から草がのぞいている。まわりの空気は雨のせいで暖かく湿っているのに、コンクリートには昨夜の冷たさが残っていて、時間とともに、骨身にしみるようになった。

バレリーナのように曲げた左脚がしびれているのを除けば、それでもまだ充分に感覚はある。背中に接しているコンクリートはゴツゴツしているし、二本の肋骨には何かの塊がぶつかっているらしい。それに、額に当たるコンクリートは、ありがたいことになめらかだ。ただし左に向くと、金属片に耳をつつかれる。救助犬のためにこうして身を隠すのは楽ではないが、現実の災害で遭遇する状況になるべく近づけているのだ。

犬たちが交代する際、捜索を終えたばかりのハンドラーの報告と、これから向かうハンドラーの説明がある。風向きがいいと、私にもハンドラーのコマンドとそれに応える犬の熱のこもった「ワフ」という声が聞こえてくる。声によって、ジャーマン・シェパードだったり、ボーダー・コリーだったり、ラブラドールだったり。ときには、隙間風以外に何も聞こえなくなる瞬間があり、隠れてからたいして時間が経っていないのに、犬と犬の交代の合間には、もう自分が忘れ去られたのではないかと心配になる。

今朝は食事をきちんと済ませてから、落ち着いてがれきの山に向かった。そもそも自分の意志でここに収まっているのだし、ケガもしていない。それでも実際に被災した人たちの気持ちは容易に想像がつく。今の私よりもずっと過酷な条件で、何時間も、いや何日もがれきの下で待ち続けなければならないとは、どんなに恐ろしく、心細いことだろう。

五番めの犬が位置についたようだ。遠くで「捜せ!」のコマンドが聞こえた。それに続いてザッ、ザッという音。きっと走っているのだろう。声の主はデリルのようだったから、相棒はジャーマン・シェパードのセイディだ。風は前より収まってきている。すぐに、がれきの山を歩き回るセイディと、彼女を追いかけるデリルの足音が聞こえてきた。残骸をよじ登るセイディの爪音、そのあとに一瞬の静寂。立ち止まって思案しているのだろうか。湿り気のある風の中で、こっちへ行くべきか、あっちへ行くべきか。こうして作業中の犬のリズムに耳を傾けていると、学ぶことが多い。

セイディの歩調が変わっていくのが分かる。ゆっくりとした助走が速くなり、一瞬の間を置いて、がれきをよじ登る音。セイディがどのあたりを歩いているのかは分からないが、近くの垂直の構造物までくると肉球の音が聞こえてきた。ほこりが降り積もり、コンクリート片が散らばってはいるものの、床はなめらかだ。

セイディはすぐそこまで来ている。構造物の内部を歩き回る、少しくぐもった足音、そして、急いで立ち去る足音。その空間には生存者の可能性なしと判断したのだろう。爪音がさらに近づき、そばに倒れているベニヤ板が重みで軋んでいる。すぐ真上から犬の息づかいとつぶやきが聞こえてきだ。私が隙間から手を伸ばして前足に触ると、セイディは「ワフ！」とひと声吠えて、デリルに発見を知らせた。

この五年間、がれきの下には数え切れないほど身を隠してきたが、どんな場所にいても、犬に見つけ出してもらえると、そのたびにホッとせずにはいられない。彼らの成功は、この仕事に対する私の確信と自信を深めてくれる。

二日後の夜は、都市災害の捜索訓練だった。今度はクローゼットに入り、壁と三段重ねの防炎マットレスの暗い隙間に腰を下ろし、最初にシャドウ、次にミスティが捜しにくる音に聞き耳を立てた。ハンドラーから二部屋も離れたところなので、最初の「捜せ！」のコマンドは聞こえない。けれども、やがて聞こえてきた軽やかな足音はまぎれもなくシャドウだった。彼女の捜索スタイルには、外科医を思わせる正確さがある。空間を切り開き、動きながら判断を下していく効率のよさ。歩調を速めたときには、クローゼットにたどりつかないうちに、もうジェリーに話しかけている。

やがてドア下の隙間に鼻を当てると、二度ほどクン、クンと臭いを嗅ぐ。それから人間がしゃべっているのかと思うほど抑揚のある声を長々と発する。私を見つけたのだ。ジェリーにも分かっている。彼がドアを開けると、シャドウは私をのぞき込んで、小さく「フン」と鼻を鳴らす。「これでも隠れているつもりなの？」と言いたげだ。そう、これでも私は頑張ったつもりなのだ。

この、人を見下したようなシャドウの態度に発奮した私は、次の犬のときは、同じクローゼットの中でも、積んであるマットレスのあいだに挟まっていることにした。マットレスは予想より重く、ほとんど息ができない。横たわっているだけで、すぐに汗が噴き出してくる。どうか次は新米の犬ではありませんように。そう思ってから気がついた。私の相棒こそ新米の犬だ。しかも彼女は向こうにいて、私はここにいる。すると遠くで「捜せ！」の声、それに続いて犬の動く音がする。

私はじっと横になったまま、この汗で臭いの成分がどう変わるのだろうと思った。自分でも自分が臭う。しかも、あまりほめられた臭いではない。でも、犬が気にとめるのは、単に化学的な変化だけなのかもしれない。「スザンナをテカらせているのは、えーと、水と塩分、それにグルコース、アンモニア、乳酸だな。おや、彼女の寝ていたマットレスは、ほかに五六人、いや、五七人の人間が使っていたんだな。そのうち二人は、同じオーデコロンの愛用者みたいだ」

今度の犬は、広い部屋でもサラブレッドのように軽快な足取りで移動する、コリーのミスティだった。ミスティは、落ち着いた歩調を速めたかと思うと、一瞬、立ち止まってから、床に横たわるはしごの上を、道を選びながらやってくる。クローゼットのドアの前で、ハアハアという息づかいが柔らかなハフハフに変わった。臭いを吸い込んでいる犬特有の音だ。前足でドアを引っかき、ここに間違いないという興奮でさらに鼻を鳴らしている。それから一度だけ小さく「キャン」。

ハンドラーのフリータがドアを開けると、ミスティは暗がりでマットレスに挟まれている私を、あっという間に見つけ出した。見事な人間サンドイッチ状態で横たわっている私。鼻が高く、すらりとした美人のミスティは、マットレスのあいだに入り込むと、うれしそうに私にキスしてくれた。

数カ月後、ハンドラーと犬のペアたちは、朝から容赦なく照りつける太陽の下で訓練をおこなっていた。がれき、廃車、そして「バーン・ビルディング」と呼ばれる模擬火災用建物（コンクリート製の平屋で、木や藁を詰め込んで火をつけ、消火訓練をおこなう施設）のある場所だ。

春というよりすでに夏のような暑さで、バーン・ビルディングの中は息苦しい。訓練で燃焼させたばかりとあって煤《すす》だらけだし、炭化した木の臭いが充満している。鉄製の窓が固く閉ざされているので空気の流れがほとんどなく、捜索をいっそう難しくしている。一歩踏み入れたとたんに涙が出てきた。パズルは鼻をやられているはずだ。この環境、嗅覚的には、ヘビーメタルバンド「メタリカ」のコンサート会場で、前から八列めのど真ん中あたりと同等かもしれない。

作業は素早く進めなければならない。中では要救助者役の誰かが待っている。首にクールダウン用のジェル入りバンダナを巻いているとはいえ、すでに汗だくのはずだ。バーン・ビルディングでは、もたもたしていては危ない。ハンドラーも要救助者役も頭から水をかぶったようになって出てくるし、犬たちも被災者を捜し出すなり、しっぽに火がついたのではないかと思うほど、一目散で逃げてくる。

私の額のジェル入りバンダナは、とっくに温まってしまった。しみ出した汗が目に入って痛い。先ほどの捜索では、暗闇にぼんやり浮かび上がるパズルのしっぽの軽快な動きを頼りになんとか脱出した。六部屋を捜索し、たった一名の要救助者を捜し出すまでのあいだに、汗でほとんど前が見えなくなってしまった。

私たちは水分を補給しながら、二〇分間、体力回復に努めた。次の捜索訓練に備えて、パズルの肉球をアルコールで拭き、自分の顔の汗をぬぐい、額に新しいバンダナを巻く。パズルは消火ホースの棚の陰に伏せて、ほかの犬やハンドラーがさまざまな訓練メニューに取り組んでいる方向に鼻先を向けている。すでに重労働をこなしてきたというのに、「捜せ！」のコマンドが聞こえてくるたびにピクッと動く。筋肉がコマンドを記憶していて、反射的に反応してしまうのだ。

作業していると、がれきの山から放射される熱気で顔がヒリヒリしてくる。デコボコで不安定ながれきをよじ登る犬たちの肉球は大丈夫なのだろうか。彼らは苦痛を感じている様子をまったく見せない。パズルはこういう場所での作業が大好きだ。彼女が見守っている先輩犬たちの捜索スタイルは二つに分かれる。がれきの山を吟味し、できるだけましな場所を選びながら被災者の元へ向かうスタイルと、プロのテニス選手が返す正確なボレーのように、一直線に駆け抜けるスタイル。

まだ新米のパズルの場合、その二つの中間といったところだろうか。がれきのまわりをやみくもに走り回っているうちに、臭いが一番強そうな地点にさしかかると、うれしそうによじ登る。まだ体が少し小さい上に、動きがぎこちない。二～三回トライしてようやく、がれきの上に飛び乗ることに成功する。捜索の種類によっては、そういうやりかたが通用しない場面も出てくるだろう。

私たちは、がれきでの捜索を何回かおこなってから、再び休憩に入った。日陰の青々とした草むらに寝ころがって水分を取り、パズルにもスイカを何切れか食べさせた。暑い日の捜索後に食べる最高のおやつ。冷たくないどころか、すでに温まっているけれど、赤い果肉は甘く、ひと口かじるだけで体力がよみがえってくる。

今日は、ボーダー・コリーのホスは調子がよくない。はしご車が作る日陰から、チームの作業を見守っている。気を張ってはいるものの、表情は疲れていて、さえない。全体的に具合が悪そうだ。

ホスは働き者だし、仕事にとりつかれている。それが今日は、何回か訓練捜索をおこなったところで、ハンドラーのテリーに調子の悪さを見抜かれてしまった。

自分から身を引くことがめったにない犬なので、テリーは、日陰になっているトラックの荷台にホスを載せ、残りの訓練を休ませることにした。ホスはおとなしく従ったものの、足をたたんだ姿勢で、注意深く訓練場を見守っている。心の中で葛藤しているのだろう。具合が悪い、でも捜索はやりたい。トラックの荷台は、作業の一部始終を見逃したくないホスにとっては絶好のポジションだ。午前中いっぱい、ホスは、救出用具を操作するアシスタントチームを見守り、遠くで活動する犬とハンドラーのペアを監視していた。

ホスはいつもパズルに優しい。パズルにすぐ横を跳ね回わられたり、鼻先を触られたりしたときも、貫録たっぷりにその太い足をパズルの肩に置き、グイと地面に座らせただけだった。たしなめられるとパズルはすぐに従う。ただし、いつまでもつだろう。だいたい、先輩犬に指導されなければやめられないおふざけを、パズルがみずからやめるとは思えないのだ。

今日は自分より一五〇センチも高いところにホスがいるのを見て、パズルは少し戸惑っている。休憩エリアからトボトボと離れ、トラックの下でホスを見上げると、視線が合った。「遊ぼうよ」とお辞儀を始めたパズルは、そのうち、たとえ遊びたくても、ホスは降りてこられないのだと分かったらしく、今度は立ち上がると、不思議そうに見ている。私は二匹がしばらく見つめ合っているのを観察していた。

やがてホスは、トラックの荷台の中で一瞬見えなくなったかと思うと、すぐにボールをくわえて戻ってきた。顔を突き出し、パズルをじっと見つめたあと、鼻先を振りながらボールを落とす。ボールが駐車場をころがり始めると、パズルは矢のように追いかけ、トラックまで戻ってきて、私のコマンドでボールを離す。それを私がホスに返すと、ホスはまた投げ、パズルが取ってくる。私は自分の目が信じられなかった。二匹と一人のコラボレーション。そのゲームを数回繰り返したところで、ついに私は小声でテリーに「動かずに、そこから見て」と話しかけた。その場に立ったまま、テリーは、自分の相棒と私の子犬のボール遊びを見て「すげえな」と言うと、ほかのチームメイトたちも観戦に誘った。

ホスとパズルは飽きることを知らない。ホスがトラックの荷台からボールを投げ、パズルが取ってきて、私に渡す。私がホスに返すと、また投げる……これを何度も繰り返した。ホスはもともとボール好きだが、いつもは取りに行く側だった。賢く分析力のある彼は、今日は自分で取りに行けないが、こうすればボール遊びができる、と気づいたのだ。パズルもホスと遊べるのがうれしい。もしパズルが背伸びしなくても届くくらいのところにホスがいたなら、二匹とも、私の手伝いを必要としなかっただろう。

どんなチームにも、賢い犬のエピソードはある。私も山ほど話を聞いたことがあるし、何度か目の当たりにしてきた。彼らのように意欲の高い犬は、幼い頃から仕事を与えられると、状況を分析し判断する能力の大切さをたちまち自覚するようになる。しかもそのスキルを仕事に活かすばかりでなく、休んでいるときにも使おうとする。だから、救助犬を軽く見ると痛い目に遭うのだ。

シャドウはリードが好きになれない。ジェリーへの忠誠心から、彼に必要とされるときにはそばにいるけれど、自信家の彼女にしてみれば、つながれる必要などないと思っているようだ。それどころかリードを目の敵にしている。群れ意識もあるし、自分の役割もよく分かっているシャドウは、それでも、つながれることには我慢がならない。編み込みの長いリードで訓練を受けていた初期の頃、独りきりになると、リードを噛み切ってしまったことが何度もある。そのたびにジェリーは根気よく撚《よ》り合わせて結び直していたので、そのリードは遠くからでも数珠《じゅず》のように見えたものだ。

あるひんやりとした土曜の午後、消防訓練所でのこと、犬たちは、住宅火災の消火訓練に使うA字型の屋根のような構造物につながれた。しかも、そこは日陰で草の上だ。くつろぐ犬たちを置いて、ハンドラーたちは、次の訓練前の簡単な講義を受けるため消防署の建物へ向かった。

講義の途中で守衛が教室へやってきて、ハンドラーたちに尋ねたそうだ。「犬たちがすぐそこまで来ています。中に入りたがっているけど、ご存知ですか?」そう言って、彼はビルの入り口のほうを振り返った。ハンドラーたちが講義を抜け出して行ってみると、五匹の犬がガラスに鼻を押しつけてこちらを見ていた。全員、ズタズタになったリードの切れはしを引きずっている。

守衛によれば、シャドウが最初にリードを噛み切り、仲間のあいだを行き来しながら、やりかたを教えたり手伝ってやったりしていたそうだ。全員が自由になると、群れをなして建物の入り口へ押しかけ、そこから動かなくなった。何匹かはニコニコしながらしっぽを振っているが、シャドウは憤然としている。「私たち、外に置いていかれるのはごめんですからね」ジェリーが出ていくと、シャドウが明瞭なハスキー語で、ひとしきり文句を言った。「平等主義的縄抜けの魔術師」チームのメンバーはシャドウをそう呼ぶ。この事件以降、リードでつながれた別の犬をシャドウと一緒にしないようになった。

先ほどのボーダー・コリーのホスも、抜け目のないことで知られている。ある夏の日、捜索後の報告をおこなっていると、ハンドラーのテリーの隣にいたはずのホスが突然いなくなった。迷子になるような犬ではないし、普段から長時間テリーのそばを離れることもない。チームの誰もが気づく頃、ホスの姿は完全に消えていた。犬仲間のところにも、ほかのハンドラーたちのところにもいない。ボールを投げてほしくて、よその警官にすり寄ったのでもなかった。

その日は大勢の野次馬が詰めかけていたので、もしや誘拐されたのではないかと心配する者も出てきた。前例があるからだ。優秀な救助犬は、ときとして無用な注目を集めてしまう。それにホスは気さくで人なつこく、非常時に見知らぬ人のかたわらをリードでつながれて歩く訓練も受けている。たとえ誰かに連れ去られても、噛みつきもしないだろう。一刻も早くホスを捜し出さなければ。

緊張感が高まったところで、誰かが気づいた。ハンドラーの一人が自分の犬を車の後部座席で涼ませるため、エアコンをかけ、フロントドアを少しだけ開けたままにしていたのだ。ホスはそのドアを前足でこじ開けて中に入ると、おなかを送風口に向けてシートに長々と寝そべった。おまけにチョコレートバーを一本くすねて、すっかりリラックス。発見されたとき、自分が騒動を起こしているとはつゆ知らず、賢いホスは、見つけたチャンスをしっかり活かして、くつろいでいた。そのあいだ、人間たちは、気温三八度の猛暑の中を右往左往していたというのに。

12　アルツハイマー

まだ作業区画に向かってもいないのに、失踪女性の自宅前で家族の言い分を聞いているだけで、今日は難しい捜索になりそうな気がしてきた。娘のノラは、母親の「ミス・セレステ」は出かけるのが好きだ、と言う。父親に負けじと張り上げたその声は少し震えて聞き取りにくい。かたや父親は、台所にピーナッツバターの瓶が開けたままで置かれていた、と繰り返すばかりだ。そのそばには、これまたノラの声をかき消すように激論を交わす住民が二人。ミス・セレステが娘の家に移り住んだのは何年前だったかで、意見が割れているのだ。

ノラは相当くたびれていると見えて、くすんだ皮膚が頬骨から垂れ下がっている。仕事を早退して一日じゅう探し回るうちに夕暮れを迎えてしまったのだから、落胆と不安を隠せないのも無理はない。それに、本人も認めているように、当てもなく彷徨《さまよ》っている生ける幽霊のごとき母親に対して怒り心頭なのだろう。また、父親を責めることもできない。同じようにくたびれているし、ピーナッツバターの一件で頭がいっぱいなのだ。それに、自分はドアに鍵をかけたと言い張っている。

ノラの一三歳になる息子のせいでもない。祖母が出かけようと思いついた頃には、彼はすでに学校に行っていた（「僕じゃないよ！　僕が外に出したんじゃないからね！」少年は話を聞いてくれる人に、誰彼となく必死で訴えている）。

ノラは不安でたまらない様子だ。午後の暑さの中、混乱した母親はどこかに倒れ込んだまま、脱出できずに死んでしまったのではないか。古い記憶が通用しない見知らぬ土地で、時間感覚も方向感覚も失って迷子になっているのではないか。ミス・セレステは、四年前にアルツハイマーと診断されていた。

身長一五七センチ、体重五二キロ、軽い関節炎を患《わずら》ってはいるが、若い頃ダンサーだっただけに（ニューヨークでラインダンスを踊っていたと言う野次馬もいれば、ラスベガスのショーガールだったと言う人もいる）、身のこなしは今も美しい。背筋をピンと伸ばし、踊っていた頃のなごりで、つま先を開きぎみにして歩く。白髪混じりの頭髪は今も毎晩カーラーで巻き、何十年も前のヘアスタイルをキープしている。自分の名前は分かる。それに、たとえ一時間前に会った人のことは思い出せなくとも、四〇年も昔に大変な思いをした日のことは鮮明に覚えている。

遠い昔、小学一年生だった娘が自宅に弁当を置き忘れた日、大泣きしていると連絡を受けたミス・セレステは、舞台げいこを放り出し、スパンコールのついた衣装とタイツのまま、わざわざバスを乗り継いで学校へ駆けつけた。それは家族の誰もが知っているエピソードであり、ノラもさんざん聞かされてきた。その話を、今はノラが私たちに繰り返してくれ、仕事で留守がちだったのを負い目に感じていた母親の話は弁解がましくてうんざりだった、と言う。でも今はその自分が仕事を抜け出して母親を追いかける側に回っているとは、なんという皮肉だろう。そう言うと、ノラは数枚の写真と、ナイトガウンの入ったビニール袋を差し出した。ナイトガウンは犬たちに臭いを嗅がせるためだ。ミス・セレステの衣類の中で洗濯していないのは、それしかなかった。

通りの向かい側で住宅のペンキ塗りをしていた二人組は、老女が出かけるのを見たと警察に語っている。暑い日に丈の長いコートを着て、一人ぼっちでいるお年寄りに違和感を覚えたが、近づいて話しかけたり、助けを呼んだりしようとまでは思わなかった。時間は午前一〇時を少し回った頃、老婦人は、ドレスにコート、ウォーキングシューズといういでたちで、ハンドバッグと茶色の紙袋を持ち、歩道をまっすぐ歩いていった。それから先は、角を東へ曲がったので見えなくなった。

すでにナイトガウンの臭いを嗅いだ二匹の犬が、ハンドラーとともにミス・セレステの移動方向を確認しに行っている。彼らの報告を待って、捜索本部は作業区画を割り当てる。私たちは、行方不明者のケガ、脱水、熱中症の可能性を見越して、予備の水と応急処置用品を二重にチェックした。

近所の住民たちが私たちのあいだを行き来している。二〇人以上は集まっているだろうか。ある人は、重ねた紙コップ、レモネードの入ったキャンプ用の水筒、コーヒーの入ったピッチャーを持参してきた。互いに不安や後悔を口にしたり、それを私たちに伝えに来たりと忙しい。「庭の芝刈りを昨日ではなく今日にしておけば、見かけただろうに」「反対方向だったら、玄関ポーチで新聞を読んでいた自分のすぐそばを通ったはずなのだが」「いつもなら午前中は正面の部屋にいるのに、今朝はちょうど電話中で……」その上、過去に自分たち家族に起きた突発事件を披露し合っている便乗組もいる。誰もが今朝の状況を振り返り、自分が介入していたならミス・セレステの失踪を食い止められたかのように語る。ただし、彼らのあいだには、どことなく気楽な雰囲気が漂っているのも否《いな》めない。

芝生の上に集まっていた人たちが、大魚に散らされる小魚の群れのように、さっとバラけた。ノラが年老いた父親を支えながら歩いてくる。ミス・セレステの双子の姉、チャーム伯母さんも駆けつけていた。妹に似ているが、やや太めだ。もしセレステを遊園地のびっくりハウスの湾曲した鏡に映したらこう見えるのではないだろうか。

チャーム伯母さんは開口一番、自分のことを話し始めた。何年も前に飛行機の冷たい窓に頬を押しつけているうちに顔面神経麻痺《まひ》になってしまったのだという。霊能者だという彼女は、女性にしては低いしわがれ声で話す。最初はニューオーリンズのジャクソン広場にテーブルを置いて細々と鑑定していたが、やがて、ブルボン通り近くのベルベットとスパンコールで飾られた部屋で、もっと個人的な鑑定をするようになった。今はそれも引退したが、千里眼のおかげで羽振りがいいらしく、本人の言葉を借りれば「悠々自適」なのだそうだ。

顔の表情は麻痺のために泣き顔と笑い顔が混在しているものの、独特のカリスマ性を漂わせている。麻痺している側に傾いた眼鏡も、どことなく粋な雰囲気を醸《かも》し出しているし、しわがれ声は、ヘビースモーカーであることばかりでなく、見えないものとの賢いつながりも感じさせる。

妹セレステの失踪を彼女は感じ取っていた。シャワーを浴びている最中に、魂が少し離れていく感覚があり、前かがみでシャンプーを流していると、妹が深くて暗い穴に無言のまますべり落ちていくのが分かったのだ、という。私は聞いていていてあまりいい感じがしなかったが、チャーム本人はいっこうに気にしていない様子だ。

「セレステはいつも逃げたがっているのよ」と現在形で言う。すかさずノラが訂正を入れた。「母は病気になる前でさえ、自分たち家族と一緒にいたことなどなかったわ」母親をとっくの昔になくしたのも同然という口ぶりだ。

チャームの話は止まらなかった。妹はもともと無口で、たとえ口を開いたとしても、ささやき声しか出ない、歩くときは前のめり、まるでつま先立ちしているみたいに、少しばかり前後に揺れるのだと。「ささやき声」のくだりで、ノラが「嘘ばっかり」とつぶやいた。伯母はおかまいなしに、みじめだった子ども時代のことを話し始める。戦争中に捕虜になった父親は、帰国後もその痛手から立ち直ることができなかった。テレビも絶対に買おうとしなかったし、電話線は壁から引っこ抜いてしまった。自分たち双子はいつも静かに遊ぶしかなかった。そのせいで従順だけれどコソコソした娘たちに育ったのだという。

ノラによれば、母親は以前にもフラフラと出かけたことがあった。郵便配達員に付き添われて帰宅したことが一度、近所の人に連れてこられたことが二度。そんなとき母親は、顔を上気させ、自分が何をしたかったかも分からないのに、他人に邪魔されたことにいらだち、不機嫌そうだった。しかも、隙あらば逃げ出そうと、いつもドアのほうを見ていた。

私はミス・セレステの特徴を何度も聞かされたおかげで、捜索前の状況説明を受けているうちに、すぐそばの物陰にでも彼女がいるような気がしてきた。見当識を失って行方不明になった本人が、誰にも気づかれないまま隊員たちのあいだに立っていたという事例をいくつか読んだことがある。

それに、今ここにいないとしても、今朝この庭にたたずんで、どこへ行こうかと思案している彼女の姿が目に浮かんでくる。まだ方向感覚がある人が道に迷った場合、およそ八〇パーセントは右に曲がる。ところが、アルツハイマー患者はそうとは限らない。セレステの症状は急速に悪化していた。もう右も左も分からず、空間を把握する能力も、自分が通り過ぎた目じるしを認識する能力もない。ただただ、どこかへ行きたいという衝動に支配されているだけで、自分が道に迷っているとは思いもしないのだろう。

ミス・セレステは見知らぬ人の助けを受け入れるだろうか？　娘と姉は考え込んだ。ノラは「イエス」、チャームは目を閉じたまま「ノー」と答えた。昔のように霊能力を疑われているとでも感じたのだろうか、チャームの声はとがっている。二人のあいだでちょっとした押し問答が続いたが、「じゃあ証明してよ」と言われないうちにチャームは、「落とし物の宝石のように、排水溝の底で光っているセレステが見える」と言い出した。ノラは唇を突き出し、そっぽを向いた。

最初の救助犬二匹がセレステの向かった方向を確認して戻ってきた。いなくなってから九時間以上が経っている。年齢の割には健脚なので一時間に二～三キロは歩けるとしたら、九時間でかなりの距離を進むことも可能だ。ただ、この暑さと彼女自身の症状から考えると、自宅からそう遠くないところで発見されるのではないだろうか。捜索は一番近くの区画から開始される。私たちはナイトガウンに直接触れないように手袋をはめた。犬たちは一瞬、ガウンに鼻先を這わせ、セレステの臭いを記憶すると向き直った。

「捜せ！」四人のハンドラーがそれぞれ自分の犬に声をかける。コリー、ジャーマン・シェパード、そして二匹のラブラドールが、それぞれの担当区画へ向かって跳び出していくと、芝生に集まっている人たちからパラパラと拍手が湧き起こった。優しくて元気な犬たちの姿は、人の心にかすかな希望の火を灯すのだ。風がなく、周囲には蚊がわんさか飛んでいる夕闇の中、ジョニーとバスターのコンビを追って私も走り出す。背後では、相変わらずノラとチャームが、セレステをよく知っているのはどちらかという問題で言い争っていた。

私たち——犬とハンドラー、アシスタント、そして救助犬と仕事をするのは今回が初めてという若い警官——は、区画内の通りを足早に移動する。ここまで時間を無駄にしてしまったことと、一日じゅう水を飲んでいないかもしれないアルツハイマー患者のことを思うと、焦らずにはいられない。ミス・セレステの臭いを今にもとらえてくれるものと期待してバスターから目を離さず、それと同時に、本人が答えてくれることを願って名前を呼び続ける（呼びかけに「答えると思う」とノラは言い、「答えないだろうが、少し手を振るかもしれない」とチャームは言った）。

これまでの経緯からすると、ミス・セレステは、何かの意図を持った徘徊、つまり「目標指向型」の徘徊をするときと、当てもなく、ひたすら道をたどる「危機的」徘徊をするときがあるようだ。一度などは、隣家のガレージとフェンスの隙間に挟まっていたことがある。今日も、最初は目的を持って出かけたのに、途中でそれを忘れ、移動しやすいところ——歩道や車道、学童に踏みならされた草むらの中の通り道——をたどっているのかもしれない。どこかで身動きがとれなくなっている恐れもある。そうなると救助犬の力は欠かせない。犬たちは、人間のようにさまざまな理屈に縛られることなく、ミス・セレステの臭いを捜し出すことだけに専念できる。

それに、徘徊するアルツハイマー患者は意外な場所に向かうこともあるので、人間が捜索しないような場所で犬たちが見つけ出す可能性も高い。たとえば、ミス・セレステがゴミ入れの裏側にうずくまっていたり、公園のすべり台の下に挟まっていたり、公園内の道をそれて谷間にころげ落ちていたりしても、犬たちなら見つけてくれるだろう。

彼女の意図についてはどうだろう。ハンドバッグと茶色の紙袋を持って出たところを見ると、何か計画があったようにも思えるし、少なくとも、歩き始めて最初の何歩かはそうだったのではないだろうか。だが結局、真相は誰にも分からない。

私の近所には、二〇年ほど前にこんな人がいた。その人は九一歳、しゃれたドレスにパールのネックレス、さらにはエプロンという、まるで教会のお茶会を主催するかのような格好で出てきては、おもむろに我が家の裏手の路地の砂利を熊手でかき始める。強い決意を持って路地の奥へ奥へと作業を進め、ときには何ブロックもやめようとしない。やがて息子が車で迎えにくると、ようやくその日の仕事に満足して帰宅するのだった。

私たちは大汗をかき、あちこちの注目を集めながら捜索を急いだ。玄関から顔をのぞかせて、まじまじと見つめる人もいれば、見ていないふりをして別の作業を続ける人もいる。中には、わざわざ駆け寄ってきて、「ニュースでやっていたあの女性を捜しているんですか?」と尋ねる人も。こちらが立ち止まらずに「そうです」と答えると、相手は庭のフェンス沿いを走りながらついてくる。

そこで、「彼女を見かけませんでしたか？」と聞いてみると、見かけてはいないが目を光らせておく、と約束してくれた。

ふと振り返ると、半ブロック後ろを子どもたちがついてきていた。視線はバスターにそそがれている。救助犬が魔法を起こすところを見逃すまいというのだろう。それにバスターそのものが魔法の犬のように見える。日が落ちて、緊急警告灯を点灯させた私たちの姿に、子どもたちはすっかり魅了されている。赤く点滅するもの、青と白が交互に光るもの、緑の蛍光色を発するものもある。私はこれを、「『撃たないでね』のライト」と呼んでいる。もともと通行中の車に警告するためのライトなのだが、夜の闇の中でピカピカ光る私たちを見たら、ただでさえおびえているはずの行方不明女性は、エイリアンが襲ってきたと思わないだろうか。

ミス・セレステ失踪のニュースは、さかんに放送されている。彼女の住まいから離れるほど、特定の個人への思い入れは薄れ、お祭り騒ぎのような雰囲気が漂い始める。「おーい、セレステや、そろそろ家に帰ろうよ！」通りの先では、老婦人を呼び捨てにする子どもたちの甲高い声がこだましていた。

夜になっても近所の公園はにぎやかだ。ソフトボール場では試合が進行中だし、バスケットボール・コートでは若者たちが走り回っている。明るく照らされた遊具エリアには家族連れの姿が、クリケット場の観客席側ではパーティを開いている人たちが見える。作業区画に含まれているこの公園でも、バスターはジグザグの幅をたっぷり取りながら、懸命に捜索を進めていく。新旧とりまぜて何百人もの人間の臭いが漂っていようと、バスターは気にしない。神経を研ぎ澄まし、頭を上下させながら、ミス・セレステの痕跡だけを求めて公園を隅々まで捜索する。

そのとき、人ごみにまぎれていたからなのか、私たちがバスターに気を取られていたからなのか、誰も気づかないうちに、リードのない大型犬が歯をむき出して突進してきた。若くて力のあるミックス犬で、明らかにバスターと一戦交えようとしている。けれども、ジョニーは反射的にバスターに覆いかぶさると、飛びかかってきた犬を片手でつかみ、子牛をロープで縛るときのように芝生にねじ伏せた。すると、その犬は、「ハア?」と驚きの声をもらしただけで、すぐにおとなしくなり、ジョニーの手のひらの下で、まるで子犬のようにおなかをよじった。負けん気の強いバスターは、捜索中でなければ大型犬の挑戦を受けて立ったかもしれない。でも今は、ジョニーに制止された場所でじっとしている。「クソッ」思わず警官が言った。

私は無言だった。少しあっけにとられていたのだ。それに、うしろめたい気持ちもあった。捜索中の犬に危険が迫っていないか目を光らせるのが自分の役割なのに、今回は気づけなかった。

ランニングウェアを着た中年男性が物陰から現れた。少しカニ歩きのようなぎこちない動きだ。飼い主だと名乗り出ようか、どうしようか、迷っているのだろう、複雑な表情をしている。リードを持参していないが、目の前の芝生でひっくり返しになっているのは、まぎれもなく自分の犬だ。でも、あの警官に召喚状を書かれたらどうしよう……。

「すみません」男性は、すっかりデレッとなっている犬の首輪をつかみながら、つぶやくように言った。犬は後ろ足のあいだにしっぽを垂らし、申し訳なさそうに笑っている。

「自分の犬はちゃんとコントロールしてもらわないと」警官が言った。

男性と犬は一緒に身を縮めた。

「ジョニー、今のあれ、なんて言うか、お見事だったわ」そう言う私は、我ながらなんと頼りないことか。猛犬を相手にジョニーほど堂々と振る舞えるようになるのは、何年も先かもしれない。

ジョニーが立ち上がると、バスターも立ち上がり、少し身ぶるいした。私たちは作業に戻った。


真夜中までには全区画の捜索が終わった。遠近さまざまな区画のうち、犬たちが興味を示したのは二カ所だけ。一つは、バスターが立ち止まった学校の校舎の入り口、もう一つは、そこから数ブロック先の交通量の多い通りにあるバス停付近。そちらは別々に捜索をおこなった三匹が重大な関心を示している。どの犬も、通りの向かい側やその近くのコンビニにはまったく反応しなかった。

いきなり臭跡が途絶えたのは、老婦人がバスに乗ったからなのだろうか。そう警察に聞かれたフリータが、交通量の多い通りでは、さまざまな要因によって臭いが散らされることがあるのだと答えた。もちろん、バスに乗った可能性もあるが、歩行者、車、放射熱、風も考えなければならない。臭いが途絶えたのは、その場所から乗り物で移動した証拠です、と言えたらどんなにいいだろう。でも断言はできないのだ。どの犬も、ミス・セレステがそこにいたことを示している。そして、犬がつかんだのはそこまでだということも、また確かだ。

警察はさまざまなシナリオを想定し、バス移動の可能性についても捜査を続けるだろう。一方、捜索本部は、すでに路線バスの停留所を含めた広域に捜索対象を広げていて、私たちも間もなく再出動することになった。

「捜索はどれくらい続けるつもりだい？」警官が尋ねた。

「やめろと言われるまでよ。必要とされているあいだは捜索を続けるわ」フリータが言った。

住民たちも粘り腰だ。ミス・セレステの家のまわりに集まっていた人たちは、ほとんど帰らずに、草の上や少し高くなっている花壇の縁に座っている。郵便受けの隣にポツンと立っているノラは、胃が痛むのか、腕を組んだままうなだれている。チャーム伯母さんは、人ごみのどこかにいるらしく、しわがれ声だけが聞こえてくる。セレステの夫は姿が見えない。ときおり住民たちが犬のところへやってきては、撫でさせてくれとか、何か手伝えることはないかと言う。捜索の進み具合を知りたいのだろう。自分のペットボトルから犬のボウルに水をそそいで、私たちに託していく人たちもいる。ほかの人たちには内緒で、救助犬チームのためだけに、車でピザを運んでくれる親切な人もいた。

「死んじゃったってことでしょ？」ノラが警察官に尋ねている。彼女はすでに、住民の何人かにも私たちにも同じことを言っていた。時間が経つにつれ、質問というよりも、確認になっている。夜も更《ふ》けてきたこと、犬たちが戻ってきたことで、落胆しているのだ。

「奥さん……」首を振りながら言いかけた警官は、別の警官が駆け寄ってきて何かささやいたので口をつぐんだ。しばらく二人でその場を離れたあと、小走りに戻ってくると、最初の警官が静かな口調でノラに言った。「見つかりましたよ」そう聞かされてノラは崩れ落ちそうになり、走り寄ってきた友人たちに支えられた。警官の言葉とホッとしたような態度に、住民たちのあいだにも知らせが広がっていった。ノラのまわりにみんなが集まってきた。

「生きているって」支えている友人たちにノラが言った。

「当り前よ」チャームが近くの野次馬に話しかけると、その声を聞きつけたノラが舌うちをする。

生きている、といっても、どんな状態なのだろう？ 警察でさえまだ情報をつかんでいないが、本人がこちらに向かっていることは確かだった。

三〇分後、パトカーが到着。大勢の人が見守る中、警官に手を引かれてパトカーから下りてきたミス・セレステは、待機中の救急車のヘッドライトを浴びている。犬たちはすぐに顔を上げ、しっぽを振り始めた。誰に言われなくても、彼らには自分たちが捜していた人がやってきたのだと、分かっている。それに、たとえ相手から見えていなくても、うれしそうに鼻を鳴らしている。ハンドラーどうしがチラッと視線を交わした。ミス・セレステは衰弱が激しいので、犬たちを連れて挨拶に行くのはやめておこう。ハンドラーは、そっと自分の相棒の上に身をかがめ、「いい子だ！」と言うと、ビーフジャーキーを差し出した。

すぐに真相が伝えられた。ミス・セレステは案《あん》の定《じょう》、バスに乗って出かけたのだった。降りたのは、何キロも離れたショッピングセンター。運転手は方向感覚を失っているセレステを発車係に引き渡してバスに戻った。ところが、係員が警察に連絡しているあいだに、もう彼女は姿をくらましていた。それからあとのことはよく分からない。少なくとも一回か二回は誰かの車に乗せてもらったようだ。車のドライバーは親切にも、老婦人が行きたがっていると思われる場所——隣町の小学校へ連れていってくれた。

地元警察が発見したとき、ミス・セレステは学校の入り口にある石のベンチに横になっていた。コートを着たまま、ハンドバッグをかたわらに置き、お弁当の入った紙袋を大事そうに抱えた姿で、袋の中にはピーナッツバター・サンドイッチとリンゴジュースが入っていたという。青ざめた困惑顔で帰還したミス・セレステは、ヘッドライトを浴びたとたん、にっこりと笑みを浮かべると、優しげな群衆に向かって礼儀正しくお辞儀を繰り返した。

「まったくもう、母さんたら」そう言う娘の口調にも優しさがあふれている。消え入りそうな母親を抱きかかえると、体を揺すりながら、一方の手で自分の目を覆い、もう一方の手で茶色の紙袋をつかんだまま、さめざめと泣いた。

13　ただちに出動せよ

救助犬チームが緊急時に最初から現場に呼ばれることはめったにない。私たちが出動を要請されるまでには、一連の流れがあるのだ。誰かが失踪すると、まず、介護者や家族、友人が捜し回り、数時間たったところで九一一番に電話をかける。通報を受けた警察か消防（またはその両方）が現場に到着し、捜査を開始。当局の力だけでは発見できず、ほかに利用可能な捜索手段がある場合、初めて、その人たちに出動が要請される。たとえば、空から支援をおこなう人々、徒歩で地上捜索する人々、そして救助犬チームがそうだ。こうした流れは、発見を心待ちにしている家族には、もどかしく感じられるかもしれない（救助犬チームにとってもそうだ。臭跡は新鮮なうちほど、とらえやすい）。ただし、犯罪性が疑われる場合も多いので、追加投入される人員が現場に立ち入る前に、まずは警察が確認しなければならないのだ。

私たちチームが呼び出しを受けるのは、夜も更けた頃が多い。連絡が来て、即出動という場合もあれば、翌日の朝早くになる場合もある（すでに死亡していると思われる場合がそうだ）。独特の着信音とともに送られてくるテキスト・メッセージは暗号になっていて、しかも要救助者の基本的な情報（幼児が行方不明、アルツハイマー患者が家出、溺死の疑い、など）と捜索場所くらいしか分からない。連絡が入ると、出動可能な場合は、すぐにチームのマネージャーにその旨を返事する。

こうした呼び出しは夜中が多いので、携帯にメッセージが着信したらすぐに目が覚めるように、特徴的な着信音に設定しておくのが一番だ。新しい携帯を買いにいくたび（これまでに何台か捜索中に水没の憂《う》き目に遭っている）、私は店の人に奇妙な顔をされる。おそらく購入の決め手が変わっているからだろう。「しがみつけそうなくらいに大きくて、できればラバー製のカバーが装着できるタイプが欲しい」などと言う人は、めったにいない。色は蛍光オレンジなら、なおよし。おしゃれでかわいいことより、丈夫でしっかりしていることが優先される。

ただし、購入を決定する前には着信音のチェックに時間をかけるので、ほかのお客さんには、いい迷惑かもしれない。寝ているつもりでカウンターに突っ伏し、耳元でチャイコフスキーの『序曲一八一二年』の電子音バージョンを鳴らしながら何度も最終テストをおこなうからだ。「こんな音で本当に目が覚めるかしら?」と迷ったときには、別の携帯を手に取るようにしている。『序曲一八一二年』は入っていなくても、ベートーベンの『交響曲 第五番』があれば、不協和音たっぷりの「ジャジャジャジャーン!」を奏でてくれるかもしれないからだ。

ちなみに今使っている携帯では、逆に、心地よいメロディが延々と流れるように設定している。しかも、メッセージを放置しておくと、数分おきにピーピーと催促してくれる。この電子的な音楽にパズルはまったく動じないのだが、ポメラニアンたちは気に入らないらしく、着メロが鳴っているあいだはずっと吠え続けている。そう、ずーっと。だから、たとえ着メロで目が覚めなくても、我が家のチビ犬たちが起こしてくれる、という特典付きなのだ！

呼び出しがくると、いっきにあわただしくなる。初めて捜索に出られるようになったとき、私は愚かにも、粛々《しゆくしゆく》と準備に取り組むというミスを犯してしまった。飛行前のチェックリストのように整然としたプロセスだったが、悠長にやりすぎた。まだ相棒の犬もいなかったのに、出かけるまでに二〇分もかかってしまい、そのわりには、まだパジャマのままで、しかも頭の中は半分眠っていたと思う（別のチームの隊員に「すっぽんぽんの状態から服を着て飛び出せるまでの最短記録は？」と聞かれたことがある。彼は驚異的な自己ベストを叩き出した人だ。ただしチームメイトによれば、あるとき彼は、Tシャツが後ろ前、開きっぱなしのズボンのチャックから「ワンちゃん模様」のトランクスが見えている状態で現場に現れたそうだ）。

タイムを縮めようといろいろな方法を試しているうちに、私は、チームマネージャーに連絡を入れつつ制服に着替えるという技を確立した。この方法は平衡感覚と一貫性が要求される。まず、左手で電話を握ったまま、肩を前後に揺すってTシャツを着る。次に短縮ダイヤルを押した電話をあごの下に挟み、片足ずつバランスを取りながらズボンを引き上げる。電話はそのままで、ベッドに寄りかかり、ブーツを履いて紐を結ぶ。ブーツを履き終える頃には電話が通じていて、しかも両手はすでに空いているので、テキスト・メッセージにはなかった具体的な指示をメモすることができる。この、電話＆着替え方式のおかげで、私は大幅な時間短縮に成功した。ただし、ズボンの中で足が引っかかった場合は別だ。バランスを崩してひっくり返り、悪態をついて電話を拾うと、二分はロスしてしまう。

髪をまとめてキャップに押し込み、眼鏡をかければ、あとはクーラーボックスに氷と水を入れ、もし捜索が長引きそうな場合には、朝食代わりのシリアルバーを何本か放り込めばOKだ。装備一式は、すでに車のトランクに入っている。詰め直すときと補充するとき以外は出したことがない。

と、ここまでは暖かい時期に呼び出された場合の手順だ。冬期には、分厚い靴下、防寒用下着、長袖Tシャツ、タートルネックが必須だし、体力回復用のホットココアを魔法瓶に詰めなければならないので、その分、余計に時間がかかる。ただし、捜索用の衣類は一カ所にまとめて置き、ココアと魔法瓶は同じキャビネットに、電気ポットはそこから三歩しか離れていないところにスタンバイさせている。

犬なしで出発するまでの最短時間は一一分。この自己ベストは、不思議なことに厚着しなければならない冬期に樹立したものだ。ワースト記録（ズボンが足に絡まって転倒、短縮ダイヤルを押し間違え、車のキーを見つけるのに手間どったことによる）は二八分。そう言うと、悪くないと思うかもしれないが、私たちが急行する現場の大半は、法定速度を守りながら向かうと――私たちの車には赤色灯もサイレンもないから――少なくとも三〇分は必要な場所なのだ。出発に手間どった時間と走行時間を合わせると、現地到着には一時間かそれ以上かかることになる。

行方不明者が生きていると思われ、天候や本人の健康状態などの不安要素がある場合、わずかな時間が重大な意味を帯びてくる。深夜の呼び出しで何度かドタバタを演じた私は、チームメイトと情報交換し、彼らの戦術を学ぶことにした。特に、自分の身ひとつだけではなく、犬のしたくから水やおやつの用意までしなければならないハンドラーたちには、教わることが多かった。

ハンドラーのしたくを手伝う犬もいるが、反対に邪魔する犬もいる。マックスとフリータの相棒、マーシーとミスティは、携帯の着信音が鳴り、着替えが始まると、置いていかれては大変だと思うのか、通路をふさいでしまう。ジェリーの相棒のシャドウは、通せんぼこそしないが、ジェリーの行動の変化から目を離さない。訓練に出かけるときのシャドウは、車の後部座席に静かに伏せているのに、実際の捜索となると、ジェリーのエネルギーの何かが変わったのを察知するらしく、運転席の背もたれに頭を乗せ、ジェリーの肩越しに「まだ着かないの?」と言わんばかりにルートをチェックする。

犬たちは、出動を知らせる音をちゃんと知っているし、そのあとのことも予想しているのだ。我が家のポメラニアンたちも、着メロが長々と鳴り響くと私が家じゅうをあわただしく動き回ることを覚えてしまった。興奮ぎみのウィスキーは後ろ足で廊下に立ち上がったままで、玄関へ向かう私に「ワン!」と吠える。専属のチアリーダーに応援してもらっているようでうれしい限りだ。ほかの犬たちは何も言わずに脇へ下がって、私が行き来する様子をテニスの観客のようにお行儀よく眺めている。まだ検定に受かっていない頃はパズルもソファの後ろから観察していた。私が「ハウス、ハウス、ハウス!」と命じると、うれしそうにクレートに納まり、体を丸め、ピーナッツバターを塗ったコング(訳注:空洞部分におやつを詰められるゴム製のおもちゃ)を待っていた。

ところがそのうち、着メロが鳴ると私が捜索用の衣服(訓練のときにもよく着ている)に着替えることに気づいた。検定が近づくにつれ、私が一人でしたくを進め、パズルに「用意はいい?」と尋ねないと、血相を変えるようになった。ついに頭の中で点と点がつながったのだろう。ときには、私がクレートに導く仕草をすると、恨めしそうな顔をして、コングを受け取らないこともある。

その同じ顔つきでひとしきり文句を言ってから、クレートに入り、わざとらしくため息をつきながら、私に背を向けてペタンと座ることもある。「分かったわ、私を置いて行けばいいわよ。せいぜい頑張ってね」不機嫌な背中がそう語っている。

捜索現場に向かう途中にも、予期せぬことが待っている。走り出したとたん携帯が鳴って、何かと思えば、行方不明者が見つかったという知らせだった、ということがよくある。Uターンして出動態勢解除なのだから吉報の部類なのだが、生化学的には奇妙な現象が起きる。ほとばしっていたアドレナリンが、帰宅を命じられたことで行き場を失うからだ。

出動途中での帰還命令が、二日続いたこともある。どちらも夜間の呼び出しで、フリーウェイのまったく同じ場所にさしかかったときに携帯が鳴った。なんという偶然の一致。これで、雷に打たれる確率や宝くじに当たる確率も上がるかもしれない……。家路をたどりながら、私はそんなことを考えていた。今のところ、どちらにも当たっていないけれど。

今まで、出動を取り消されて不満をもらしたチームメイトは一人もいない。文句を言う代わりに、私たちはひとしきりおしゃべりする。勢いこんで玄関を飛び出した数分後、捜索活動もせずに引き返すのだから、多少のガス抜きは必要なのだ。チームメイトの中には、帰宅後パソコンでトランプゲームのソリティアをする人や、深夜に再放送されているホームコメディを観る人もいる。

私は、午前二時、ガレージの外に吊るされた保安灯の明かりの下で庭の草取りをすることがある。作家プルーストばりの昼夜逆転の奇妙なひとときき、そうやってバラのあいだに伸びるハーブを引っこ抜いていると、ついつい連想を始めてしまう。たとえば、チョコレートミント・ゼラニウムの濃厚な甘い香りは、湖岸の家からいなくなったヨチヨチ歩きの女の子の思い出を呼び覚ます。誘拐か、迷子か、溺死か――と、不安がよぎったあの捜索でも、現場に向かう途中で吉報が届いたのだった。発見されたとき、少女は自宅の洗濯物入れの中でスヤスヤと眠っていた。あれから二年、今でもアイスティーに入れるミントを摘むたびに思い出す。あの子は今頃、四歳か五歳だ。洗濯カゴでの「うたた寝事件」は、休暇で家族や親戚が集まったときの語り草になっているだろうか。将来、フィアンセに話したり、自分の子どもに打ち明けたりするのだろうか。私たち隊員のあいだでは、彼女の一件はすでに伝説として語り継がれている。深夜の呼び出し、真冬にいなくなった幼児、早期発見、しかも生存、一同安心、というストーリーだ。

これが朝の出動となると話が違ってくる。特に平日の朝には、近場でもたどりつくのに一時間以上かかることがある。大都市圏にまたがる大きな湖で発生した、ある水難事故の捜索では、地図を見ただけでも、現地到着に手間どりそうなのが分かった。クモの巣状に広がるフリーウェイから田舎道へ入り、そこから住宅街の舗装されていない路地を通り抜け、砂利道を走った先にようやく桟橋がある。チームメイトたちは四方八方からやってくるし（住まいが近所どうしという隊員は一人もいない）、季節は冬、しかもその朝は、どの幹線道路でもトラブルが起きていた。一八輪トレーラーが横転したり、複数の乗用車が炎上したり、農産物のトラックから落ちた物体で道路がすべりやすくなったり、と災難続きだった。

大半の隊員は九時の現地集合に向けて七時前に出発していたが、八時四五分の時点で、まだ二つの都市を含む広域に散らばったまま、まったく身動きできずにいた。その上、捜索を指揮する警官とは連絡がつかない。先方はすでに現場に到着しているのだろう、携帯が圏外になっていた。まったく踏んだり蹴ったりだ。路面に落ちたトマトのせいで数台の車がスピン事故を起こした場所を、私はソロリソロリと通過しながら思った。このときは遺体の回収に向かう途中だったが、幼児や高齢者の行方不明事件のように一刻を争う場合には、交通渋滞でロスした時間がその後を大きく左右しかねない。

ただし、そんな私たちに、ちょっとした救いの手が差し伸べられることもある。何年か前、行方不明になった小学二年生の捜索現場へ向かう途中、幹線道路で渋滞に巻き込まれ、到着が一時間以上遅れそうになったときのことだ。窮状を聞きつけた地元警察が駆けつけ、私たちの車三台を路肩に誘導してくれた。二台のパトカーに挟まれた私たちの車が、延々と続く渋滞の列を追い抜いていくと、イラついたドライバーたちに文字どおり後ろ指を指された。私たちに向けて次々に立てられる中指は、まるでハリネズミのようで、あのときのことを思い出すと、今でもこちらまで毛が逆立ってくる。

こうした移動時の苦労には、犬たちのほうがうまく対処しているようだ。それぞれの出動の深い意味までは理解していないからだろう。とはいえ、彼らは自分が何をしに向かっているかは、よく分かっている。中には、車での移動に少し苦戦する犬たちもいて、アドレナリンが消化器にまともに作用するのか、嘔吐か下痢、またはその両方を引き起こしたりする。ただし、現地に到着するとケロリとしている。

　別のチームでハンドラーをしている知人が、最初の相棒だったチョコレート色のラブラドールのことを話してくれた。訓練に向かうときはクレート内でおとなしく伏せているのに、捜索となると態度が一変するのだという。クレートの中に立ったまま、ドアの掛け金に鼻先をバン、バン、バンとリズミカルに打ちつける。それを何度も繰り返すので、鼻の付け根の皮膚がすりむけて血だらけになることもあった。引退を迎える頃、この百戦錬磨のベテラン犬の鼻にはたこができていた。なぜ訓練と捜索の違いが分かり、出動のときだけ鼻先を打ちつけていたのか、その理由は今もって謎だそうだ。服装もクレートも車も同じ。違うのは、携帯の着メロと出かけるときのあわただしい動きだけ。やはり、真夜中に叩き起こされた人間ならではの、独特の臭い成分の違いを嗅ぎ分けているのだろう。そのあたりで私たちの意見は落ち着いた。


　あっという間に終わる捜索もある。チームの歴史を見ても、実例には事欠かない。ある朝、自殺願望を持つと思われる一〇代の少年の捜索に呼び出されたときのこと、現場に最初に駆けつけたハンドラーのジェリーが、少年の特徴、失踪までのいきさつ、歩道に残された少年の謎めいたメッセージについて説明を受けていた。それは遺書とも取れるし、流行りのラップ・ミュージックへの賛辞とも取れるものだった。

「ところで……」ジェリーは念のため尋ねた。「ガールフレンドの家は確かめたんですよね?」

どの警官も首を横に振る。やがて、少年がガールフレンドの自宅で発見されたという連絡が、まだ移動中の私たちに入った。なんのことはない、愛し合う二人は一晩じゅう一緒だったのだ。残りのハンドラーと犬が現場に揃うと同時に、警戒態勢が解除された。こうして捜索は、犬なしでハッピーエンドを迎えたのだった。

そうかと思えば、アルツハイマーの高齢女性が姿をくらまして、半日以上経過してから呼び出される、という見通しのかんばしくない捜索もあった。婦人が暮らしていた施設には、まずフリータ、ジェリー、シャドウが到着した。事情を聞き取ったあと、階上の女性の部屋へ行った彼らは、ベッドと衣服の臭いをシャドウに嗅がせた。その後、ジェリーとシャドウが先に一階へ戻り、部屋に残ったフリータは、あとから来る犬たちのために持ち出せるような遺留品を手に入れた。ところがエレベーターで降りる途中、そのフリータにジェリーから無線が入った。なんと、婦人が発見されたという。

一階に降りたシャドウは、正面玄関を出て一〇メートルも行かないうちに老婦人を見つけ出したのだ。女性は植え込みの根元に横になって挟まっていたが、幸い命に別状はなく、ただ身動きがとれないだけだった。枝が折れたり葉が落ちたりしていなかったために、まさかそこに人間が入り込んでいるとは、誰にも分からなかったのだ。出動を要請した警官自身も、植え込みの前を何度も通っていたが気づかなかったという。捜索開始から終了まで一〇分にも満たなかった。

また、こんな奇妙な捜索もある。州境をまたいで、殺人現場と思われる遠隔地へ呼び出されたときのことだ。人間の足らしき骨を発見したというハイカーからの通報を受け、警察が遺体のほかの部分を捜すために救助犬チームに出動を要請してきたのだった。長旅のすえ、ようやく現地にたどりついたチームは、立ち入り禁止テープが張り巡らされた一画へ足を運んだ。ところが、犬たちは発見された足の骨にまったく興味を示さない。林の奥へ進んでも、特に怪しいものは見つからないようだった。

「おたくの犬たちさぁ、どっかおかしいんじゃないかなぁ」警官は語尾を引っ張りながら言うが、明らかにいらだっている。こうなると、ハンドラーも黙ってはいられない。「おかしいのは、あの足のほうだと思いますがね」一瞬、「何だと、もういっぺん言ってみろ」的な緊張が走ったところへ、鑑識チームが到着。すぐさま調べたところ、骨はクマのものと判明した。まだ若い個体らしく体格が小さい上、クマの足の骨は人間のそれによく似ている。だから、警察が救助犬チームに出動を要請したのも無理はない、こういうことはよくあるのだ、という。

その後、数人の警官が、遠路はるばるやってきた犬たちをねぎらうために、親切にもかくれんぼをしてくれた。それが終わると、チームは帰りの長旅に備えて車に荷物を積み込み、警察はハイカーたちに道を開けるため、一帯の封鎖を解除した。パリパリパリとテープを引きちぎる音だけが響く、静かな幕切れとなった。

ときどき、どんな捜索が一番多いのかと聞かれる。私自身もほかのチームに尋ねたことがあった。地理的条件、出動を要請してくる機関、住民の構成、地域的なニーズと関連があるのではないか。いくつかのチームからは予想どおりの答えが返ってきた。国立公園や大規模なスキー場の近くのチームでは、森の中で道に迷ったハイカーや子どもの捜索が多いし、水のレジャー（ボート、釣り、水泳など）で有名なエリア内では、水難事故の呼び出しがかなりの割合を占める。

けれども、まったく予想外の答えもあった。サンフランシスコ地区で活動する二人のハンドラーから聞いた話では、冬期の呼び出しの大半はアルツハイマー患者の捜索だという。また、東海岸の景勝地のハンドラーの場合、彼の住む小さな町と隣町との境に全長五〇キロメートルもの森林地帯があり、その中の犯罪現場と思われる場所への呼び出しが最も多いとのことだった。

私たちのチームは都会を本拠地としている。一方、周辺には農場や平原が広がり、人気スポットの湖がいくつも点在している。だからどんな種類の捜索に呼び出されてもおかしくはない。ただ、いくつかの例外を除けば、春の終わりから夏いっぱいは水難事故、秋と冬は家出や行方不明、新年を迎えてからは失意の自殺と見られるケースが増える。そして言うまでもなく、春夏の竜巻シーズンと夏秋のハリケーンシーズンには、待機や出動が多くなる。天候を原因とする捜索が活動の大半を占めるので、一つの季節が終わりかけると、次の季節のニーズに備えるのが、私たちの習慣になっている。それでも予期せぬ出来事にはぶつかるものだ。

何年も前に、マックスとフリータがハンターとセイバーを連れて、長雨で大洪水に見舞われたテキサス南部に出動したときのこと、被害は広域に及び、すでに犠牲者が発生している上、多くの住民が行方不明のままだった。州の捜索救助部隊の犬たちが活動を始めたものの、被災エリアは果てしなく広がっている。泥に埋もれた壊滅的状態の農村や田舎町で、マックスたちは何日も捜索を続けた。ある日、捜索地域までヘリコプターで移動する必要が出てきた。水位が高台の中腹に達していて周辺道路が完全に通行不能になったため、空から向かうしかなかったのだ。ハンドラー、犬、支援要員たちは高台の上に降り立ち、そこから洪水でがれきと化した広大な地域へ下っていくことになった。

本格的な捜索に取りかかる準備をしていたそのとき、フリータの相棒のセイバーが集団から離れ、メスキートが群生している場所に向かって坂を駆け上がっていった。茂みの中を強引に進んでいったかと思うと、やがて一本の若木の真下に立ち止まり、根元のあたりにしきりに前足を当てている。そこは捜索をおこなう予定の方角ではないし、セイバーがそんなふうに振る舞うのはめずらしいことだった。熱心な様子からすると、ただごとではなさそうだ。フリータは這いつくばって灌木《かんぼく》のあいだに入り、セイバーに話しかけながら、彼が掘ろうとしているこんもりとした地面に、何か変わったところはないかと調べた。同行の警官に何をしているのかと尋ねられても、フリータにも分からない。ただ、セイバーが何かに届きそうで届かず、もどかしそうにしているのだけは分かった。フリータはしばらくセイバーの好きにさせたあと、何も出てこないと分かると、彼を茂みから引っ張り出して木の根元につないだ。セイバーは座り込んで悔《くや》しそうにうなった。

マックスとハンターが検証に向かう。別の角度から茂みに入ったハンターも、同じ若木の根元に駆け寄り、セイバーが作った浅い穴の続きを掘り始めた。それを見たマックスが茂みにもぐり込み、ハンターの作業をすぐ横で見守っていると、離れた場所では相変わらずセイバーがせつない声を上げている。浅かった穴はたちまち深くなり、ハンターがとりわけ凄まじい勢いで土をかき出したとたん、マックスの鼻に臭いが漂ってきた。最初はうっすらと、次第にはっきりと。それは、死体の臭いだった。

茂みの中に遺体が埋められ、その上で若木が成長していったのだろう。しかも高台だったため洪水に流されなかった。同行していた災害対応要員が掘り出そうかと申し出たが、マックスは首を横に振った。犯罪現場かもしれないから触らないほうがいい。

地元の保安官事務所に通報すると、動物の死骸と間違えている可能性はないかと言う。「何日も洪水被害の捜索を続けてきましたが、犬たちは動物の死骸には一度も反応していません」マックスとフリータはそう答えた。臭いは死臭、それも人間のものだと二人は確信していた。

保安官事務所は、手が回らないのか信用していないのか、マックスたちが周辺の捜索を終えて別のエリアに向かったあとも、数日間、死臭の件を放置していた。ようやく警察が問題の場所を掘り返してみると、眉間を撃たれた男性の腐乱死体が出てきた。若木が育つくらい昔から、そこに埋められていたのだ。そもそも出動を要請された洪水被害とは関係のない遺体だったが。

救助犬活動に携《たずさ》わっている人たちのあいだには、こんな言葉がある。「捜索は入り口と出口が同じとは限らない」現場には何があるか分からない。臨機応変が求められる。

14　やんちゃな見習い救助犬

私にはパズルが二匹いる。一匹は成長中の救助犬。自信に満ちあふれて有能。もう一匹は育ちざかりの飼い犬。トイレのしつけは完璧なのに、それ以外の行動は予測不可能。これまでに私は救助犬のトレーニング・マニュアルを五冊も読んできたし、チームには優れたトレーナーもいる。ところが、プライベートな時間となると、いまだに四苦八苦している。

お行儀のいい家庭犬と、みずから行動できる自立した救助犬とを区別せずに、うまく育てられるようなガイドブックはないものか。パズルには両方の犬になってほしいのだ。私に依存しすぎない程度に従順であってほしい。

訪問者に飛びかかるようなまねはしないが、その一方、現場で私が判断を誤り、臭跡とは別の方向に行こうとしたら、抵抗するだけの頑固さは備えていてもらいたい。捜索では自信を持って私の先を歩ける犬であってほしいし、私自身も、うるさく指示を出さず、パズルに自由を与えられるだけの信頼を育てなければならない。

そして、つまるところ、我が家の犬社会にいつか平和が戻るものと信じたい——。

ほかのハンドラーと犬のペアを見ていると「協調」という言葉が浮かんでくる。明らかに彼らのあいだには息の長い信頼関係が育っている。おそらく、はじめからそうだったわけではないだろう。子犬の頃に手こずらされた話や、先住犬たちとの仲を取り持つための苦労話は、さんざん聞かされてきた。壊滅状態の庭の様子、犬どうしの駆け引きから、おもちゃを巡る小ぜりあいまで、それはもういろいろと。ベテランの救助犬でさえ、家庭内で何かあった日のトレーニングでは、ちょっと反抗的な態度を取ってハンドラーとにらみ合いになることがある。いい大人になった犬が、訓練の最中に妙な気持ちを起こして、突然、行方をくらましたりもする。生まれて初めてハンドラーを置き去りにして、「ヤッホー！」と言わんばかりに勝手に歩き回る姿を、私も目撃したことがある。

仕事と家庭での手綱《たづな》の引き具合に苦労しているハンドラーは自分だけではない、そう思うと多少ホッとする。でも、だからと言って、目の前の問題が小さくなるわけではない。しかもこの焦りの背後からは挫折感も忍び寄る。あれほどたくさんのマニュアルを読み、あれほど熱心に先輩ハンドラーの言動を書き留めてきたのは何だったのだろう。私は自分のことだけでなく、パズルのことを思って努力しているのに、そもそもパートナーを務めるだけの力量がないのかもしれない、そんな気がしてくるのだ。

自宅では、犬たちに一斉にお座りさせる作戦が功を奏して、多少の秩序を保てるようになった。パズルは連帯責任なのだと分かってうれしそうに座る。犬たち全員で座れたときには、ほめられるし、たいていはおやつがもらえる。自分だけでなくポメラニアンたちにもおやつが配られると知ったら、パズルは阻止するだろうか。そう思って注意深く観察しているのだが、今のところ、パズルはおとなしく自分の番を待っているだけで、ほかの子のおやつに手出しはしない。私に見られているのが分かっているのだろう。そのかわり、ときどきティーンエイジャーの娘のように冷めた視線を返してきて、「ふん、何よ?」と言いたげなポーズをする。

しめしめ。六匹が六匹ともお座りして、各自がおやつをもらい、ケンカはゼロだ！　でもまだ安心できない。パズルのスイッチはいつ入ってもおかしくないのだ。スプリッツルのやかましさで火がついたところに、ウィスキーのヒステリーが油をそそぐかもしれない。この二匹がケンカを始めると、パズルが参戦しないわけがない。もっとまずいのは、ジャックが自分の餌入れに近づいたウィスキーに怒り、ウィスキーがうなり返す、というパターンだ。当然、パズルはあいだに割って入るだろうし、最後はジャックに馬乗りになるに決まっている。恐怖のあまりジャックがキャンキャン鳴けば、攻撃はますますエスカレートするだろう。そこまでいったら、もう、やらせておくわけにはいかない。

パズルが降臨してまだ一年め、我が家の平和は、私自身がどれだけ冷静でいられるかにかかっている。これは飛行機を操縦するようなものだ。自分が今どこにいて、次に何が待ち受けているか、トラブルを未然に防ぐにはどんな手を打つべきか、冷静な対応が求められる。そこで、犬たちには互いに一定の距離を置いて食事させることにした。パズルは、どんなに出しゃばりのポメラニアンでもちょっかいを出せない場所で食べているし、逆に、その位置からでは、パズルも食事中のほかの犬につきまとったり、じっと見下ろしたりしてケンカを引き起こすということもない。

私の役目は、パズルがほかの犬たちのエリアに近づく前に、彼らの餌入れを回収することだ。食べ終わると、それぞれ裏庭で少しばかり体を動かす。食い意地が張っていないパズルは、のんびり優雅に食べるので、いつも最後になる。犬たちは三々五々、庭へ出て、自分のタイミングで戻ってくる。そのあとはキッチンに集合、一斉にお座り、それができたら歯磨き用のおやつをもらう、という段取りだ。

この日課は定着し、非常にうまくいっている。パズルとジャックはトラブルの火種をつぶされたおかげで、平和を保っている。ジャックのパズルに対する警戒心は相変わらずだが、ある晩、私がふと目を覚ますと、うれしいことに、ジャックが温もりを求めるようにパズルに寄り添い、パズルはパズルでおなかを見せて仲良くスヤスヤと眠っていた。

それにしても、パズルがあれほどジャックに攻撃的だったのは、なぜだろう。いったい何が原因だったのか。もともとは力関係からきていると思うが、ジャックの警戒心と恐怖心が「弱虫」のシグナルを発し、パズルの中の「いじめっ子」がそれに触発されるのだろうか。それとも、チラチラと送ってくるジャックの視線やぎこちない動きそのものに刺激されて、応戦せずにはいられないのか。ポメラニアン特有の直立した豊かな被毛が原因だ、と行動心理学の見地から言う人もいるけれど、私にはよく分からない。

ジャックより若いウィスキーや、彼より強いスプリッツルとも、パズルはおもちゃや何かを巡って同じようないざこざを起こしている。賢いとはいえ、まだまだ未熟なこのゴールデンは、もしかすると群れの中でのし上がろうとしていて、邪魔な相手は容赦しないのかもしれない。確かに、年配の病弱なポメラニアンたちは、パズルにとって真の邪魔者ではない。遊びに誘うとき以外、彼女はよぼよぼのソフィーのことは無視しているし、スカッピーには逆らわない。それどころか庭じゅうついて回っては、老犬が立ち止まれば自分も立ち止まり、その場所を調べている。そして老犬が横になれば、すぐそばで横になる。

ぴったり寄り添うことはないが、群れの最年長と最年少のあいだには、ほかの犬たちにはない絆が育っているようだ。二〇〇五年の一月、一三歳のスカッピーは、ときおり発作を起こすようになった。そんなとき、いつも最初に知らせに来てくれたのがパズルだった。ある晩、二匹は昼間の温かみが残る敷石に寝そべっていた。すると突然、私の注意を引くように、パズルが勝手口の網戸をドシンと叩き、短く一度だけ鼻声で鳴いた。いつもと明らかに様子が違う。私がドアを開けると、大きく飛びのき、「早く来て」と言うように私を見つめている。捜索現場で見せるのと同じ、駆け出しては止まり、その場所で私が追いつくのを待つという動き。このときも、私が近づくと、長いフェンス沿いにまた跳びのき、そうやってペカンの木まで導いていった。

木の根元には、スカッピーが横になっていた。足が一本だけこわばって震えている。意識はあるが、ぎこちなく突き出した前足に困惑しているようだ。口は開いたままで、小刻みにあえいでいる。私は足に触れてみたが、異常はないようだった。二～三分もすると局所痙攣《けいれん》は治まり、スカッピーは座れるようになった。ただし、ぼんやりして反応が鈍い。私に抱かれて家の中に戻ると、とたんに元気よく歩き始めた。前足もちゃんと床に着いているのに、信用していないのか感覚がないのか、自分の足ではないような、ぎこちない歩き方だ。

ものすごく喉が渇《かわ》いているらしく、水入れの水をいっきに飲みほした。それが済むと、暖炉のそばの寝床に向かい、そこで一晩じゅう休んでいた。パズルがすぐそばの床に伏せていると、何時間かして、スプリッツルも加わった。どちらも寝そべらない。腹ばいになって、あごを前足に乗せ、用心しながら眠っている。私が部屋に入ると、二匹ともサッと頭を持ち上げる。そのあいだもスカッピーはぐっすりと眠ったまま、ピクリとも動かなかった。

その後も発作は繰り返された。最初は数週間に一度だったのが、獣医が言っていたとおり、次第に悪化していった。スカッピーの発作が始まると、パズルはどの犬よりも心配し、ときには、夜中に私を起こしに来ることもあった。老犬の体がこわばりだしただけで、新たに症状に加わったうなり声が聞こえる前に、もうパズルは私のところへ飛んでくる。私は一緒に暖炉の前に座り、スカッピーの発作が治まるのを待った。回復に要する時間は毎回延びていった。

その後の数カ月もスカッピーは相変わらず食欲旺盛で、午前七時と午後五時の食事の時間を間違えたことはなかった。それでも体力の衰えは一目瞭然。スカッピーが庭の散歩をさっさと切り上げる様子を、パズルは遠くから我を忘れたように見守っていた。老犬が弱っていて、今にもひっくり返りそうなのが分かるのか、すぐそばでは遊ばなくなった。やがてスカッピーは、トボトボと勝手口に戻ってくると、私に向かって、中に入れてくれという合図をつぶやく。次第にお気に入りの場所は、庭よりも暖炉の前に変わっていった。ときおり猫のマディがやってきては寄り添い、その近

クリスマスに老人ホームを訪問した、エレンと23歳になる老犬スカッピー。人なつこくて優しいスカッピーは、思いがけずパズルのよいお手本になった。

ソファでくつろぐミスター・スプリッツル。自分専用と思っていたこのソファを、パズルにかじられることになる。

くでパズルも横になった。スプリッツルも立ち寄って、まわりをうろついては離れ、またやってくる。ほかの犬たちは遠巻きにしている。弱っていくスカッピーに戸惑っているようだ。そんな状態でも老犬はよく食べ、大好きなおやつのピーナッツバターを嗅ぎつけると、フワフワのしっぽをさかんに振っていた。

血液検査の結果、スカッピーの症状は治療できるようなものではないと判明した。今は快適な環境を整え、甘えさせ、そう遠くはない最期を幸せに迎えさせてやるのが一番だ、と獣医は言う。発作が頻繁になり、体重が減っても、スカッピーは相変わらず家の中の出来事に興味を持ち、屋外を楽しみ、食事を心待ちにしていた。

老犬はパズルを大人に変えた。それまで見られなかったパズルの一面を引き出したのだ。スカッピーのまわりでは、パズルは落ち着いて歩き、まるで犬が違ったように、穏やかに物分かりよく振る舞う。なぜそうなったかは分からない。それでも、寒い晩にスカッピーに温かいまなざしをそそぎ、人間に対してだけでなく犬仲間にもそうやって愛情を示しているパズルを見ると、私はうれしかった。その後、老犬はますます自分の世界にこもるようになったが、ときおりパズルにだけは反応し、そんなときは家の中の出来事に興味を示した。

やがて、そのパズルにも姿を見せなくなった。三月下旬のある月曜の午後、スカッピーはいつもより長い発作に襲われ、ようやく回復したと思ったら、数時間のうちにさらに二回も発作に見舞われた。私が、尿で汚れた体をぬぐってやり、耳を撫でていると、スカッピーは低くうなって、鼻先を手のひらに押しつけてきた。そして、夕方には食べ物も受け付けなくなった。パズルもスプリッツルも食べようとしない。夜になると再び発作に襲われ、翌朝には頭を持ち上げられないくらいに衰弱した。眠ったまま安らかに息を引き取れますように、という私の願いもむなしく、スカッピーは次第に腎臓が弱ってきたのか、力なく胆汁を吐くようになった。

これ以上苦しませるわけにはいかない。私はスカッピーを撫でさすり、そっと話しかけながら体をきれいに拭いてやり、軽くブラシをかけてからタオルにくるんだ。獣医に連れていくのはこれが最後になる。パズルは少し離れたところで見つめていたが、スカッピーが何かつぶやくと、とたんに立ち上がって顔を舐め始めた。しきりと体じゅうを嗅ぎ回ったあと、不安そうな顔をする。スカッピーが今どんな状態なのかを、私よりも深く理解したのだろう。しばらく二匹だけにしてやったあと、私はスカッピーを抱えて勝手口からガレージに向かった。腕の中の老犬は糸ガラスのように軽く、骨は小鳥のようにスカスカだった。最初、パズルは私がスカッピーを連れて庭をぶらつくだけだと思っていたらしい。ところが、ガレージのシャッターを開ける様子を勝手口の網戸の向こうからじっと見ている。私が振り返ると、ゆっくり揺れていたパズルのしっぽが止まった。

長年、誰かと友情を温めていると、その人は、悪い知らせを切り出すという損な役回りも引き受けてくれるようになる。エレンは私のためにそういう役目を何度も果たしてきた。しかも悪い知らせの一部は犬にかかわるものだ。一九八九年、夫と私はツインシティ・マラソンに出場するため、ミネアポリスに向かっていた。留守中、エレンがボギーの世話を引き受けてくれた。ボギーというのはシェトランド・シープドッグで、私の最初の飼い犬だ。やんちゃなボギーから私は、子犬がどういう生きもので、退屈したときにはどれほど危険かを、さんざん学ばされていた。それでも、このミネアポリス旅行のとき、ボギーはもう一歳半近かった。さすがに聞き分けがよくなっているだろう、そう期待して私たち夫婦は出かけたのだった。

最初の晩、私はエレンに電話を入れた。

「そっちはどう？　お利口さんにしてる？」

エレンは「大丈夫よ」と言ったが、なんだか危うい響きがする。大丈夫の「だ」が、ちょっとかすれていたし、そのあとが間延びしていた。

「万事順調なのね？」

「イエス」二度めはそれらしく聞こえたが、電話を切り夫のほうを振り返った私は「なんか問題があるみたい」と言った。

しばらく考えてから、もう一度電話をかけた。するとエレンは白状した。翌日にマラソンを控えた私の夫に心配をかけたくなかったのだが、実はボギーが……「イス」を食べたのだ、という。

「イス、って座るイス？」

間違いなかった。ボギーは曲げ木製の揺り椅子にかじりつき、カーブのある木枠だけを残して、枝編み細工の座面と背もたれを完全にはぎ取ってしまったのだ。エレンいわく、残った部分はちょうどセミの抜け殻のように見えるらしい。布張りにすれば使えるかもしれない、曲げ木の部分は無事だから、と言う。ボギーは枝編み細工を本当に食べてしまったわけではなく、かみ砕いてきれいなフリル状にしただけだった。廊下には湿った残骸がこんもり残されていたそうだ。しかも、暗殺者も真っ青というくらい音も立てず、手際よく全工程をやってのけたらしい。

エレンがテレビを見ているあいだ、ボギーは廊下で眠っていたのに、次の瞬間には、もう綱引き遊びをしようとせがんできた。そして、さっきまで寝ていたはずの場所には、揺り椅子のはらわたが山と積まれていたそうだ。

それが、ボギーが食べた家具第一号となった。その後も長い「わんぱく」時代は続き、クレートでくつろぎながらバスルームのカーペットを剥がしたり、誰かの結婚祝いにもらった、私の大嫌いな紫色のタオルセットをご親切にも処分してくれたりした。その食いっぷりたるや見事なもので、もはやガソリンスタンドでオイルゲージの棒を拭く雑巾《ぞうきん》にも使えないほどボロボロだった。

ボギーの好物は、インテリアグッズ全般。テイストには特にこだわりがなく、片っ端からかじりまくった。それでも彼なりにルールがあるらしく、植木、トイレットペーパー、靴には見向きもしなかった。

あれから一五年、パズルを飼うにあたって、私は昔より賢くなったつもりだった。ところが、電話に出たエレンの声からすると、そうでもないようだ。彼女は、私が夜間の講座を受け持っている日に、犬たちの面倒を見てくれている。私が「帰るコール」を入れると、彼女は、ずっと昔のボギーのときと同じ、慎重な口ぶりで答えた。

「何ですって？」私は聞き返した。

「あなたの犬のことよ」とエレン。私には犬が六匹いるが、どの犬のことを言っているのかは、すぐに分かった。

「で、何があったの？」

「アンティークの片肘ソファね、あれが餌食《えじき》になったのよ」

そこからエレンの説明が始まった。「まず、詰め物をほじくり出して、それから布張りを全部引っぺがしたでしょ。で、食べ始め……」「何ですって⁉」私は、ウレタンフォームやら布留めのボタンやらで満腹になったゴールデン・レトリーバーを思い浮かべた。

「違うわ。スプリッツルのおやつをたいらげたってこと。ソファの肘と座席のあいだに隠しておいたのを残らずね」

頭を整理しようと、エレンの話を早口で復唱しているうちに、思い出した。そういえば、恒例の「座れ」の儀式のあと、おやつをくわえたスプリッツルが、ちょっと優越感に浸《ひた》ったようなポーズでキッチンから出ていったっけ。それに、以前パズルと捜索ごっこをしたとき、私は家じゅう、いたるところにおやつを隠していたのだ。ソファのくぼみというくぼみにも……。もう、笑うしかなかった。

帰宅すると、エレンがアンティークのソファの残骸を見せてくれた。よく見ると、おやつの残骸もある。パズルは、新鮮なおやつは残さなかったが、変色してカチカチになった古いビスケットには手をつけなかった。ソファはスプリッツルが子犬の頃から占領してきたものだ。シートの深い谷間には、年代物のおやつが埋まっていてもおかしくはない。

自分では掃除をきちんとしていたつもりだったのに……。スプリッツルには、ほかにもお気に入りの場所がある。パズルに家探《や》しされる前に、私は彼の寝床の下を確認しにいった。彼はドレッサーの裏側でカーテンに隠れて寝そべるのも好きだから、そこもチェックした。すると、ビスケットこそなかったものの、スプリッツルがくすねて隠しておいた革製品のコレクションが出てきた。

私が昔オフィスで使っていた鍵がついたままのキーホルダー、携帯電話カバー、ブリーフケース用のタグ。確かにスプリッツルにはずいぶん前から盗み癖《ぐせ》があったが、ため込む癖もあったとは知らなかった。

私は、解体され引退を余儀なくされたソファのところへ戻り、残されたものにもう一度、目をやった。ボギーは枝編み細工がほどけていく快感がたまらなくて椅子にかじりついたけれど、パズルはそういう喜びのためにソファを壊したのではない。掃除機でさえ届かないシートの谷間に埋もれたおやつの臭いに反応し、その源を突き止めようとしたのだ。今から叱っても手遅れだし、いったい何を叱ればいいのだろう。そもそもは私が始めたゲームに、パズルは率先して取り組み、成果を上げたのだから。

エレンが犬たち全員を連れてきた。自分のソファの惨状に気づいたスプリッツルは、たちまち怒りだした。おやつの食べかすに鼻を這わせると、グルグル回って、キャンキャン吠える。パズルは自分の仕事ぶりを審査する私から目を離さない。壊したソファにはもう何の興味も示さず、ただ私の膝に寄りかかって、しっぽをかすかに揺らしている。まるで「ねえ、大変だったけど、ちゃんとやり遂げたでしょ」と言っているかのようだ。私は頭の中にメモした。明日は家具職人を探すこと。パズルはきっと深く掘り進んだに違いない。もう木の枠しか残っていないだろう。この事態を少しでも改善しようと、ソファにカバーを掛けながら、私は思った。どうか人間の捜索のときにも、パズルが同じように自信を持って臭いの源を捜し出してくれますように。

「ゴールデンは繊細だ」とは、パズルが来る前に何度も聞かされた話だ。「ゴールデンは傷つきやすい。人を喜ばせたくて必死だから、きつい言葉を投げかけられると、すぐに参ってしまう。彼らのハートとやる気をダメにするのは簡単なことだ」そう言われて、ちょっと感傷的すぎやしないかと思った。それに直感的に違う気がした。現実にゴールデンはさまざまな分野で活躍しているのだ。パズルにしても、特別に傷つきやすいところをまだ見せたことがない。繊細どころか、むしろその逆。この私もきつい言葉を使ってしまったことがあるが、その口調からして「止まれ」を意味することくらい分かっているだろうに、それでもパズルは決して止まらない。仕方なく、私はあれこれ考えながらパズルに付き合うことになる。この、強情《ごうじょう》で頭の固い身勝手な子犬の内側でさえ、もしかしたら、繊細で傷つきやすい面が育っているのかもしれない。今こうして散歩している時点では、とてもそう思えないとしても。

パズルの散歩物語は続く。私はさまざまな首輪やハーネスも、「ジェントルリーダー」という口輪型の抑制具も使ってみた。犬が強く引っ張ると、リードに無理な力がかかって頭が上がるようにできている。つまり、引っ張るほど進めなくなるから、引っ張らなくなるというわけだ。どんな首輪をつけてもパズルは引っ張るし、ハーネスで力のかかり具合が変わっても気にしない。ジェントルリーダーでは調子よく歩き出したが、それもつかの間、すぐに嫌だ嫌だの発作が始まった。横倒しになり、前足で鼻先をかいたり、草の上にこすりつけたりして、大嫌いなジェントルリーダーをはずそうとする。道具が複雑になるほど逆効果だった。ただし、いくつかの理由から、私はスパイク首輪は使わないことにしている。これまでに受けたテストによれば、パズルの場合、忍耐の限界が高めらしい。だから、スパイク首輪を使うと、抑制がきく頃には首を痛めている恐れがある。「なぜそんなにパズルの散歩にこだわるの?」友人が尋ねた。「捜索救助活動は、たいていリードなしでやるんでしょ?」

ちゃんとした散歩は服従の基本なのだ。そして服従は捜索現場でのパートナーシップには欠かせない。交通量の多い幹線道路を落ち着いて渡ること、私が遠くから叫ぶ緊急の停止命令に従うこと、不安定な構造物のそばで「伏せ!」に応じること——どれもこれも捜索現場では必要とされる。それらはすべて、散歩という基本的な行動の際に敬意と協調性が育っていてこそ可能になるのだ。

トレーナーのスーザンが、私の「二匹のパズル」論争に加わった。「捜索のときは月齢以上に大人に見えるわよね。仕事が大好きなのね。挑戦が好きなんだわ。それに、あなたを後ろに従えているし。ところが散歩では一転して好きなようにさせてもらえない。パズルにとって、服従は退屈以外の何ものでもないのよ。でも忘れないで。体は大きくても頭の中身はまだ子どもだってこと」

パズルの散歩は日に二回。私にとっては覚悟のいる一大事業になっている。力のあるパズルには、小股の早足を一瞬のうちに大股のジャンプに切り替えることなど朝飯前なのだ。これまで何度か私は満身創痍でヘトヘトになって帰ってきたことがある。日頃は忍耐強い私も、ときには血相が変わるほどイラっとさせられる。「リードは電話線だと思え」何人ものトレーナーがそう言うし、出かける際にこちらが少しでも緊張していると、それがもろにパズルに伝わっていくのが自分でも分かる。今のパズルは、スーザンに言わせれば「あなたと一緒に散歩していない」状態だった。パズルは、キッチンにいるときのジャックが警戒を強めるのを見逃さないように、リードをつけたとたん、私の緊張を感じ取り、プレッシャーをかけるのに好都合と思っているのだろうか。

それでも私たちは散歩を続ける。トレーナーや問題犬の訓練士、ドッグショー向けの服従訓練士たちが、いいと言っていることは何でも試した。シニア犬を飼っている友人たちが、昔はさんざんリードを引っ張られ、「つけ」のコマンドを無視されたものだと、しみじみ語るのにも耳を傾けた。美しく赤みがかった被毛のオスのゴールデンを飼っている人は、しつけ教室に三度も通ったという。要するに、あきらめないことが肝心だ、と次のように話してくれた。

「散歩は延々と続く地獄のようだったわ。ところが、二歳を過ぎたある日、気づいたら完璧な犬になっていたの。通りかかった人によく言われたものよ。『まあ、お宅のワンちゃんみたいな子が欲しいわ』って。『え、どのワンちゃん？』って思った。何も特別なしつけをしたわけじゃないのよ。いつの間にか浸透していったって感じね」

二歳か。ガクッときた。パズルはまだ一歳になったばかりだ。通りすがりによく、「若いゴールデンの割には落ち着いている」などと言われるが、散歩中のパズルをあらゆる角度から見てきた私には、同意などできない。

嵐が去って気温が下がったある午後のこと、一日じゅう家に閉じ込められていた反動で、パズルは興奮ぎみだった。雨のあとの柔らかな日差しの中できびきびと動くその姿はとりわけ美しい。ときおり水たまりに出くわしたりすると、うれしそうにしぶきを上げている。すれ違う人がにっこり

朝の訓練を終え、がれきの上でポーズを取る、生後 11 カ月のパズル。

するので、私も息をゼイゼイ言わせながら笑顔を返す。最初の一ブロックはドタバタしたものの、次のブロックに入る頃には落ち着いてきた。二ブロックめで歩けるようになったのは進歩かもしれない。私の前を軽快に進むパズルを見ながらそう思った。「歩け《ワンダー》」（訳注：厳密には「散策せよ」という意味）と言われたパズルは、たるんだリードの先で散策を楽しんでいる。引っ張らない限りは、ときおり立ち止まってあたりの臭いを嗅いだり、芝生の上をころがったりしてもかまわない。ただし、リスの死骸や犬のウンチに出くわしたとき、私の「触るな」が守れることが前提条件だ。

　散策する分にはうまくいっている。ただし、「つけ」の出来ばえは、相変わらずひどい。体を斜めにして、目いっぱい遠ざかろうとする。「つけ」「止まれ」「座れ」「回れ」「待て」「触るな」「動くな」を散歩がてら練習しているのだが、成果はイマイチだ。「座れ」は、ほぼ確実にできるし、「触るな」だけは一〇〇パーセント守れる。私がノーと言うものに手出ししないのは救助犬としても好ましい。ただし、「つけ」「止まれ」「待て」は全然ダメ。今日は、そのうちどれか一つでも上達すれば万々歳《ばんばんざい》なのだが。

　この子は将来、がれきの一メートル下の配管のあいだに人が挟まっているのを私に知らせてくれる犬になる。それは分かっている。でも、今はただ、まともな散歩をしてくれればいいのだ。頼むよ、パズル。

　また一つ角を曲がり、よく訓練に使っている公園を目指す。その手前の大きな交差点が見えてくると、私は次の一手を考えた。パズルは前方をのんきに歩いているが、道路を渡るときは必ず「つけ」をしなければならない。これから渡るのは四車線道路だから、格闘は必至だろう。心の準備を始めたそのとき、私は緩んでいる敷石を踏んづけてしまった。体重がかかったとたん、敷石が一瞬、浮き上がり、沈むと同時に私はひっくり返った。額をコンクリートに打ちつけ、体の下敷きになった右手首がポキッと鳴った。頭の中で轟音が響く。飛行機の機体に穴が開いて減圧したみたいな感じだ。目の前が一瞬、真っ白になった。リードを離してしまったが、こんなボーッとした状態ではパズルを探そうにも探せない。自分でも意識が遠のいていくのが分かる。「パズル、待て」とは言ったものの、ああ、これでもう、あの子は帰ってこないのか、とやるせない気持ちでいっぱいだった。覚えているのはそこまで。何分か何時間か分からないが、私は気を失っていた。

やがて耳に当たる息で目が覚めた。パズルが心配そうな顔で、革のリードを引きずったまま、こちらを見下ろしている。どれくらいの時間、こうしていたのだろう？　まだ視界がぼやけて定かではないが、日が傾いているような気がする。数メートル先には交通量の多い例の交差点。ということは、我が愛犬は私のそばを離れなかったようだ。体を起こすと右手首がひどく痛んだ。携帯電話はバラバラに壊れている。左手で頭を触ってみたが出血はない。その代わりにクルミ大の瘤《こぶ》が一つ。しばらくは動かないほうがよさそうだ。パズルも座った。私に寄り添って、一度だけ顔を舐めたあとは、辛抱強く「待て」をしている。数分後、私は力を振り絞ると、まず膝をついてから、ゆっくりと立ち上がった。

平日の午後、我が家までは五ブロックもある。もうすっかり大丈夫とは言えないが、この時間帯にこの界隈で、自宅にいて、私を助けにきてくれそうな人などいるだろうか。左手でリードを持ち

「歩け」と言うと、パズルは真剣に歩き始めた。全然リードを引っ張らない。私はまだ目が回っているが、パズルは帰り道を知っているみたいに我が家を目指している。散歩はおしまいと直感しているのだろうか。

途中、どこかの庭のドーベルマン二匹に吠えかかられても、相手にしなかった。落ち着いて前進する姿は、まさしく、この一年、ひたすら追い求めても手に入らなかった従順な犬そのもの。何がそうさせたのかは分からない。ただ、私が気を失っているあいだ、服従を示すためなのか、倒れた私を心配してなのか、「待て」のコマンドを忠実に守っていたのは確かだ。そして、その経験に鍛えられたかのように、今、私の前をパズルは整然と歩いている。

「いい子ね！」我が家へたどりつくと私は言った。冷蔵庫に氷を取りにいくときも、パズルはぴったりついてくる。友だちに救急病院へ連れていってもらおうと電話をかけるあいだも、そばを離れない。しかも、私にこれ以上恥ずかしい思いをさせまいと思ったのか、お尻をつついてくれた。濡れた鼻先が当たってひんやりする。なんとジーンズのお尻と下着が破れていた。この格好で家まで歩いてきたのだ。道すがら、お利口な犬のあとを歩くノッポでヨレヨレの女性に目を留めた人には、このお尻までお見せしてしまったに違いない。

15　消えた少年

私たちはトレーラーハウス村の暗い路地をドタバタと歩き回っている。前方を進む犬のように軽やかにはいかない。捜索を始めてから数分、ブーツの中はすでに汗まみれでチクチクしているし、容赦なくこすれる荷物のせいで背中が痛い。リュックサックにはあらゆる事態を想定して盛大に荷物を詰め込んできた。私たちが探している六歳の少年は、もう一〇時間も行方が分からない。しかも、喘息《ぜんそく》、小児糖尿病、蜂アレルギーの持病に加え、叱られるのがいやで逃げ出す癖があった。

ブレイデンは明るい茶色の髪と青い目をしている。服装は青いショートパンツに赤いTシャツ、黄色い運動靴に眼鏡。前歯が二本抜けている。最後に目撃されたとき、近所の年上の子たちとゲームボーイ（携帯型のゲーム機）を巡ってケンカしていた。去年までは都会っ子だったが、今は三方を畑に囲まれた、このトレーラーハウス村に住んでいる。このあたりで町らしきもの探すには、正面ゲートを出て目を凝らさなければならない。フリーウェイの反対側のはるかかなたに視線を移すと、防護柵に囲まれた高級住宅街がようやく見えてくる。警察に通報があったのは夕方。食事に現れなかった時点で初めてブレイデンは行方不明と分かった。

夜が更けると、若い母親はピクニック・テーブルに座ったきり、ほとんどしゃべらなくなった。隣のボーイフレンドも、彼女の肩に手を回したまま口をつぐんでいる。母親はうつむいているが、ボーイフレンドは顔を上げ、捜索隊が膨らんでいくのを見ている。パトカーが三台、四台、五台と増え、消防車が二台到着し、今度は犬たちまでやってきた。ブレイデンのトレーラーハウス脇の狭い庭に集まった住人たちは、パトカーのライトで交互に赤と青に染められながらたたずんでいる。捜索の様子を眺めてはいるが、どこかよそよそしい。あからさまな敵対心を抱いている人たちもいて、こちらにもそれが伝わってくる。辛辣《しんらつ》な言葉に、ときには嘲笑さえ混じる。うなずく人もいれば、わずかに顔をそむける人もいる。

「あら、いやだ」夕方、犬たちが到着したときには、不機嫌そうに首を振りながらトレーラーハウスに入り、ドアをバタンと閉めた女性もいた。

「この子はこういう子なんです」伯父と名乗る人が言った。街灯の冷たい光の中に立っている彼は背が高く、両手をポケットに入れ、頭は禿《は》げ上がり、顔は葉っぱの影で、まだらになっている。街灯にまで達したブラックベリーの木が明かりをさえぎっているからだ。この男性は少年の家族から連絡係を仰せつかっていて、私たちが来てからというもの、立っている場所から一歩も動かずに見守っている。

最終目撃地点、移動の方向、封じ込めや注意喚起の方法――これらの要素をもとに捜索プランを決定する。どこからどの方向に捜索を開始するか、どのようにして要救助者を捜索エリア内にとどめさせるか、また、どのような方法で要救助者の注意を引き、安全な場所に誘導するか。最も理想的なシナリオは、最終目撃地点に関する証言がどれも一致し、移動の方向も判明していること、しかも、要救助者が捜索者を怖れず、懐中電灯の光や短く甲高いサイレンの音に反応し、身体的にも認知能力的にもみずから助けを求められることだ。

だが、そんな完璧なシナリオには、めったにお目にかかれない――というか、私が知る限りでは一度もない――し、今度の捜索でも、ブレイデンの失踪をどう解釈すべきか、私たちは決めかねていた。家出なのか、誘拐なのか、あるいはそれ以外なのか。最終目撃地点も二転三転しているし、移動方向も証言がバラバラ。一致しているのは、ブレイデンが大人に叱られるのをひどく怖れていたことだ。

失踪直前の午後の行動についても、さまざまな説がある。叱られるのを怖れて逃げ出したのは、お気に入りのおもちゃのことでケンカしたからだ（ほかの子に壊されたとか、そうでないとか）、いや、友だちの家の窓ガラスを割ったからだ、いや、そうではなくて、ズボンを汚したからだ……。そうかと思えば、ケンカはなかったが、おもちゃを取り替えにスーパーまで歩いていった、とする説もあった。それから過去の二度の家出にまつわる話も出てきた。一度めは、泳ぎにいく約束を破られてカンカンに怒って家を出たというもの。二度めは、新しいベビーシッターが気に入らなくて逃げ出したというもの。伯父は言う。「ブレイデンは自分じゃトラブルを起こさない。トラブルに巻き込まれることはあるがね」

相反する証言の煙《けむ》に巻かれていると、家出も誘拐もそれ以外も、すべて可能性がありそうに思えてくる。いずれにしてもブレイデンの健康状態は無視できなかった。時間が経っているだけに、なおさら不安は募《つの》る。幼い子どもが行方不明のまま二時間以上が経過すると、救出率が落ちるのだ。それに今日の気温の高さも問題だった。これまでに失った時間と今こうして失われていく時間の重さが、私たちにのしかかる。これ以上スピードを上げて作業するのは無理と分かってはいても、子どもの捜索では、つい犬たちをせかしてしまう。彼らも特に緊迫しているのが分かるのだろう。いつもはおとなしい子たちまでが、作業区画に向かう前から吠えている。

ブレイデンの移動方向を確認しにいった犬たちは、証言されている方向のいずれにも興味を示さなかった。ただし、捜索エリアが比較的狭いこと、時間が経過していること、どこも通行人が多いことを考えれば、驚くにはあたらない。ブレイデンはこっちにもあっちにも行ったことがあるだろうし、あとから通った人間の臭いに彼の臭いが埋もれてしまったとしてもおかしくないのだ。あるいは、まったく別の何かが起きて、どの方向にも向かわなかった可能性もある。捜索は、あらゆるシナリオを念頭に置いておこなわなければならない。

私はハンドラーの後ろを走っていた。相棒の黒い犬はトレーラーハウスの固定用ジャッキのあいだをすり抜けながら、狭い路地を軽やかに駆けていく。ブレイデンの失踪は地域に知れ渡っていた。警察はすでに住民の何人かに聞き取りをおこなっていたし、こうして今、野次馬たちが見守る中を私たちが動き回っているのだから無理もない。

寝静まって真っ暗な家もあれば、テレビのせいで青や黄色の光が明滅している家、まだこうこうと明かりをつけている家もある。ブラインドの隙間に動くものがあって私たちが振り向くと、中から住民が見ていたりする。まだ一〇代の少年少女が手伝えることはないかと言ってきた。手には警察から配られたブレイデンの写真を持っている。そんなふうに申し出てくれたのは彼らくらいのもので、ほかの住民たちは揃いも揃って何も言わず、硬い表情のままポーチに座ってこちらを見ているだけだ。腕組みして、ときおりコンクリートの上にタバコの灰を落としている人もいる。

一人の男性がポーチから声をかけてきた。自分の車には近づくな、警報アラームが鳴ると赤ん坊が起きてしまう、という。私たちの犬が通り過ぎると、どこかで飼っているチワワが吠え始めた。続いて網戸がバタンと音を立て、別の男の「バカ犬め、ぶっ殺されたいのか！」という怒鳴り声。きつい言葉がこちらに飛んでくると、胃がギュッと縮まる。それでも歩き続けていると、ようやくそれがほぐれてくる。

かたや、ここの住民たちの態度は、ブレイデンの危機を知っても、いっこうにほぐれてこないようだ。この先もそれはないだろう。過去の捜索では、警察から防弾チョッキを渡されたこともある。ここでは渡されなかったが、ブレイデン同様、私たちも危険にさらされているような気がしてしまう。犬のあとを小走りに進みながら、近くにいるかもしれない少年の名を呼んでいると、ピリピリとした空気が伝わってくる。それは敵意なのか、警戒心なのか。それとも恐怖心だろうか？

このあたりは、幼い少年が長時間、迷子でいられるような場所ではない。しかもブレイデンは糖尿病を患っている。最後の食事はお昼のソーセージ・サンドイッチだったそうだ。私は背中の荷物に、エネルギーバー二本とビーフジャーキー、それにパック入りジュース一本を入れてきた。一歩踏み出すたびに聞こえるチャプチャプという音は、まるで絵本のちびっこ機関車が繰り返す、あの合言葉のようだ。「だいじょうぶ、だいじょうぶ」

私には子どもがいない。ただし、過去に一度もいなかったわけではない。一〇年間の結婚生活で五人の子の母親になりかけた。妊娠期間は私たちにとって、つかの間の幸せと二度の地獄の日々と重なる。深く知ることなく終わった赤ん坊たちは、あの頃、夫婦でつけた仮の名前のまま、今も私の記憶の中に登場する。「ベイビー1《ワン》」「ベイビー2《ツー》」、そんなふうに呼んでいたのは、ましな名前を思いつかなかったからではない。夫婦ともに息を潜め、四カ月めの角を慎重に曲がらねばならなかったのだ。

聡明さと勤勉さ、野生的な一面を併せ持つ夫は、意外にも保守主義者だったようで、平静を保つのが一番と考えていた。結婚半年で最初の喪失に見舞われたとき、私たちはふいを突かれて深手を負った。それ以来、二度と悲しい思いはしたくないと、妊娠には期待も寄せなければ、ワクワクもしないようになった。それどころか積極的にトライすらしなくなった。おなかの赤ん坊を「ベイビー1、ベイビー2……」と番号だけで呼んでいたのも、はやばやと名前をつけたあげくに失ったのではショックが大きすぎることを直感していたからだ。

最初の流産の一年後に再び妊娠、修士号を取って卒業したあとにもう一度。その二年後、再び身ごもったときには、一瞬とはいえ、「この子（ベイビー4《フォー》）は将来、大学に行かせよう」などと、のぼせ上がれる期間もあった。その後、たび重なる失業、貧困、さまざまな誘惑を経験すること三年、ついに再び妊娠。ベイビー5《ファイブ》は私とともに交通事故に遭いながら持ちこたえ、最も長いあいだおなかにとどまってくれた。それなのに、私が空を飛んでいるときに早産が始まった。突然、最悪の形で始まったお産に体はボロボロ。抱きかかえられるほど完全に育っていた我が子を失った悲しみに、その後一年もしないうちに結婚生活は墜落――終止符を打つことになった。

夫は猫を引き取り、私は犬を引き取った。ベッドサイドのテーブルも、台所のふきんも二等分し、請求書の支払い、税金、アパートの保証金の扱いを取り決めれば、それで完了。それぞれ別の町に引っ越し、互いに一人で傷を癒すことになった。

亡くなった赤ん坊たちは、今でも思いがけず、せつない気持ちをよみがえらせることがある。あれから何年も経つというのに、「ベイビー」たちは、姿かたちを持って私に迫ってくる。スーパーで見かけた男の子が別れた夫によく似ていたり、誰かに道を尋ねる女の子の横顔が一瞬、自分そっくりに見えたり。

よく聞かれるのは、赤ん坊を失った経験から捜索救助活動に加わるようになったのか、ということだ。フロイト流精神分析の産物だろうか。私が、現実を否認したいばかりに捜索救助活動で埋め合わせしているのだとか。もちろん、自分ではそうは思わないが、友だちはそれもまた否認の証拠かもしれないという。なんとも月並みな解釈で、正直、またかと思う。一方、もっと崇高な動機を指摘してくれる心優しき人々もいる。子どもがらみの捜索に向かうのは、きっと自分と同じ悲しみをほかの母親たちに味わわせたくないと思っているからだ、と。なるほど。でも、自分では動機などあまり考えたことがない。流産と離婚の泥沼を苦労しながら少しずつ抜け出したように、一歩また一歩と私は捜索を進める。好ましい結果を期待すると同時に、悲しい思いも覚悟し、ひたすら犬のあとを追う。それだけだ。

まだ一〇〇軒以上のトレーラーハウスが残っているが、別の区画を捜索中のハンドラーたちの明かりがときおり見え隠れするほど、住まいは密集している。どのユニットも少年の名前を呼び、「心配いらないから、お家へ帰ろう」と言いながら捜索を進めている。懐中電灯の光がトレーラーの下っ腹を銀色に照らし出す。やがて傍観者たちが自宅へ引っ込んでしまうと、通り過ぎる犬たちに目を光らせているのは、うずくまる猫たちだけになった。

作業区画の終わりに近づいたとき、私たちの犬が突然走り出した。一軒のトレーラーハウスの前で止まると、前足で玄関をしきりに叩く。そのうち勝手にドアが開いて、下着姿の男性が丸見えになってしまった。冷蔵庫の野菜室から何かを取り出そうとしている。男性は黒い大きな犬の姿に悲鳴を上げた。しどろもどろで、今にもひっくり返りそうだ。付近の家々に明かりが灯り、怒鳴り声があちこちから聞こえてきた。ハンドラーは謝罪して犬を引き戻した。私たちがしずしずと後ずさると、男性は勢いよくドアを閉め、鍵を掛けた。

「ここで無線を入れるのはやめておこう」ハンドラーが静かに言った。ほかのハンドラーと無線で何かしゃべれば、住民にすべて筒抜けになる。「この区画の報告は歩いて戻ってからにしよう」

玄関付近に強い興味あり。ほかにも二匹の犬が、一台の車のトランク部分にかなりの反応を示した。犬たちが言っていることは、はっきりしている。それほど明らかでありながら、人間には嗅ぎ取ることができない証拠について、当局にくどくど説明しなければならないのは実にもどかしいことだ。どうか警察が犬たちのメッセージを理解してくれますように、と私たちは祈るしかない。

今回は、ハンドラーたちがそれぞれの犬の反応を知らせると、警官たちは話し合いの結果、犬たちが反応したのは無理もないと返事してきた。問題のトレーラー付近は少年がたびたび訪れている場所で、今日もそこで遊んでいた可能性があるし、車に関しては、少年の家族の友人が所有するものだから、ブレイデンはこれまでに何度も乗っているのだ、と言う。

でも、と私たちは思う。少年が入ったことのある家や車はほかにもあるはずだし、遊び場なら公園のブランコだってある。それなのに、なぜ犬たちは特定の玄関と車に興味を示したのか。どうしてそこでだけ新鮮な臭跡を嗅ぎ取ったのか。私たちにはこれほど重要な事実はないように思える。警察が同じ疑問を感じてくれるといいのだが……。ただし、私たちが警察の話し合いに立ち入ることはない。彼らがパトカーのボンネットの上に身をかがめ、聞き取り調査の結果と犬たちから得た情報を検討する様子を、遠くから、ただ見守るだけだ。

遠くでバタバタバタという音がしたかと思うと、次第に大きくなり、警察のヘリコプターがトレーラーハウス村をかすめながら畑のほうへ飛び去っていった。地上で私たちがやってきた綿密な捜索を、今度はパイロットとスポッター（観察要員）が空からやろうというのだ。ヘリの強烈なサーチライトとローターの風を切る音で、一帯の生きものはすべて目が覚めてしまったのではないだろうか。ヘリが飛んでいるあいだは、犬たちも捜索を続けられない。ローターからの吹き下ろしは、さながら小さな竜巻のように臭跡をかき散らしてしまうからだ。

　立ちつくしている私たちをよそに、犬たちは通り沿いの涼しい草の上で休んでいる。彼らは私たちほど関心を持っていない。ヘリが近づいてくることなどとっくに承知していたし、水をもらって休憩できることを喜んでいる。私たち人間は、風圧でしなる木々や、ヘリから延びてくるまばゆいサーチライトの輪の中に浮かび上がる物体を見守っている。やましいことなど何もないのに、何もかもを照らし出すサーチライトが近づいてくると、私はなぜか逃げ出したくなる。

　もしブレイデンが生きて意識があり、この光景を見たら、どう思うだろう。自分を助けにきてくれたことが分かるだろうか。そばに立っている若い警官に尋ねてみると、彼は首を横に振りながら、ヘリの音に負けないように大声で答えた。トレーラーハウス村の住民はヘリを見慣れている。このあたりでは犯罪が絶えず、違法薬物の取引や乱用、強盗傷害や、ときには殺人事件も起きている。だが、長年住み続けている人たちは、引っ越したくてもお金がない。

　淡々と事実を並べながら、警官の声にはどことなく同情もこもっていた。「何が起きても、連中は知らぬ存ぜぬの一点張りなんだ。俺たちが帰ったあとも、ここで暮らしていかなきゃならないからな」

　ヘリは二〇回ほど行き来したところでフワッと浮き上がり、ウィンクしながら暗い空へ吸い込まれていった。いつの間にか私の膝はガクガク震えていた。原因は疲れだけではない。ヘリが去って、ブレイデンはここにいないことがはっきりしたのだ。そう思うと気が滅入《めい》ってくるが、口には出さなかった。チームの誰もが何も言わない。警官がジェスチャーで私たちに警戒態勢解除を知らせた。

明日は捜索エリアを広げるらしい。周辺の畑や、これまでにも遺体が発見されたことのある場所を調べることになるのだろう。

七時間後、私は、高度三〇〇メートルを飛ぶセスナ一五二の左側のシートで、コーヒーを飲みながら英気を養っていた。右側ではスポッターが地上を見おろしている。今日はまた犬たちと捜索をおこなうものと思っていたら、私が捜索本部に顔を出すなり、本部長は、「君がよければ、今日は飛んでもらえないだろうか。犬たちには難しそうな場所を空から調べてもらいたい。そうすれば作業区画を決めやすいし、チームも準備しやすいから」と言う。二〇分後、さっそく飛行場でセスナを借りると、さらにその二〇分後にはこうして機上の人となった。

朝からすでに意地の悪いくらいの暑さだ。捜索する価値のありそうなポイントの上空を旋回したり、だだっ広い野原を碁盤の目状に飛んだりしていると、小さな機体は上昇気流に揉まれてガタガタいう。うれしいことに、スポッターは航空学校時代のパイロット仲間だった。彼なら、どんなに暑かろうが、操縦が粗《あら》かろうが、気流が悪かろうが、酔うことはないだろう。普段、物静かな若者が鋭い目つきで見つけたものを大声で私に教えてくれる。今日の捜索に向けて追加の捜索要員が到着したという。騎馬隊とバギー車隊、それからスーパーの駐車場に大勢の人たち。おそらく特定のエリアを徒歩で捜索する人たちだろう。数十センチおきに平行に歩きながら、失踪少年の手がかりになりそうなものが落ちていないか探すのだ。ボランティアは少なくとも昨日より一〇〇名は増えそうだ。それでも捜索は簡単にはいかないだろう。

眼下には刈り取りの済んでいない畑が広がる。無数の小さな流れとそれを囲む深い草むら。建設現場がいくつか、それに廃品置き場が一カ所。昔は田舎と町をつなぐ大通りだった道路がリボンのように見える。スポッターはコピーされた地図に地上の様子を素早く書き込んでいく。私たちはときおり役割を交代しながら、どこかにブレイデンが歩いていないかと目を凝らした。高度を一五〇メートルまで下げたので、開けた場所に六歳の少年がいれば見えるはずだ。でも背の高い草むらにも平坦な場所にも見当たらなかった。草地のどこを見渡しても道路に接した部分がなく、隅から隅まで調べるには何日もかかりそうだ。

着陸し、集めた情報を伝え、再び離陸する。私たちが上空へ向かう頃には、地上の捜索隊が動き始める。彼らに気づいて少年が動きだすことを期待して、私たちは一日じゅう作業区画の上を飛んで回った。地上の捜索者には見えなくても、私たちには見えるかもしれない。

ついに聞きたくない連絡が入った。捜索が行き詰まったのか、私たちには言えない情報があるのか、警察は夕方の捜索を打ち切ると伝えてきたのだ。すでにどの作業区画も捜索を終えているが、少年の痕跡はまったく見つからない。集まった人たちのあいだでは、未確認とはいえ、すでに「誘拐」が噂され、やっぱり、という思いが広がっていた。気温は四〇度を越え、負傷者が出ているにもかかわらず、捜索要員の多くはこのまま現場で待機したいと申し出た。熱中症が数人、捻挫《ねんざ》が一人、窪地を渡りそこねて負傷した馬が一頭。けれども警察は申し出を断った。彼らも撤退するという。この一件は終わってはいないが、地上での捜索はここまでだった。

疲れきった犬たちは、何も言わずに車に乗り込み、クレートに収まった。力なく水入れに鼻面《はなづら》を突っ込む。伏せる前からウトウトしているものもいる。私たち人間は、言葉少なに肩をポンポンと叩き合った。

帰りの車でもう一度トレーラーハウス村を通り抜ける。この暑さのせいで、動いている大人は、ほとんどいない。固定用ジャッキだけが残された場所で、四人の少年が上半身裸のまま、つぶれたバスケットボールを取りっこしている。私が通り過ぎると、四人は動きを止め「あれ誰?」というように指さして一瞬見つめたあと、遊びに戻った。通りを何本か進んだところでは、年配の女性が腰を下ろし、そのそばでは少女が子ども用プールで遊んでいた。女の子は私にさかんに手を振った。夏の昼下がりの炎天下、今から五〇年も前にできたトレーラーハウス村を走っていると、昨夜の捜索が嘘のように思えてくる。ブレイデンの家の前には車がなく、静まり返っている。布製のひさしは破れて窓に垂れ下がり、ちょうどいい日よけになっているようだ。

捜索打ち切りの数時間後、トレーラーハウス村の住人が付近で犬を散歩中、煙を嗅ぎつけた。排水溝をのぞくと、丸めて下水管に半分突っ込まれたカーペットがくすぶっており、その端から子どもの足が出ていた。少年が発見されたのは、トレーラーハウス村のすぐ外、警察の車両が停まっていた場所から数メートルと離れていない。この下水管には、昨晩、何回か懐中電灯の明かりを当てて捜索がおこなわれていた。

その後、何日も経ってから、あの日あったと思われることが私たちの耳にも入ってきた。噂によれば、ブレイデンと友だちとのあいだで銃による事故があり、大人たちが協力して遺体をどこかに隠し、捜索終了後に元の場所に戻したらしい。犬たちが示した反応にも関連があるとか。私たちには新たな疑問が生まれた。遺体が戻されたことには、どんなメッセージが隠されていたのだろう。発見してほしかったのか、それとも、一度捜索された場所なら見つからないと思ったのか。それとも、警察への挑戦だったのだろうか。だが、その答えを私たちが知ることはないだろう。

一週間後、チームの報告会に集まってみると、ブレイデンの捜索後、悪夢にうなされたり、眠れなくなったりしているメンバーがいた。怒りっぽくなった人もいたし、落ち込んで無口になった人もいた。行方不明者の救出を目指していた捜索が遺体回収に終わった場合、簡単に割り切れるものではない。子どもの遺体が見つかった場合は特に、いたたまれなくなる。たとえ私たちが直接、発見に立ち会ったのではなくても、その気持ちは変わらないのだ。

チームはいつかまた新たな捜索現場へ呼び出され、新たな作業区画で犬たちのあとを追うだろう。それでも、ブレイデンの事件が私の記憶から消え去ることはない。何カ月経とうと、少年は私の夢の片隅を占領し続け、いつも、頭と手のひらに傷を負った姿で現れる。それはまるで、銃の閃光が走った瞬間、自分に向かってくるものをさえぎろうとしたかのようだ。

16　恐怖心の克服

音も聞こえないうちから雷がくるのが分かった。ベッドで寝ていると、体重二キロのスプリッツルが私の胸の上でタップダンスを始めたからだ。南から嵐が近づいているらしい。ここテキサスでは、早朝の、特に季節の変わりめの嵐は、たいてい最悪なものになる。スプリッツルは嵐の音を聞いているのだろうか。それとも臭いを嗅ぎつけるのか、気圧や風向きの変化を感じるのか、そのあたりは定かではないが、この二年ほど嵐恐怖症がひどくなっている。ヒステリックに暴れはしないものの、不安でたまらないらしく、呼吸が速くなり、抱きしめてくれそうな人にすがりつくのだ。今も、私の腕の中でキャンキャン、クークーと鳴いている。午前四時。私も目を細め、目覚まし時計の音をさえぎれば、遠くに雷鳴が聞こえそうな気がしないでもない。でも、スプリッツルには、それがとっくの昔に分かってしまうのだ。

ただし嵐に神経質なのはスプリッツルだけで、一緒に寝ているほかの三匹は平然としている。足元にはジャックとソフィーが頭と頭をくっつけて眠っているし、背中にはパズルがもたれかかって、いびきをかいている。それはもうぐっすり。暗闇で横になったまま、私が胸を撫でてやると、スプリッツルは少し落ち着きを取り戻した。タップダンスの足を止め、体をこわばらせて、窓の外の南西方向をじっと見つめている。

嵐を怖がる犬は前にもいた。もしかしたらスプリッツルに怖がることを教えたのは、亡くなったイングリッシュ・セッターのシェヴィーではないだろうか。彼の怖がりかたは、派手だった。体重四〇キロの大きな図体で部屋じゅうを歩き回り、椅子の下にもぐったかと思えば、やがてバスタブに入り、半狂乱で穴掘りの仕草を続けながら必死で頭を隠そうとしていた。子犬の頃のスプリッツルは悪天候でも騒いだことはなかったが、年老いたシェヴィーを見ているうちに、恐怖とは何かを学んだのだろうか。それともスプリッツル独自の変化なのだろうか。

では、パズルはどうだろう。今のところは平気でも、そのうち嵐を怖がるようになるのだろうか。ゴールデン・レトリーバーは嵐が苦手というのが定説らしい。我が家にパズルがいると知った人たちからは、しょっちゅう「おやまあゴールデンを飼っているのね。じゃあ嵐を怖がるでしょう」と、ひと息で言われる。

いつかパズルが嵐恐怖症になるとしても、今朝はまだ大丈夫だろう。風は強さを増し、我が家の隙間という隙間を通り抜ける。気圧の変化や雷鳴のたびに窓ガラスがガタガタとうるさい。嵐に夢の邪魔でもされたのか、ジャックとソフィーは頭をもたげて少しブツブツ言ってから、また眠りに落ちた。私は横向きになり、曲げた膝の後ろにスプリッツルを入れてやる。ようやくおとなしくなったので、今度はパズルの温かな体に手を伸ばす。嵐のときにこうして犬に寄り添っているのが、私は昔からたまらなく好きだ。パズルは抱きしめるのにちょうどいい大きさになった。さっそく彼女のおでこに自分の頬をつけ、おなかに腕を回す。稲妻と雷鳴のたびに、まだスプリッツルは小さく悲鳴を上げているが、パズルは目を覚まさない。おなかを出して、ため息をついている様子は堂々たるものだ。やがて気がつくと、あれほどにぎやかだった稲妻と雷鳴が、ときおりピカッと光っては小さくゴロゴロ鳴る程度に変わっている。

漠然とした統計によれば、救助犬候補生の八〇パーセントは途中で落伍すると言われている。適性がなかったり、意欲がなかったり、あるいは、要求されることが多すぎてプレッシャーにつぶされたりするのだ。子犬の頃の適性テストはおおまかな見きわめになるだけで、将来、必ず救助犬になれるという保証ではない。私も統計のことは以前から耳にしていたし、パズルを飼い始めるときも、ただ単に「優秀な鼻と賢い頭を持つ犬だから、パートナーになれる」というような、単純なものでないことは分かっていた。捜索救助への意欲と自信は、持って生まれた嗅覚や頭脳と同じくらい重要なのだ。

子犬には、初めて何かが怖くなる時期がある。私はそんな「恐怖の階段」を初めて上るパズルを目の当たりにした。ある日、突然、車輪のついたものとヨチヨチ歩きの子どもを嫌がるようになったのだ。ただし、少しずつ慣らすうちに、数週間でその症状は消えていった。第二期は生後六カ月から一四カ月だと言われているから、そろそろ別の恐怖の対象が現れてもおかしくはないだろう。今のところパズルは、特に何かを怖がるそぶりは見せない。それでも、日々変化を遂げていることを考え、私はさまざまな刺激を与えるようにしている。救助犬は現場で何に遭遇するか分からないからだ。それに、逆に私たちの絆を強くするチャンスになるかもしれない。「ここにあるのは大切なものだから、怖がる必要はないのよ。私を信じて」

その朝、消防訓練所では、若手の消防士たちが大型車の運転を練習していた。二台の消防車が目の前のコーナーを曲がり、猛スピードで通過していく。そこから二メートルと離れていない芝生の上に座っているパズルは、次々と至近距離を駆け抜けていく大きな車両にさぞかしドギマギしているに違いない。車体を傾けて行き来する様子――カーブを曲がり、急ブレーキをかけ、狭いレーンをすり抜け、今度はバックする――は、犬にとっては相当怖いはずだ。と思いきや、パズルはそんなそぶりはまったく見せなかった。爆走する消防車を落ち着きはらってうれしそうに眺めている。車が止まり消防士たちが飛び出してくると、よく知っている友人の臭いを嗅ぎつけて、しっぽを振ったりもする。

我が家の近所ではずっと工事が続いているので、パズルは騒音の中で育ってきたようなものだ。両隣の住宅が解体されていないときは、道路がほじくり返され、老朽化したインフラの改修工事がおこなわれている。毎日の騒音とほこりで私はうんざりしているが、行きかうミキサー車やダンプカーや重機のおかげで、ありがたいことにパズルは巨大な車両にも、それが発する轟音にも慣れっこになってしまった。裏庭から五メートル先の道路にドリルで穴を開けていようが、仰向けになって芝生で寝ていたりする。

ただし、嵐と消防車を平然と受け止めているからといって、パズルに恐怖心がないわけではない。

消防服姿の人たちと、どう接したらいいか迷っているようだ。小さい頃から、私服の地元消防隊員を見つけると、男女を問わず、すぐにすり寄っていたのだが（チームでは、そんなパズルの心理を冗談まじりに、こう分析している。「あの人たち、たくましくて強くて、ちょっとシブい臭いがするわ！」）、最近、その大好きな隊員の一人が、消防服で完全武装して現れたのを見て、少し熱が冷めたようだ。

その消防士というのはマックスだった。救助犬チームのメンバーで、三一歳、パズルの大のお気に入りの彼は、ある晴れた風のない訓練日、犬たちの見えない場所で消防服に着替え、酸素ボンベを背負った。それは重要な訓練の一環で、チームの最年少の犬たちが、フル装備の消防士を見るのは初めてだった。私たちは、彼らがなんとか見抜いてくれることを期待して、訓練をおこなった。突如、目の前にドタドタと現れた全身黄色の生きものは、テカテカのマスクのせいで顔は見えないし、息づかいもなんだか騒々しいが、本当は人間なのだ、と。

多くの犬はこうした初めての接近遭遇に反感を覚えるものだ。パズルも遠目からしか消防士を見たことがない。消防署のガレージでは、すぐに着用できるように開いた状態でずらりと並べてあるズボンやブーツを興味深げに嗅ぎ回ったことはあるが、フル装備の消防士を間近に見るのは初めてだった。

角を曲がって姿を現したマックスは、若い犬たちの集団に近づいていった。どの子も尻込みして吠えている。マーシーもあわてて後ずさると一瞬吠えたが、すぐに臭いで自分のハンドラーが変装しているのだと気づいた。ほかの二匹はマックスが膝をついて話しかけるまで警戒していた。安心したきっかけがマックスの臭いなのか姿勢なのかは分からないが、最初はおずおずと、徐々に自信を持って近寄ってきた。

ところがパズルは何も感じ取っていない。マックスを見たとたん、怖気づいてしまった。彼がそばに立ち、マスクと自給式呼吸器のせいで聞きなれない声で名前を呼ぶと、ガタガタと身を震わせながら逃げ出してしまう。おやつを差し出されても私の後ろに隠れて出てこない。ついにはおしっこを漏らす始末だ。そんなパズルを見たのは、あとにも先にもそのときだけだ。そのうち、なんとかマックスの手袋を恐る恐る嗅ぐようにはなったが、わずかにしっぽを揺らしただけで、少しも安心できないようだった。

しばらくするとマックスは引き上げていった。初めての経験がずっとトラウマになってしまっては意味がない。パズルは、マスクに覆われた顔がクルリと向きを変え元の方向へ帰っていくのを見て、ホッとしたようだ。マックスの臭いや声を認識できなかったのだろうか、それとも彼と分かっていながら、あまりの変わりように震え上がってしまったのだろうか。

疑問の答えはすぐに出た。マックスが私服で戻ってくると、パズルは生まれて初めて彼を敬遠したのだ。助けてと言わんばかりに私にすり寄ると、裏切られたという顔つきで、マックスにチラリとだけ視線を送った。要するに、ツルッとした顔で変な声を出しながらドタドタと歩いてくる男はマックスだと、ちゃんと認識していたのだ。そう、大好きなマックス！ パズルの心の声が聞こえてきそうだ。「あなたのこと友だちだと思っていたのに、なんでこんなふうに脅かすの!?」

あれからずっとパズルは根に持っている。少しずつ警戒を緩めてはいるが、マックスがまたあのときの怪物に化けはしないか、脅かされて、もう一度お漏らししたらどうしようとでも思うのか、自分から近づこうとはしない。「パズル、そろそろ僕を許してくれないかな」かれこれ六週間になるが、マックスはまだ言い続けている。

一つだけ確かなのは、パズルをもっと消防服に慣れさせる必要があるということだ。そこで訓練のたびに消防車のガレージにパズルを連れていき、消防服が吊るされている場所を歩き回ることにした。するとパズルは、しばらくは警戒しているが、そのうち慎重にズボン、ブーツ、上着、手袋を嗅ぎ始める。そんなとき私は「これをもの《own》にして。これも……これも」と話しかける。「own《オウン》」というのは私たちの合言葉で、「これをチェックして、慣れなさい」という意味だ。

私は、チームで手に入れた中古の消防服上下を自宅に持ち帰ると、何気なくポーチに広げて、まず犬たち全員に嗅がせてみた。最初に駆けつけたのはスプリッツルだった。最初から少しも怖がらない。消防服を踏みつけ、小さな鼻先を這わせて何度かフンフン言って調査は完了。すると残りのポメラニアンたちも彼にならった。それを見ていた友人は、ＳＦ映画か何かのようだと言った。宇宙からやってきた毛むくじゃらでキツネ顔の生物が、消防士を丸のみにして服だけを残していったみたいだ、と。

数日後、消防服を庭のベンチに移し、人間が横たわっているみたいに広げてみた。すると、またしてもキツネ顔のエイリアンたちに踏みつけにされ、抜け殻状態になる。それが終わると、今度は分厚い黄色の生地のあいだにおやつを仕込んだ。パズルは、消防服の位置が変わったことにちょっと興味を示しただけだったが、スプリッツルが跳び回っておやつを見つけ出すと、いつもの負けん気で、急に自分も加わりたがった。

次の週、私はその消防服を着込むと、テントウムシ模様の黄色いゴム長靴を履いて、庭をうろついてみた。消防服の元の持ち主は大柄な男性だったのだろう。ズボンは丈が二〇センチも長すぎるし、上着は私が三人入れるくらい大きい。引退して久しいであろう彼が、今の私を見たらどう思うだろうか。明るい黄色の消防服上下に身を包んだ女性が、植木バサミとジョウロを手にバラの咲く庭をヨチヨチと歩いている——気がふれたと思われても仕方がなかった。案の定、切り落として集めた枝を家の脇にある堆肥の山に持っていくと、通りすがりの近所の住人二人が、笑顔をこわばらせながら、敬遠するように通りの反対側に渡ってしまった。後日、町でばったり再会したときも、ジロジロと見られた。私が例の衣装を着ていなかったので、がっかりしたのかもしれない。

消防服姿で庭の手入れをし、歩き回り、お茶を飲むという行動を続けたかいあってか、やがてパズルは、訓練のときに消防服を見ても落ち着いていられるようになった。消防士たちが自分とは関係のない仕事に打ち込んでいるときは、特にそうだ。新人たちが消防服を着込む様子も首をかしげて眺めている。

ときおり自分の知っている誰かが分厚い上着とズボンを装着し始めると、ピクリと耳を動かし、もしや、これからシールドとマスクのついたヘルメットで顔を隠すのだろうか、などと想像しているようだ。その人が自分の好きな消防士だったりすると、ゴールデン特有のしわを眉間に寄せ、「あらまあ、そんなものかぶってはダメよ」とでも言いたげに、母親のような心配顔になる。その後の訓練セッションで何度か、消防服姿の要救助者役に木材の山にうつ伏せで隠れてもらったことがある。すると喜ばしいことに、パズルは何のためらいも見せずに捜し出せるようになった。

ところが、消防服姿のマックスのことは、相変わらず忘れていないらしい。しばらく経ったある日、彼はパズルの訓練のために消防署のガレージに身を隠した。場所は、重たい黄色の消防服、ヘルメット、マスク、ブーツが並ぶ収納棚の後ろだ。パズルは、同じように身を隠したほかの人たちはうれしそうに捜し出したのだが、マックスの臭いが漂ってくるガレージの一画に向かう際には、二メートルほど手前で急に足を止めてしまった。

そこからなら安心できるとでも言うように、私とヘッド・トレーナーに向かって順にアラートを発し、念のためか、私たち両方にもう一度アラートした。私がもっと近づくようにうながしても、決して距離を縮めようとしない。「だまされるのは一度でたくさんよ」とでも言いたげに、マックスが潜んでいる棚の一点をじっと見つめている。テコでも動かないようだ。棚の裏側に隠れているのは分かっている、でも近寄ったりするもんか、また、あの変な服を着て脅かすに決まってる、そう思っているのだろう。

私は頭の中でメモを取った。マックスには、消防服を吊るした棚にもっと頻繁に隠れてもらおう。それと、消防服姿で我が家の庭の草むしりにも来てもらおう。

雷、消防車、工事用重機――どれも問題なし。ヨチヨチ歩きの子どもと消防服――もうひと息。成長を続けるパズルとは別に、私にも克服しなければならない課題があった。捜索訓練が始まって一年、パズルはうまくやっている。都市の道路や建物、大破した自動車や飛行機、がれきの山、藪に覆われた原野などで、すでに二〇〇回以上の模擬捜索に成功してきた。チームの出動は半分以上が夜間なので、現在はそれに合わせた訓練もおこなっている。

暗闇にはまったく抵抗がない私も、ある種の場所、特に建物内を捜索するときには、たとえ懐中電灯の助けがあっても苦手意識をぬぐえない。要するにドジなのだ。物がよく見えない場所ではしょっちゅうころんでいる。パズルがそばにいても、いなくても、何かにつまずきやすい。一度などは、酸素ボンベを背負ったまま、うつ伏せにバッタリ、ということもあった。一方、パズルは暗がりでも困らない。薄暗い倉庫や家具類が倒れたアパートの室内でも、やすやすと歩き回り、階段だろうと平気で上っていく。

夜間の原野捜索は、パズルにとってはお気に入りの時間だ。日が傾くほど、彼女は生き生きとしてくる。まるで、視界が制限されたほうがほかの感覚器官がよく働くかのようだ。パズルの夜間視力は悪いほうではない。犬の視力に関しては諸説あるが、最新の研究によれば、夜間視力は人間より犬のほうがはるかに優れているという。人間の眼は、色に敏感な錐体《すいたい》細胞のほうが多く、犬よりも色の識別に優れているが、一方、犬の眼は、光に敏感な桿体《かんたい》細胞が多いため夜間の狩猟に向いているのだ。パズルもチームのほかの犬たちも、「捜せ」のコマンドがかかると、昼も夜も変わらないスピードで飛び出していく。

暗闇を犬たちがグイグイと前進している頃、要救助者役で隠れている人間は、一刻も早く見つけ出されるのを心待ちにしている。懐中電灯も持たずに草むらに隠れ、かわるがわる犬たちが捜し出してくれるのを待ち続けるのは、実際、不気味なものだ。ときおり夜行性の野生動物が調べにきた

検定試験をパスし、訓練捜索で谷間に隠れたカメラマンを見つけ出すパズル。

りもするが、じっとしていなければならない。救出後、目をカッと見開き、鳥肌だらけで戻ってくる人もいる。何かが這い回る音がしたとか、ポキッと折れる音がしたとか、月の光を受けて暗闇にまばたきもしない目が浮かんでいたとか、恐怖のエピソードを次々と披露してくれたりする。

そういう場所にいると、本当に遭難したような気分になっても不思議ではない。そんな中で犬に見つけ出されれば、うれしくもなるだろう。私もパズル以外の犬たちのために、何度も草むらに隠れてきた。犬たちが嗅ぎ回る様子を草のあいだから覗き見ていると、本当の遭難者の気持ちを想像したりする。

救いを待つ人の目に、犬の姿はどう映るだろうか。明るい色の犬は月光を浴びてフワフワと動き回り、一方、暗い色の犬は闇に溶け込み、忍び足で進むオオカミのように見える。要救助者役には犬がやってくることが分かっていても、本物の遭難者には分からない。

彼らの心境を考えてみると、救助犬は人当たりのよさが大切だということに改めて気づかされる。パズルが明るい被毛とよく振れるしっぽ、子犬ならではの優しい笑顔の持ち主でよかったと思う。

ところが、そのパズルに私は、ときおりヒヤッとさせられる。おてんば娘は暗闇だろうと躊躇《ちゅうちょ》することなく突入していくからだ。この一年、パズルと訓練していて気づいたことがあった。明るい場所でも暗い場所でも、私は自分自身の恐怖心とは折り合いがつけられるのに、パズルのこととなると心配で心配でたまらない。子どものいない私が今まで味わったことのない親としての苦悩――我が子は愛《いと》しいし、守ってやりたい、でも、その一方で自立もしてほしい、という葛藤――を味わっているわけだ。今になって、こんな一撃を食らうとは思いもしなかった。

なじみのある場所では、私たちは基本的にリードなしで活動する。パズルはもう以前のように突然駆け出すことはないし、昼でも夜でも自分の所在を積極的に私に知らせてくれる。それでも、リードをはずしながら「捜せ」のコマンドをかけるときには、思わず、体がこわばってしまう。原野やがれきの山のような場所では、何メートルも先にどんな危険が潜んでいるか分からない。はるか手前でリスクを見抜いてやれればいいのだが、それが難しい現場では、特に不安が募る。

コヨーテ、迷い犬、悪意を持った浮浪者、何に出くわしても不思議ではないし、実際、出くわすことがある。パズルの首輪には点滅するライトがついているので、今、どこをどう動いているかは光を頼りに知ることができる。これは結構、役に立っているのだが、それでも暗闇ではパズルに対する不安ばかりが先に立ち、身ぶるいして、つい、引き止めたくなるのだ。

知り合いのトレーナーは、救助犬候補生の八〇パーセントが落伍する原因の一つは、ハンドラーにあると言う。そのことを最近パズルと訓練していて初めて実感した。私たちのあいだに育ってきた絆が骨抜きになることがあるとすれば、その原因になるのは、この私だろう。この仕事は善意だけでは続けられない。私は訓練を積んできたし、頭を使うスキルも、肉体的、精神的なスタミナもある。ところが、一番の弱点をパズルに突かれた格好だった。

ある晩、消防訓練施設で、屋根を模したA字型の高い構造物にチームのトレーナーが要救助者役の人を隠していた。犬に見えないように、屋根の頂上から向こう側の斜面にぶら下がってもらうのだ。そのときちょうどパズルと私は、つぶれた車や鉄道用のタンク車のある別の区画で活動していた。よく晴れた涼しい夜で、パズルにとっては、屋根にぶら下がった要救助者役は、かぐわしく臭いを発していたのだろう。自分たちの区画の中を何度か往復したところで、パズルは突然、タンク車も自動車も置き去りにして、A字型の屋根のもとへ駆けていった。そして一瞬、てっぺんを見上げたかと思うと、斜面を駆け上がり、反対側にぶら下がっている要救助者を発見、しっぽを振りながら、アラートを発し、その人の手を舐め始めた。「ウーップ!」小さく弾けるような子音で終わる吠え声に、発見の喜びが現れている。

私が屋根をよじ登ってパズルを迎えにいこうと身がまえているうちに、パズルのほうが迎えにきた。「いい子ね」とほめると、てっぺんへ引き返し、また吠えては駆け下りてきて、私に勾配《こうばい》の途中まででいいから早く上がってこいとせかす。発見もアラートも素晴らしいし、粘り強さもうれしい。ただ、私が登るあいだに何度も行ったり来たりして、ひどく興奮するのはやめてほしい。暗がりで屋根の端ぎりぎりのところを駆け下りてくるように見えるのだ。三メートルほどのてっぺんから落ちたらどうするのか。その下にはコンクリートや訓練用具があるというのに。それとも、端までよく見えていて、しっかり加減しながらやっていることなのだろうか。

「パズル！」私は屋根のてっぺんに向かって叫んだ。自分でも声が震えているのが分かる。「いい子ね。でも『動くな』」

するといった、命じられたとおり動かない——ものの見事に。要救助者がぶら下がっている屋根のてっぺんで、うれしそうにしっぽを振り、舌をデレッと垂らしたまま絶妙のバランスを保っている。真っ暗闇に明るい被毛、黒い瞳、「ハ、ハ、ハ」とでも言い出しそうな笑顔。

「どうも」私は息を切らしながら、要救助者役に声をかけた。

「どうも」男性が答えた。

「この子のほうが私たちより先に降りるのに、一〇ドル賭けるわ」

「その賭けには乗らないよ」彼はニヤニヤ笑っている。片手でぶら下がったまま、空いたほうの手でパズルの顔を撫で、それから私と同時に勾配を慎重にすべり降り始めた。コマンドを解除してやると、私たちより重心の低いパズルは、あっという間にスロープを下り、アスファルトに降り立った。しっぽを揺らしながら、もたついている私を笑顔で見上げている。

屋根を降りる道すがら、私は考えた。パズルに「這え」というコマンドを教えよう。こういう場面では「私の横をゆっくり進め」ということだ。たとえば、有刺鉄線の下をくぐるときとか、壊れた家屋に入るときとか、安全最優先で慎重に進んだほうがいい場合が当てはまるだろう。私が地面にたどりつくと、パズルは「ウー」とひと言。犬から人間への、ちょっとしたエールらしい。

夜間訓練は、私たちのどちらにとっても有意義なものだ。無鉄砲な子犬のパズルが大人の犬へと成長する途中の、この不安定な時期、私は自信を持つことの大切さを学んだ。その後も訓練を重ねるうちに、パズルが夜間に周囲の状況をどんなふうに把握しているのかが理解できるようになってきた。パズルは注意散漫などではない。鼻を動かし、足を突っ張り、遠くを見つめ、耳を前に向け、正確な判断を下すことができる。それでも、暗闇でその華奢《きゃしゃ》な体ががれきの山を越え、視界から消えていくと、私は思わず息を飲んでしまう。有能な犬だということは分かっている。でも、私にとっては、かけがえのない存在だからだ。かわいい子には旅をさせよ、というけれど、自信を持って送り出すのは、つくづく大変だと思う。

17　毒ヘビに注意

二階でステレオをかけながら、パソコンでブログに記事を打ち込んでいる。パズルは侵入防止用のパピーゲートの前で、さっきからクンクン鳴きっぱなしだ。庭から入ってきたばかりで、今度は二階に上がりたがっている。

「パズル、待て!」私たちの合言葉を使って話しかける。トレーナーのスーザンが聞いたら誇りに思うだろう。「お願い、これだけやらせて。終わったら、すぐに開けにいくから」

パズルはまた鼻を鳴らした。「待て」に応じる気はないらしい。そのうち掛け金をはずしてゲートをこじ開ける音がしたかと思うと、階段を駆け上がり、私のところへやってきた。なるべくそばに座りたいらしく、足乗せ台と椅子のあいだに体をねじ込んでくる。私はパソコンの画面を見たまま、パズルの顔を撫で、手のひらに鼻息を受ける。

まあ、喜んでいる場合じゃないのは分かっている。パズルは「待て」をしなかったのだから（これではスーザンもがっかりだろう）。でも、こうしていると絆を感じられて心がなごむ。それに、パピーゲートのこじ開けかたを発見した愛犬に一瞬、感心させられたのも事実だ。パズルもようやく私をパートナーと認め、自分からやってくるようになったのか、ずいぶん大人になったものだ、そう思うとうれしかった。最近、ちょっとした進歩を感じられる出来事がいくつも重なっていた。そう、ついに私たちはパートナーになれたのだ。

ブログの記事を読み返しながら撫でていたので、パズルには半分しか意識が向いていなかった。だから、顔が歪んでいることに気づくまで、しばらくかかった。なんと、私の手から離れたあとも、パズルの息づかいが止まらない。見下ろすと、困ったような顔で見上げていた。その顔の左半分は普段の二倍に腫《は》れ上がり、目はおびえきっている。呼吸も苦しそうだ。よだれを飲み込むことができずに、口の端から垂れて胸の毛を濡らしている。

あわててパズルの横にひざまずくと、両手で顔を挟んでこちらを向かせた。アナフィラキシーかもしれない。何かを飲み込んだか、踏んづけたか、噛まれたか、切られたかして、アレルギー反応を起こしているのだろう。調べているあいだにも一段と顔の腫れが進んでいるようだ。見れば、口のすぐ下、顔と喉とをつなぐ柔らかい肉の部分に二つの小さな穴が開いている。これはただごとではない。急いで抱き上げると、階段を下りて車に乗り込んだ。座らせた状態で押さえておくため、運転は近所の友人に代わってもらった。呼吸が速く、口の中が紫色になり始めている。

救急の獣医院は数キロしか離れていないが、金曜の夜なので、レストランやクラブに向かう車で最短ルートは渋滞におちいっていた。パズルは私の腕の中で震えている。指先であごを持ち上げていると、一番楽に呼吸ができるようだ。友人は慎重に運転している。パズルに余計なストレスを与えたくないので、私たちは小声で話す。このまま渋滞を我慢して少しずつ進むか、遠回りでも、すいているルートを探すか。いつもなら数分で行けるところなのに、今日は永遠にたどりつけないような気がしてくる。

獣医院の受付は、パズルを見るなり、急を要すのを察して、すぐに診察室に通してくれた。当直の獣医はさっそく二つの小さな穴を発見し、齧歯《げっし》類の可能性もあるが、傷の様子からするとヘビに間違いないだろうと言う。ちょうど活発になる時期だった。確かに、我が家は水辺に近いし、裏庭には手つかずの薪《まき》の山もあり、住宅街の中とはいえヘビの好むような環境が整っている。それでも信じられなかった。野山でさんざん捜索してきたのに、まさか自宅でヘビに噛まれるとは。

「こういう噛み傷はかなり痛いはずです」獣医が言った。患部を消毒し、抗ヒスタミン剤と抗生剤を打ったあと、点滴が始まる。パズルは、うなりもしないし抵抗もしない。前かがみになった私の肩にあごを乗せてじっとしたまま、腫れが引いて呼吸が楽になるのを待っている。なかなか変化が現れないので楽になりたくて立ち上がろうとするたびに、診察台をやみくもに引っかく音がする。私は涙をこらえるのに必死だった。

それでもしばらくすると、よだれが治まり、唾を飲み込めるようになった。口を開いて息をしても、もう苦しそうではない。舌もピンク色が戻ってきた。「よくなってきたようです」そう言うと、獣医は私たちを残して別の急患のところへ行った。パズルを治療しているあいだにも、次々と運び込まれていたのだ。

それから一時間、ロビーの方向からは、カチカチという爪音と感謝の言葉が聞こえてきたかと思えば、その少しあとには、若い男性のすすり泣きが聞こえてきたりした。私は、診察室でパズルを前に、うなだれたまま立ちつくしていた。私もこのクリニックで愛する動物たちを失ったことがある。まさしく今いるこの部屋で見送ったことも。でも今回はそうなりたくない。

帰りは、家を出たときよりもさらにゆっくりと車を走らせた。薬のせいで落ち着いているのか、息が楽になったからなのか、パズルはもう震えてはいない。目を開けたまま横になり、ときおりゴクリと喉を鳴らしている。抱いている私の指先に脈が触れ、唾を飲み込む喉の動きが伝わってくる。

家に着く頃には歩けるまでに回復していたが、私が抱きかかえて、そっとベッドまで運ぶと、抵抗せずに横になった。ワイワイとお出迎えに現れたチビたちは、私にベッドに引き上げてもらうと、いつも病院帰りの仲間にするように、ひとしきりパズルの臭いを嗅ぎ回った。それが終わると全員が腰を落ち着けた。いつか、スカッピーのそばにパズルが陣取っていたのとそっくりだ。ジャックは、ためらいがちにパズルの顔を一度だけ舐めてみた。そのパズルは、ポメラニアンたちの動きには気づかない様子で、ひたすら私のあとを目で追っている。カーテンを閉めパジャマに着替えた私がコップ一杯の水を取りにいくと、あわてて床に降りようとした。

パズルが困っている。こんなパズルは見たことがない。枕を当てて寝かせると、私もその横で丸くなり、彼女の背中に胸を押し当てた。やがてパズルの肩がゆっくりと持ち上がり、息が吸い込まれて、フッとため息が漏れる。すっかりではないが、体調はだいぶよくなっているようだ。パズルはすぐに眠りに落ちたが、私は寝つけなかった。あのとき私のところに飛んでこなければ、大変なことになっていただろう。体当たりでパピーゲートを突破して階段を駆け上がり、私の手のひらに顔を押しつけにきたパズル。あのときいったい、どんなことを考えていたのだろう。

おそらく、パズルは、庭に積まれた薪の山でカサコソと動くものに鼻面を突き出したのだろう。そのヘビは裏庭の住人なのか、それともたまたま通りがかっただけなのか、気になるところだ。パズルは噛まれてからすぐに飛んできたのだろうか。体重が五分の一しかないポメラニアンたちが、同じようにヘビにちょっかいを出したらどうなるだろう。パズルでさえこれだけ大変な思いをしたのだから、ずっとひどいことになりかねない。

生後一八カ月のパズルは、まだ「ヘビよけ」のレッスンを受けていなかった。野外活動や捜索救助にかかわる犬は、一般的に、ヘビを回避するようにしつけられる。弱電流を流せるショックカラーという首輪をつけて、ヘビに慎重に近づけさせ、回避を覚えさせるのだ。その際、ヘビを傷つけたりはしない。安全な距離から犬にヘビの臭いを嗅がせたり、自然な動きを観察させたりし、犬が興味を示したら、その瞬間、首輪から弱電流を流す。すると犬は、ヘビは痛いものだから近づかないようにしようと覚える、というわけだ。

ほんのわずかな電気ショックで事足りる犬もいる。一度チクッとされただけで、もうこりごり、次にヘビを見たときには、まるで漫画みたいに後ずさりするようになるのだ。チームのハンドラーの一人が笑いながら言うには、どんな捜索現場でも落ち着いて果敢に挑《いど》む相棒が、草むらでヘビに出くわしたとたん、飛びのき、アニメの駄犬スクービー・ドゥーのように情けない顔で彼の腕の中に収まるのだそうだ。そうかと思えば、もっと強力な抑止力が必要な犬もいる。たとえばイエロー・ラブのベルは、痛みに対する許容度が高く、しかもヘビに囲まれて育ったためか、まったく尻込みしない。電気ショックのレベルを上げても、全然、感じていないように見える。こうしたヘビよけのレッスンで、パズルはどんな反応を見せるだろうか。好奇心旺盛だが、彼女は恐怖を味わわされた相手のことはいつまでも忘れない。はたして、今回はどちらにころぶだろう。

翌日、顔の具合を診てもらうために、かかりつけの獣医に連れていった。ドクター・イザギーレは陽気で自信に満ちていて、診察室を揺るがすような大声でよく笑う人だ。パズルの大のお気に入りで、注射や何かのたびに、どんなに触られたり、つつかれたり、チクリとされたりしても、このドクターと一緒にいられるなら、パズルは何でも我慢する。今は私と二人がかりで調べられているので、体をこわばらせ、少し震えてはいるが、立ったままおとなしく診察を受けている。

ドクターも、やはりこれはヘビに噛まれた傷だ、たぶんアメリカマムシの子どもだろう、と言う。腫れは引いていたが、二本並んだ斜線がくっきり残っている。ドクターは少し首を振ると、パズルを撫で、からかうように耳を引っ張った。若いアメリカマムシは口の少し奥のほうに毒を持つ。噛まれた場合は命を落とすこともある。私がヘビよけの訓練を予定していることを話すと、ドクターは少し笑った。そんなもの必要とは思えないけどね、と言う。

パズルも同感だったらしい。その後の数週間、私が薪の山をひっくり返す作業に取りかかるたび、後ろ足で立ち上がり、フェンス越しに観察しているだけで、いつもなら焚きつけの小枝をくすねるのが好きなのに、寄りつきもしない。

さっそくヘビよけの訓練を開始することになった。地元の公園の近くにある野生動物保護センターで、フリータがパズルの首にショックカラーを取り付けるのを見ていると、複雑な心境になった。飼育係が大きなフタ付きのプラスチック容器を出してきた。中には無毒化したガラガラヘビの一種が入っている。フタには穴が開いていて、まずはパズルを自由に容器に近づけさせることで訓練を開始する。そのパズルは、実際に容器に近づき、鼻を動かし始めると、もう体をこわばらせて警戒しだした。まっすぐには進まず、用心深く半円を描いている。さかんに鼻を動かしているが、電気ショックが徐々に大きくなっているのにはまったく気づいていないようだ。容器の風下にさしかかると、唐突に逃げ出した。

私はフリータと観察結果をまとめた。最初、ほとんど容器に興味を示さなかったパズルは、一番強い臭いを嗅ぎ取り、一番強い電気ショックを受けた瞬間、いっきに悟り、その後は二度と容器に近づこうとしなかった。ヘビの飼育係は次の段階に移ってはどうかと言う。パズルにヘビの臭いを嗅がせるだけでなく、ヘビの姿も見せ、どんな反応を示すかを観察するのだ。

飼育係がヘビを地面に置くと、ヘビは北のほうへ優雅に横すべりを始めた。パズルはリードを伸ばせるだけ伸ばして、大きく弧を描くようにヘビから遠ざかろうとしている。体じゅうの筋肉が警戒でこわばっている。この段階に応じた電気ショックを与えられているのだが、全神経をヘビに集中させているためか、電流にはピクリとも反応しなかった。

ヘビは一瞬動きを止めて美しい姿を披露すると、再びゆっくりと動き始めた。パズルはまたヘビを中心に半円を描いて遠ざかる。

いいぞ、その調子。そう思う一方で、念には念を入れないと気が済まない性分の私は、このプロセスをもう一度繰り返して、パズルが本当に逃げようとするかを観察したほうがいいのではないか、と言ってしまった。

フリータは少しニヤッとして首を振った。パズルはつま先立ちで、毛を逆立て、しっぽを固めてヘビから遠ざかろうとしている。それを見ながらフリータが言った。

「実を言うと、さっきヘビを見せてからは、電気ショックを与えなかったのよ」

パズルは白目をむきそうなほど顔を引きつらせている。

「でもね、この子はもうヘビには手出ししないと言っていいと思うわ。いいえ、それ以上かな」

18　危険な捜索現場

「柵《フェンス》には電気が通っていない」当局からそう聞かされた直後、作業区画の端を歩いていたバスターが柵に触れた瞬間、はじき飛ばされ、キャンと鳴いた。一時間以上も前から降り続いている雪のせいで、柵が見えにくくなっている上、伸び放題の草に完全に隠れてしまっている箇所もあった。真冬のある日、私たちは朽ちかけた農場を捜索していた。敷地の端に建つ三軒の住宅はずいぶん前から空き家だが、農場そのものはまだ使われている。だからこそ柵には電気が通っているのだ。おそらく捕食動物や侵入者を阻止するためだろう。それとも、以前は中庭だった部分に家畜が入り込まないようにするためだろうか。

バスターはショックを振り払うように全身をブルッと震わせると、ハンドラーのジョニーに励まされて作業に戻った。傷のないウサギの死骸を慎重にまたいで進む。ウサギは死んだばかりらしく、私が手袋をはずして手をかざすと、温もりが伝わってきた。この数分で降り積もった雪のせいで、ウサギはレース編みのように見える。うつろな目も真っ白だ。間もなく完全に雪の下になるだろう。

私たちが立っている地面も、どんどん雪に埋もれていく。

故郷テキサスから一つ置いた隣の州でおこなっているこの捜索もまた、先行きが見えない。ここにはティーンエイジャーの亡骸《なきがら》が一体、いや二体、埋まっているとも埋まっていないとも言われている。警察は手がかりをたどりながら、次々と思いがけない方向へ導かれ、一年間も翻弄されてきた。ここは人里離れた場所だ。この農場はかつて小さな町のはずれにあったが、不景気で町が衰退するにつれ、周辺の農場も廃業や商売替えに追いやられ、さびれた場所になったのだろう。

三つの家屋はまさに前世紀の遺物だった。町の規制や条例などおかまいなしに適当に選んだ土地に、それぞれ古いほうの家のライフラインを活かすように隣へ隣へと建てていった、行き当たりばったりの感がある。一番古い家屋――広い張り出し玄関のある質素な建物――は、おそらく一九〇〇年代の初頭に建てられたものだろう。一番小さい家屋は赤いレンガと大きな窓のある、一九五〇年代の牧場風。三軒並びの最後の家屋は、道路に一番近く、一番新しい。おそらくネオ・メディテラニアン（地中海）様式が全盛だった四〇年前くらいの建築だろう。明るい色のレンガ造りの建物に、鉄製の防犯柵がはまったアーチ型の窓が並び、ポーチの手すりには渦巻き細工が施されている。地面には錆びたドンキホーテ像が、うつ伏せに倒れている。

このあたりなら誰にも知られずに人間を――生死にかかわらず――隠しておけそうだ。実際、その可能性が出てきていた。私はジョニーとバスターについて作業区画に入ることになった。私たちが担当するのは、例の地中海様式の住宅と、その後ろの牧草地を含む細長い敷地、離れ家、ゴミ焼却用の穴、それから、倒壊寸前の家畜小屋だった。

降り積もる雪に優しく祝福されたような場所で、私たちは神経をとがらせている。捜索に先立って、このあたりに潜む危険性について二日間もレクチャーを受けてきたのだ。私たちを呼び出した当局は単刀直入だった。これから捜索する場所には、さまざまな危険が待ち受けているという。たとえば、毒入りの肉を仕込んだコヨーテ用の「わな」がその一つ。M四四と呼ばれ、古い配管やスプリンクラーの頭に見せかけたものだ。こうした仕掛けは、救助犬はもちろんのこと、私たち人間にとっても危険をはらんでいる。

私たちは、わなそのものや、土地に仕掛けるにあたって設置しなければならない警告看板の写真を見せられた。ところがそのそばから警察はこうも言う。多くの牧場主が、決められた看板をそもそも立てなかったり、立てたとしても、風雨で壊れたまま放置したりしている、と。それを聞いていたハンドラーの中には首を横に振る人もいた。自分の犬をそんな危険な目に遭わせるわけにはいかない。すると警察は、捜索に先立って、わな専門の除去隊を必ず投入する、と約束した。

だが、コヨーテのわなだけが問題ではなかった。この一帯には覚せい剤の密造所が点在していて、侵入者が近づかないように手製の爆弾が仕掛けてあるのだ。すでに放棄された密造所もあるが、爆破装置だけは残っているかもしれない。レクチャーの二日め、爆弾と仕掛け用ワイヤーの写真とサンプルを見せられた。こうした装置はコヨーテのわなよりも見つけにくい。どうやら、無数の仕掛けが招かれざる客を吹き飛ばそうと待ちかまえているらしい。そこへ私たちは飛び込もうとしているのだ。どんな捜索でも、事前に充分な説明があれば安心できる。ただし今回ばかりは、専門の爆発物処理班が先に投入されると聞かされても、考え込まずにはいられなかった。捜索現場への長い道のり、私たちは終始、無口だった。

この日、私たちが担当している農場も、事前にチェックがおこなわれ、理論的には危険性はないはずだった。あの電気柵にしても、スイッチがきちんと切られていれば、バスターは吹き飛ばされずに済んだだろう。本当に信頼していいものだろうか。それでも謝罪と確約の言葉を受けた私たちは、電気柵は例外中の例外だったのだと思い直して捜索を再開した。

ジョニーとバスターは慎重に前進し、私はそのかたわらを横向きに往復しながら、彼らの行く手に危険が潜んでいないかを確認する。見た目は美しい雪景色も、地面の状況が分かりづらくなる分、捜索にとっては厄介ものだ。はるかかなたでは、家畜がのんびりと歩いている。たぶんあのあたりは安全なのだろう。

ここにはピグミーヤギの小さな群れと数匹のロバがいる。私たちは、ロバは犬に友好的ではないから気をつけろと警告されていた。作業区画を二つに区切っている柵にロバたちが近づいてくる。目つきからは何を考えているのか分からない。柵には電気が通っているのを知っているらしく、支柱にもワイヤーにも触らないように体を横に向け、慎重に首を伸ばしてきた。期待のこもったまなざし、砂糖菓子のように雪を乗せたフワフワの顔。

一頭があごを突き出して、いなないた。耳ざわりな甲高い鳴き声だが、積雪のおかげで一時間前よりも柔らかく響く。捜索の途中で私たちが柵に接近すると、二頭は耳を前に突き出し、もう一頭は後ろに寝かせた。私はロバに詳しくないが、耳を倒しているほうの、額に大きな茶色の斑点のあるロバが犬嫌いではないだろうか。残りの二頭は友好的な感じがする。きれいなチョコレート色をした一頭は、私が通り過ぎると、ポケットのほうに首を伸ばして唇を震わせた。きっと誰かにおやつをもらったことがあるのだろう。唇を突き出すたびに、優しげな目で「ちょっと味見させてよ」と訴える。

ヤギたちはさらに積極的だった。私の膝下ほどの体高しかないのに、肝っ玉は据わっているようだ。餌をもらえると思ったのか、それとも、退屈しのぎになるとでも思ったのか、少しも怖がらずに駆け寄ってくる。体が一番小さくて、黒と銀の縞模様が入った二頭の若いメスが、バスターにひと目ぼれしたらしい。私たちが作業区画内の次の場所へ移動すると、待っていましたと言わんばかりに飛んできて、バスターのお尻の臭いを嗅ごうとする。二頭とも、まるで示し合わせたように体をブルッと震わせて体の雪をはらう仕草が、なんともこっけいだ。

バスターが動くと、二頭も追いかける。農場育ちで家畜には慣れているバスターだが、次第に増えていく取り巻き連中には戸惑いを隠せない。二頭のメスたちの邪魔にならない程度に、群れの残りまでがついてくるようになった。バスターが止まると、ヤギたちも止まる。バスターが向きを変えると、彼らもクルリと回り、小さな頭を上下させながら、同じ方向へトコトコ歩き始める。「シッ、シッ、さあ行った行った」ジョニーが手を叩いたり、振ったりすると、ヤギたちは何歩か脇へそれるが、また二頭のメスのあとを追う。その二頭はバスターにすっかりのぼせ上がっていて、ジョニーのことなどまったく眼中にない。

私にはヤギの生態はロバのことよりさらに分からないが、群れ全体が二頭のメスにつき従っている様子がおもしろかった。今はこの二頭が間違いなく仕切っている。群れにとってどんな存在なのだろう。残りのヤギたちは二頭の何に魅かれているのだろうか。カリスマ性はあるかもしれない。でも捜索の邪魔になるので、そんなに悠長なことは言っていられない。ジョニーと話し合った結果、作戦を決行することにした。バスターとジョニーが作業を進める一方、私はバスターを捜索に集中させるため、数メートルおきに地面を踏みならしたり、手を振り回したり、奇声を上げたりして、ヤギたちの注意をそらす、というものだ。すると何頭かは驚いて、少し離れていったが、バスターにぞっこんの二頭は、金色の瞳を細め、私に冷ややかな視線を投げかけたかと思うと、ジョニーのときと同様に無視を決め込んだ。

ヤギたちは防犯柵のある白いレンガ造りの家までついてきたが、かつて中庭だった場所の縁まで来ると、立ち止まったきり、それ以上は追ってこなかった。私たちは打ちっぱなしのコンクリートのポーチに上がった。すると、女もののシャツの切れはしがドアから数メートル離れたところに落ちていた。もともとは、胸元の切り替えと袖が赤い色、胴体部分が白のウエスタンシャツだったようだ。真珠と金属を組み合わせたボタンが一つだけ残っている。汚れの少なさから、長いあいだそこにあったとは思えないが、バスターは興味を示さなかった。私は布の切れはしに触らずに、その色や形状を記録に取った。そのあと住宅内部へ踏み込むと、毛足の長いカーペットのカビと、猫のおしっこの臭いが充満していた。

ここに暮らしていた人は、生活用品や家財道具を売り払うこともせずに出ていったのだろうか。キッチンのテーブルには黄色く変色した空っぽのファストフードの紙袋が残され、ひっくり返ったシリアルの箱はネズミの糞で点々と汚れている。冷蔵庫を開けると、年代物の古い食品、流しには汚れた皿と、ひからびて固まった残飯がある。バスルームは悪臭がひどすぎて、ジョニーも私も口で息をしながら廊下を引き返したほどだ。私たちよりずっと繊細な鼻を持つバスターは、それでもひるまない。ふんぷんたる悪臭——人間のさまざまな臭いが濃厚に混ざり合ったもの——に鼻面を向けて懸命に嗅ぎ取っていたが、やがて向きを変えた。人間の臭いには違いないが、犯罪とは関係ないのだろう。

私は、かつては居間だったと思われる部屋の隅から、バスターの様子を見守っていたが、幸い、死体も、最近まで誰かが住んでいたという痕跡も出てこなかった。行方不明のティーンエイジャーは、ここにはいなかったと考えてよさそうだ。

バスターが家をあとにすると、それを機に私たちは捜索完了とし、来た道を引き返した。お待ちかねのヤギたちがはしゃいでいたが、こちらがかまわずに突き進むと、少しバラバラになったあと、また束になって追いかけてきた。バスターがスピードを上げると、例の二頭のメスも駆け足になる。私たちはゲートをすり抜け、なんとか追跡を断ち切った。置いてきぼりを食らったヤギたちは、フェンス際で押し合いへしあいしながら、恨めしそうな顔でこちらを見ている。バスターは、げんなりした表情で私たちを見上げ、犬なりに肩をすくめてから仕事に戻った。

次に向かったのは細長い空き地だった。一番奥にはクジャクが群れていて、私たちのそばを堂々と行進し始めた。ヤギを振りきったと思ったら、今度はクジャクだ。人間を怖がる様子も、バスターを気にする様子も見せない。私たちが歩くと、あわてず騒がず慎重にルートを選びながらついてくる。色鮮やかなオスたちと、黒白まだらで優雅なメスたちの姿は、雪景色の作業区画を美しく色どり、非現実的な空間を作り出している。

「俺の気のせいかな。この捜索、なんだか妙じゃないか？」ジョニーらしい、なんとも控えめな言い方だ。

バスターはヤギたちから解放された上、クジャクにはつきまとわれずにホッとしているらしく、軽快に作業を進めている。てきぱきと四往復を終え、ここにはめぼしいものがないと結論を出した。クジャクたちを空き地に、ヤギたちを牧草地に残し、私たちは、オンボロで傾いたドアもない離れ家に入った。最初の部屋には飼い葉の袋がたくさんあり、ほこりと穀物と鳥の糞の臭いが充満していたが、二番めの部屋は、中央にクッション付きの揺り椅子があるだけで、不思議なくらいガランとしている。慎重に椅子の周囲を回ってから、部屋全体を調べ始めたバスターは、突然、小さくキャンと鳴いて後ずさった。しきりに目をしばたたき、鼻を鳴らしている。私たちには何も臭わないが、バスターは何かを確実に嗅ぎ取っている。ただし人間の臭いに対する反応ではなく、まるで何か燃えているものがあるかのようだ。

ジョニーが見ると、バスターは前足で鼻をかいている。涙を浮かべ、呼吸が荒くなってきたので、私たちはあわてて外に出た。

「いったいどうしたんだ？」かがんでバスターの顔を調べるジョニー。こんなふうに振る舞う相棒は見たことがない。私は建物の周囲をぐるりと回って、問題の部屋をのぞいてみたが、例の壊れかけの椅子とほこりだらけの床以外、何もない。その床には、私たちの行きと帰りの足跡とバスターの肉球の跡が残っているだけだ。

私は、バスターが見せた奇妙な反応を記録し、無線で報告を終えると、ジョニーのところへ戻った。

「様子はどう?」

「大丈夫そうだ」

「バスターには、さんざんな日ね」

「まったくだ」ジョニーはまだかがんで相棒の顔を心配そうに見つめている。

じきにバスターは回復したものの、その場には長居したくないのだろう、さっさと仕事に戻りたそうにしていたが、突然鼻面を上げると、野原を突っ切るように走り出した。はるか向こうの隣地の端に見物人たちがいる。立っている人が三人、アウトドア用の椅子に腰かけている人が二人。何台か放置された廃車越しにこちらをじっと見ている。どの人もパーカーを着込んで帽子をかぶっている。魔法瓶を抱えている人もいる。私が軽く会釈しても反応しない。

担当区画での作業を終え、捜索本部へ戻ると、そこで二人の男性と一人の女性を紹介された。人類学者と考古学者だという。捜索とは無関係の、歴史的、民族的な意味のある人骨が出てきた場合に保護するために来たのだった。二人の若い男性のうちの一人は、バスターが電気柵に接触するのを目撃し、離れ家での一件も無線で耳にしていた。今は、かがみこんでバスターに優しい声をかけ、耳の後ろを撫でている。三人は、ここで様子を見守りながら待機するつもりで来ていた。

地元の警察官が何人か、一番古い家屋のまわりの雪野原を、とがった棒でつつきながら歩いている。地中に埋もれた臭いを引き出すためだ。今回の捜索範囲には、かなり古い時代の墓地が含まれている可能性があった。人類学者たちの視線は棒でつつき回る警官たちにそそがれているが、言葉は私たちに向けられている。犬たちにはすっかり感心している、この種の仕事を目の当たりにするのは初めてなのだ、と言う。

　私が担当区画の報告書を作り、それに添える現場のスケッチを描いているあいだ、ジョニーが、遺跡で人骨を発掘《ディグ》するのにも犬を使ってはどうか、などと話している。それを受けた学者の一人が、本当に必要なのは自分たちが焦って土を掘りすぎないよう「小突いて《ディグ》」くれる犬だろう、と冗談まじりに答えた。犬がタイミングよくアラートしてくれれば、ずいぶん違うだろう、石ノミを当てて木槌でちょっと叩いただけで、思いがけないものが出てくることがあるのだ、と彼は言った。


　一番古い家屋には目立って不審なところはなかったが、警察犬もセイバーも寝室の窓枠とその横の壁の上方に強い興味を示していた。さらに二匹とも床の上の黒い点に反応した。続いてベルとハンドラーのペアが、先行の二匹の結果を知らないまま家に入る。出てきたハンドラーは、ベルが地下を捜索中に「迷うことなく壁際まで行った」と言う。先ほどの二匹が興味を持ったのと同じエリアに、今度はベルが下から反応を示したのだ。どの犬もそれぞれ「ここには人間の臭いがある」と告げていたが、内部は驚くほどきれいで、クレンザーのかすかな臭いさえ漂っている。犬たちが嗅ぎ取ったのは、暴力ざたによる流血か、精液か、それとも普通のケガの古い血痕か。

　捜索を見守っていた警官たちは、私たちのチームの犬二匹が警察犬と同じ反応を示したことを知り、降りしきる雪の中で黒い革ジャケットのポケットに両手を突っ込み、背中を丸めて話し合っている。遺体こそ見つかっていないが、一番古い家屋の床、壁、窓枠は鑑識調査に値《あたい》しそうだ。ところが、すぐに来てもらえそうな専門家が近くにいない。

話し合いの輪から一人だけ出てきた警官が、待機している人類学者たちを解放しに行った。私たちのところへ来た別の警官が、これ以上、犬に捜索してもらう場所は残っていない、と告げた。

仕事は終わった。当局から正式にお役御免《ごめん》を言い渡された私たちは、装備をまとめ、犬たちの帰りじたくを始めた。どの犬も疲れきっておとなしい。さっさと温かい車のクレートに収まって眠りたいのだろう。私たちも眠りたいくらいだった。この手の捜索は必要なことだし、そのために私たちのようなチームは存在する。けれども、今回は毒入りのわなや爆発物の危険性があり、ただでさえ難しい捜索がいっそう厄介なものになってしまった。離れ家の揺り椅子のまわりでバスターが示した反応についても、あれほど奇妙だったというのに、結局、答えは出なかった。

雪はしんしんと降り続き、すでに膝ほどの深さに達している。私たち人間はかき分けながら進まなければならないし、犬たちの中にはおなかまで埋まる吹きだまりに苦戦している子たちもいる。防寒用の靴と分厚い靴下を履いていても、私たちのほとんどが足先の感覚をなくしていた。犬たちの肉球はすでに冷えきって、長毛種の子たちの首まわりの毛に付着した氷の粒は、まるでネックレスのようだ。

「やれやれ、終わってよかったわ」シンディが悪夢の捜索を振り払うように言った。私は深呼吸して目をこすると、少し息切れを感じた。今になって気づいたのだ。あの作業区画にいるあいだ、いったい何度、息を詰めたり、一面の白い雪に目を凝らしたりしたことだろう。

車に荷物を詰め込み、安心して帰途につけるよう、バスター、ベル、セイバー、ハンターの体の雪を落とす。さっきまで捜索していた土地に目を移すと、すっかり雪に覆われていた。野次馬たちも引き上げ始めたようだ。アウトドア用の椅子をたたんだり、魔法瓶を小脇に抱えたりしている。クジャクたちは低い木の枝や牧草地との境界フェンスにとまっている。静かに身を寄せ合い、美しい頭を下げ、オスは派手な尾羽を垂らして、前がかりになった体重の釣り合いをとっている。

小さなヤギたちは、傾いた納屋に自主避難を決めたらしい。例のメスのうち一頭だけが、逆さになった飼い葉桶に立って、バスターを乗せたトラックをじっと見つめている。群れの残りは、私たちが出発しようとしているのに気づかないらしい。納屋までの道を行ったり来たりしている。その通り道以外は深い雪に覆われているので、白い雪原に黒い頭がヒョコヒョコ浮かび、まるで泳いでいるように見える。

夜更けに我が家にたどりついた。毒入りのわなを探す必要のない裏庭を歩くと、奇妙な解放感に満たされる。留守番のポメラニアンたちはとっくの昔に寝ついていたが、ドアから入ってきた私を見て、大騒ぎしようかと一瞬ためらったあと、思いとどまったようだ。立ち上がって伸びをすると、出迎えのためにヨタヨタと歩いてきた。そのあいだ、パズルは、私にチラッと視線を送ったきり、ソファの背におなかを向けたまま起きてこない。

疲れきっていて眠れない。私はパズルの横に座ると、喉からあご、耳へと続く、繊細なラインを撫でてみた。爆弾の仕掛け用ワイヤーやコヨーテのわなのことを思い出すと、いつもは頑丈そうなパズルが急に華奢に見えてくる。もし今回の捜索に自分がハンドラーとして選ばれていたら、あれだけのリスクや不安要素を知りながら、それでもパズルを行かせただろうか？　今は答えを出せない。でも、いつまでも迷っているわけにもいかない。数週間後に迫ったパズルとの検定試験に受かれば、そう遠くない将来に決断のときは巡ってくるだろう。

「いいか、ハンドラーとしての心がまえを言っておく。くれぐれも犬に感情移入するな。それから絶対に愛着を持つな」別のチームのハンドラーからそう言われたことがある。最高のハンドリングは一定の距離を置いてこそ可能になる、というのが彼の持論だった。彼は自宅でペットの犬たちをかわいがっていたが、救助犬だけは別の場所に置いていた。割り切った関係だからこそ、仕事のパートナーとして成り立っている、ということらしい。

今回の危険だらけの捜索を、彼ならどう思っただろう。まったく躊躇しなかっただろうか？　それとも、これまで犬に投資してきた分くらいは慎重になるとか？　もしや、ずっと以前に私に言ったことは、単なるポーズだったりして？　同僚は知らないかもしれないが、私は彼がトラックの中で犬にハンバーガーを分け与えたり、自分のベッドで寝かせたりしているのを知っている。

頑固な彼は、すでに数匹の救助犬との活動歴を誇り、「犬を愛せば、優先順位の判断が鈍るぞ」と言っていた。なるほど、でも、私には同意できなかった。彼の言うような距離感は、自分には、とうてい保てないと思ったのだ。その気持ちは今でも変わらない。

19　大いなる成長

さっきまで煙が充満していた長い廊下は黒く煤《すす》けている。その端でパズルは一枚のドアに鼻面を向け、しっぽをかすかに振っている。六つの部屋に六枚の閉じられたドア。要救助者役の人間がそのうちの一部屋でがれきに埋まっている。ここは消防署の模擬火災用建物だ。今日のパズルは、複数あるドアのうちどれを開け、どれを無視すべきかを私に伝えなければならない。

建物のはるか手前で「捜せ！」のコマンドを受けると、口の隅から舌を垂らし、うれしそうに駆け出すパズル。そのあとを追って私もまぶしい日差しの中から薄暗がりへ。建物内部は煤と使用済みの藁のほこりっぽい臭いでムッとする。懐中電灯から伸びる明かりの中に、パズルの後ろにできる空気の流れが映し出される。まるで飛行機の翼端渦（訳注：翼の先端から流れ出るらせん状の雲）のように壁を伝っている。もしパズルがそのまま暗い廊下の奥へ姿を消しても、空気中に巻き上げられたほこりをたどれば見つけられそうだ。私は、くしゃみが止まらない。

ここは空気の流れが複雑な場所だ。建物外側の窓は開いていて、今日の南からの微風が流れ込んでいるが、内側のドアはすべて閉じられている。この状況では、六部屋のどこかに隠れている人間の臭いは、簡単にドアの下の隙間から流れ出し、壁を伝って移動したり、反対側のドアにぶつかったりして、その場所のほこりや湿気の中にとどまりやすい。「臭いの落とし穴《トラップ》」、つまり、臭いの源を突き止めようとしている犬を惑わす強い「臭いだまり」ができるのだ。今日のパズルは、そうした落とし穴にだまされず、慎重に判断できるところを私に示さなければならない。

閉じたドアの反対側の臭いを嗅ぎ取る訓練は、救助犬チームにとって最も過酷で、最も直感力を要求される作業になる。たとえば、あちこち施錠された状態のオフィス・ビルが災害に遭った場合など、救助用にどのドアを蹴破ればいいかを犬が示してくれれば、突入する消防隊にとっては非常に心強い。

以前、パズルと私はこの種の訓練が苦手だった。その頃の私は、臭いが微弱な場合のパズルの反応を正確に読み取る力がなく、ドアを片っ端から開けてしまう傾向があった。しかもパズルはパズルで、私を引き止めようともせず、ニコニコ笑いながら見ていたり、私について部屋に入って行ったり、行かなかったりしていた。まるで、私をどこまで喜ばせてやろうかと思案しているようだった。そこで私は一歩下がって待つことを学んだ。性急にドアを開けるのは、やめにしたのだ。そうやってじらしていると、パズルは前より明確に合図を送ってくれるようになった。「そっちはあんまり臭わない。強く臭ってくるのは、こっちよ、こっち」

今、パズルは一枚のドアの前で待っている。廊下の一番奥、左側の部屋に相当の自信を持っているようだ。私が近づくと、しっぽの揺れが速くなり「そうよ、そう、ここなのよ」と告げている。

パズルの入れ込みようが本物かどうか、私は試すことにした。目の前のドアを開けると見せかけて、最後の瞬間、向かい側のドアに手をかけたのだ。するとパズルのしっぽが止まった。私が掛け金をはずそうとすると、「プフッ」と小さく鼻を鳴らす。あきれているらしい。振り向きもせず、自分が選んだドアの前から動かない。

私は手を止めてパズルのほうへ向き直った。「こっちのドアなの、パズル？」と聞くと、ほんの一瞬、眉間にしわを寄せ、まだ分からないのか、という顔をする（犬は犬なりに「バカじゃん！」という目つきをする瞬間がある）。私が正しいドアに手をかけたのを見て、しっぽを激しく振り始めた。いいぞ、その調子、と応援に力が入るのだろう。

私が勢いよくドアを開けると、ピョン、ピョーンと敷居をまたいで、要救助者のもとへ駆け寄った。振り向きざま、「あなたもやればできるじゃない！」と言わんばかりの満面の笑み。おほめをいただいて、こちらもつい声を上げて笑ってしまった。心と心が完璧に通じ合ったうれしい瞬間だ。パズルは心の底から喜んでいるし、私が喜んでいるのも分かっている。がれきの下に隠れていた要救助者を私が助け出すと、パズルは体じゅう盛大に煤をくっつけながら、廊下をクルクル回り、大はしゃぎで走っていった。

さて、その後へビはどうなったかというと、例の訓練のあと気づいたことがある。薪の山でヘビに襲われた経験はパズルにとって相当に深いトラウマになっているらしい。顔を噛まれる前に、ヘビの姿形、とぐろを巻いている様子や動きを見ていたのだろう。それがしっかりと脳裏に焼きついたようだ。

あれ以来、パズルは、巻かれたロープを見るなり警戒を強めるようになった。散歩の途中、どこかの庭で誰かが水まき用のホースを引きずっていると、ビクビクする。ある日の散歩中、強風に飛ばされた黒いゴムのチューブが目の前に落ちてきたときも、その場に固まって猛烈に吠え始めた。私が風下に誘導してやると鼻面をヒクヒクさせ、ヘビの臭いがしないと分かるまでリラックスできなかった。

それにパズルは拡大解釈も得意だ。ある日、消防訓練所を訪れたときのこと、駐車場から訓練場へ向かう途中、フタのない排水路にヘドロを濾過《ろか》するための袋が置かれていた。藁を詰めてパンパンに膨れ上がっている。その袋がチラッと見えた瞬間、パズルは私の脚に体をぴったりと寄せて動かなくなり、私のことも歩かせまいとした。黒い目を大きく見開き、激しく吠えたてている。袋は長さ一二〇センチ、直径二五センチほどで、おそらく犬の目には丸々と太ったヘビの母親に見えたのだろう。呆然と私を見上げるその顔は、「見て、見て、あのグラマーなヘビ！」と言っているようだ。私に引かれて風上から大きく風下に回ると、さかんに鼻を動かす。何度かたっぷり空気を吸い込んで自分の勘違いに気づくと、バツが悪そうにしていたが、さきほどの大騒ぎを隠そうとするかのように、のらりくらりと袋のところまで歩いていった。ときおりパズルは、こんなふうに、まるで猫のようなプライドの高さを見せる。

なかなか興味深い出来事だと思う。以前、消防服姿のマックスにおびえたときのパズルは、私の後ろに隠れてしまったが、ヘドロの濾過袋をヘビと勘違いしたときのパズルは、私の「前」でピタリと動きを止め、それ以上、進もうとせず、私の進路もふさいだのだ。二重の警戒がうれしかった。成長するにつれ、私を守ろうという気持ちが芽ばえてきたのだろうか。

こうしたエピソードは、裏庭でのヘビとの遭遇体験からきているのかもしれないが、この先、形の似たものに出くわすたびに怖がっているようでは困る。これからはホースにもロープにも嫌というほどお目にかかるだろう。そこで、消防訓練所へ出向くたびに、巻かれたり吊り下げられたりしているロープのそばにパズルを連れていくようにした。新人消防士たちがホースを動かしているときもそうだ。やがて、こうした訓練が効いてきたのか、ロープやホースのそばを通るときはずっと目を離さず、最初と最後にサッと鼻を動かしはするものの、前のように縮み上がることはなくなった。その後、我が家の庭の散水ホースも、ようやくお許しをいただいた。パズルはホースを見ても騒がなくなったのだ。ただし、私が手にするたびに顔をしかめる。「触る前に臭いを嗅いだほうがいいのに」と言いたいのだろう。

言いたいことはまだまだあるらしい。ある暖かい晩、訓練の途中で急に立ち止まり、わざとリードをくわえたかと思うと、うなりながら引っ張り始めたことがあった。リードを離せと言いたいらしい。そのとき私たちは、複合型の区域——都市と未開発の原野とが隣り合わせになっている場所——で一人の要救助者を捜し出す訓練をしていたのだが、メスキートのトゲに三度もリードが絡まり、そのたびに立ち止まって、ほどかなければならなかったのだ。我が相棒は、ついに「もたもたしないで！」と言いたくなったのだろう。

「オフリードで捜索したいみたい」私は一緒に走っていたデリルに言った。

「じゃあ、そうすれば」彼は蚊を叩きながら答えた。

そう、単純なことなのだ。でも私はためらった。今まで一度も来たことのない区域だからこそ、オンリードで訓練してきたのだ。万一パズルが走り出したくなって、気まぐれから捜索を放り出し、どこかへ行ってしまったら、見つけ出すことは不可能に近いのではないか。一瞬、そんな不安がよぎった。こういう瞬間を先輩ハンドラーたちの多くが味わってきたのだろう。「呼び戻し《リコール》率一〇〇パーセント」――呼んだら必ず戻ってくる犬のことをそんなふうに呼ぶ。犬がどんなふうにやる気を出しているときなら、信頼できるのだろう？　相手が救助犬の場合、見きわめは確かなものでなければならない。パズルに対してもそうだ。

子犬の頃のパズルは、裏庭で私がいくら「おいで」と呼んでも来なかった。でも今は、あの頃のパズルではないはずだ。それに、よく知っている環境では、たいていオフリードで作業をしている。前に家の近所を散歩中に私が転倒して気絶したときも、そばでずっと待ち続け、忠誠心か従順さかはよく分からないが、ともかく気持ちを表してくれた。そろそろ信頼してやってもいい頃かもしれない。それでも、迷わずにはいられないのだ。「このあたりは詳しくないし、何がいるか分かったもんじゃないわ。それに暗くなってきたし……」パズルを離さないでおく理由なら、いくらでも思いついた。

パズルの視線が決断を迫る一方、ブンブンとうるさいほど蚊の大群が押し寄せていた。どんなにデリルが追い払っても限界だ。これ以上迷っていたら、体じゅうを刺されてしまう。それにメスキートとツタウルシの藪に隠れている哀れな仲間は、私たちよりさらに長いあいだ、蚊の攻撃にさらされることになる。

「今までパズルが逃げ出したことは?」デリルが尋ねた。

「子犬の頃だけね。それに捜索中に逃げ出したことは一度もないわ」

デリル自身は即断即決の軍人だが、穏やかに言った。「じゃあ、行かせてやったらどうだい」

私はリードをはずした。パズルをせかしてやる必要はなかった。すぐに意図を持って走り出した。スピードを上げるパズルをデリルと私が追いかける。私は以前に比べて、パズルの動きを目で追いながら、地面のくぼみに足をとられず走れるようになっていたが、この場所ではそれも難しい。起伏だらけの地面と干上がった川床が深い藪に覆われているからだ。

胸に届くほどの草むらの中を、デリルと私は息を切らし、よろめきながら走る。前方のパズルは休まずに突き進んでいく。灌木の林に入ると、蛇行するパズルの耳やしっぽの先がたまに見えるだけになったが、足音を聞く限り、確実に臭いをとらえているようだ。これが気ままに嗅ぎ回っている犬なら、小枝を踏む音がとぎれとぎれに聞こえてくるだけだろう。こうして私は作業中のパズルを目と耳で識別できるようになっていった。

あたりが暗くなり始めた。草むらの奥深くはすでに薄闇に包まれている。私は藪から抜け出したとたん、パズルを見失っていることに気づいた。デリルとともに足を止める。右前方の、おそらく三〇~四〇メートルくらい離れた藪の中で、猛スピードで駆け出す音がした。

「見つけたわね」そうデリルに言ったあと、私はつぶやいた「別の人かもしれないけど」

これまでにも原野では思いがけない発見をすることが何度かあった。プライベートな空間を求めてみずから草むらに分け入った人たちにしてみれば、ことの真っ最中に（しかも素っ裸のときに）救助犬が嬉々として駆け寄ってきたら、さぞかし驚きだったろう。

私たちは右に迂回しながら、パズルのもとへ駆けつけようと必死になる。たそがれが夜の闇に変わる寸前の不思議な時間帯にさしかかり、懐中電灯があまり役に立たない。かといって、自然の明かりだけでは、低く張り出した枝もトゲだらけのツタも見えにくい。いつころんでもおかしくない。そう思った瞬間、眼鏡が小枝に引っかかり、耳からはずれて頭越しに飛び去った。振り返ると、若木から上に伸びる大枝に、馬の蹄鉄のように引っかかっていた。

「パズルの声が聞こえる？」私はおぼつかない足取りで再び歩き始めた。

デリルは首を横に振る。遠くのほうで犬が二匹、狂ったように吠えている。おそらくこの区画の反対側にある住宅街から聞こえくるのだろう。もしかしてパズルは、私がもたついているので退屈したか、嫌気がさしたかして、捜索を投げ出してはいないだろうか。すでにあさってのほうへ逃げ去って、フェンス越しにあの犬たちをからかっているとか？

パズル、と口にしかけたとき、私は前のめりに倒れ、木の根元から伸びているツタウルシの茂みに顔面から着地してしまった。背中の荷物が片方の肩からはずれ、眼鏡がまた飛んでいった。

「大丈夫かい？」とデリル。

どう考えても大丈夫なんかじゃない。自分の無能ぶりにあきれながらも、はやる気持ちを飲み込んだ。しかも、さらにひどいことに、ころんだせいで力が入らないし、吐き気までしてくる。眼鏡を拾い、ズタズタの手袋をはめ直し、よじれた荷物を元に戻していると、すぐ前方から、枝の折れる音とパズルのウルルルという勝ちどきの声が聞こえてきた。要救助者を捜し出して、得意になっているときの声だ。しかも、私がすぐ後ろにいないと知って、わざわざ引き返し、これから要救助者のところへ私をもう一度誘導しようとしている。これは「リファインド」と呼ばれ、訓練で身につけるテクニックだ。でもパズルは、せっかくの手柄を見過ごされて黙っているような犬ではないから、自主的に引き返してきたのだ。冷たい鼻を私に押しつけ、少し体を震わせている。

「どこなの?」私が尋ねると、パズルは急いで草むらへ向かった。木の枝が低く張り出しているところは這って進み、そうでないところはツタの茂みを飛び越える。数分後、またウルルルが聞こえてきた。軽快に揺れるしっぽが見える。辛抱強く藪の中で仰向けになっていた要救助者を発見したのだ。

「よくやった！　いい子ね！」そう叫びながら、ころんだ拍子に粉々になったおやつを、なんとかポケットから取り出す。そのあいだデリルは、茂みに横たわっていた人を引っ張り出し、パズルはうれしそうに飛んだり跳ねたりしている。上出来だった。ストレートで、迷いがなく、自立していて、それに忠実だった。要救助者に対しても、仕事に対しても、私に対しても。しかもリファインドまでやってのけた。私がそばにいない場合は、引き返して私に要救助者を見せるまで仕事が終わらない、そのことをパズルは理解していたのだ。

「分かっただろう?」とデリルが言う。「君にアラートしただけじゃない。パズルは、ほかにも伝えているようだよ」

「何を？」

「いつでもＯＫ、用意はできてるってさ。だから君も用意したほうがいい」

私たちは三つの検定試験――原野、クリアビルディング、都市／災害――の最初のテストを数日後に控えている。最近は自分たちの長所と短所をはっきり自覚できるようになった。パズルの熱心さ、私たちの我慢強さ、さまざまな訓練実績（チーム内でも個人でも二五〇回を超えている）、粘り強さは、プラスの要素に間違いない。一方、マイナスの要素は、パズルが私より速すぎることだ。私たちペアは決して作業が遅いわけではない。でも、もしパズルのハンドラーが私より若くてたくましい人だったら、きっとパズルのスピードに楽々ついていけるのだろう。パズルはときおり立ち止まって、私が追いつくのを待っているくらいだ。

あと数カ月で二歳になるパズルは、幼犬の活発さを残しながら、成犬の強さと運動神経を兼ね備えた、素晴らしい時期に入った。パズル自身、そのことに満足しているようだ。チームでも自宅でも訓練のあとは、おしゃべりで生意気になる。犬語でブツブツと私に何か訴えてくるし、ポメラニアンたちにおもちゃを投げて、しきりに遊ぼうと誘う。何かしたくてたまらない様子だ。エネルギーがあり余っているのだろう。

ある日の午後、パズルは私が処分した赤いチームシャツの切れはしを見つけた。その日の訓練でイバラに引っかけて破けてしまったものだ。パズルはそれを庭に持ち出すと、ポメラニアンたちに「ほら、これ、うらやましいでしょう。取ってごらん」と挑発を始めた。犬の場合、こういう取りっこは本気の戦《たたか》いになる。スプリッツルがすぐにカッとなってパズルを追いかけると、ウィスキーがそのあとに続く。さらには、里子として来たばかりの小さなポメラニアン二匹も行動を開始した。するとジャックも黙ってはいられない。さっそく雄鶏のような独特の吠え声を上げている。裏庭が騒然としているので、私が様子を見に行くと、ポメラニアンが全員でゴールデンを追いかけていた。やかましく吠えながら全速力で庭じゅうを駆け回るポメラニアンたち。怒るのを楽しんでいるようにしか見えない。先頭のパズルは余裕の走りだ。頭をグイともたげ、口にくわえた赤シャツの切れはしを旗のようにヒラヒラさせている。手元にビデオカメラがあればよかったのに。でも、ポーチに腰を下ろして思った。頭の中に焼きつけておこう。

パズルはチャレンジ精神をみなぎらせている。我が家にパズルを迎えたとき、私は四四歳だった。今は四六歳だ。いまどきの四〇は昔の三〇だという説をよく聞くし、自分では体力の衰えなど認めたくない。ところが、パズルが来てからというもの、自分のスタミナの変化を感じないわけにはいかないのだ。さんざんあの子のあとを追いかけているのだから、体力がついてもいいはずだ、とは思う。でも、重さ一八キロの捜索救助用の荷物を背負って近所を散歩するだけで、ときおりしんどくなってくるのだ。訓練から帰ると疲労困憊《こんぱい》し、午後六時のニュースのあとベッドへ直行する日もある。いったいどうしたんだろう。

腹八分目を心がけ、運動も充分しているから、太りすぎてもいない。栄養士のアドバイスを受けて、食べるものには気を使っているほうだ。ヨガとダンスのレッスンを増やしたし、荷物ありでもなしでも、散歩の距離を伸ばしている。エレベーターはもともと好きじゃない。最近は階段も駆け上がるように心がけている。パズルは走りたがっている。私だって走らせてやりたい。「まあ、年相応《としそうおう》ってことだな」父はパズルと私の両方のことを言った。私が最近疲れやすいという話をしたら、返ってきた答えだが、冗談かもしれない。いや、そうでもないのか。

デリルの言葉を思い出した。「パズルは用意ができている。君も用意したほうがいい」

私より年上のハンドラーはたくさんいるが、みんな若い犬と一緒に走り、大活躍している。私もあきらめないことにした。たとえ毎日、ボウルに山盛りのシリアルにサプリメントをかけて食べなければならないとしても、頑張ろう。

20　検定試験への挑戦

　二〇〇六年三月の明るく晴れた朝、私は衛星画像と地域の気象データを調べていた。コーヒーは飲んでいるが、気もそぞろで味が分からない。一方、パズルは私よりずっとやる気満々で検定試験の開始を待っている。自然保護区の端で待機させられているのがいらだたしいのか、さっきから長いリードを引っ張ったままだ。移動中の人たちの臭いをすでに嗅ぎ取っているのだろう。

　あと数分もしたら、私たちが捜索する区画が告げられる。隠れている要救助者の数は、ゼロから三人。持ち時間は一時間一五分だ。原野捜索の検定試験を迎えるまでの一週間、私は強気になったり弱気になったり忙しかった。ちょうど、勉強していない試験の前に見る夢――逃げたいのに逃げられず、最後はなぜか素っ裸で受けるはめになるという筋書きの悪夢――のようなものだ。

　今日は完璧に準備ができたと思っている。だから自信を持っていいはずだ。この土地にはなじみがあるし、地形や気象状況も把握している。自分の相棒がどんなふうに作業するかも知っている。ただ、この自然保護区にはいくつもの丘が連なり、ハイキング道をはずれた窪地には、性質《たち》の悪い深い藪が広がっているのも事実だ。都会の公園のように歩きやすい作業区画を指定してくれる試験官などいないだろう。私が捜索することになる区画には、きっと窪地が含まれているに違いない。そういう場所は、いわば、ギザギザの歯がついたブラシのようなものだ。痛い思いをさせられるし、胸まで届くような深さがあるので、不快な思いをするだけでは済まない。場所によってはそれ以外の苦労も待ち受けている。窪地では臭いの流れが渦巻いたり、蛇行したりする。その中で捜索しなければならないことが、一番の気がかりだった。

パズルは物理的に可能な限り、どんな場所でも突き進むだろう。これまでにトゲを気にしている様子を見せたことがない。スピードを落とすのは、草のつるに足を取られそうになったときだけだ。それでも私にはとうてい追いつけない。もし、この種の場所を二本の脚で優雅に突き進む方法があるとしたら（もちろん、ナイフや手斧に助けを借りるだろうけれど）、私はまだその技をマスターしていないのだ。

イバラの藪にはいちいち引き止められることになるだろう。ズボン、シャツ、ブーツ、荷物、髪の毛、帽子まで、脱出に苦労させられるものが揃っている。知らないうちに、かぎ裂きと切り傷だらけになるに違いない（いっそのこと検定は素っ裸で受けようか、とさえ思う）。臭いを嗅ぎ取ったパズルが、追いつけないほどのスピードで先へ行ってしまったらどうする？　今のパズルなら、要救助者に付き添い、その場で吠えて発見を知らせることも、私のところへ引き返して誘導することも確実にできるだろう。不確実なのは、この私がもたついてどれくらいの時間をロスするかということだ。もし不合格になるとしたら、私がその原因になる可能性は限りなく高い。

テストのおぜん立てをした試験官たちから注意があった。どの要救助者も迷彩服などでカモフラージュされており、私が現場へ駆けつけて発見を確認するまでは、パズルの助けになるような音は立てないよう全員に言い渡してある、という。

マットが私たちのアシスタント役を務めてくれることになっていた。彼の役目は、変則的な形をした捜索区画の端を見きわめることと、発見を無線で知らせること。それ以外は何もしてはならないと釘を刺されている。彼もいつでも出発ＯＫだ。少し離れたところに立っているので、パズルが鼻面を押し当てて挨拶に行く。頭を撫でられ、しっぽを振っている。相変わらずパズルはマットが大好きなのだ。訓練で最初に要救助者役を引き受けてくれたマットは、今ではパズルにとってお気に入りの現場アシスタントの一人になっている。二〇代のマットと二歳にも満たないパズル。並んで立っている姿はいかにも有能そうで、さあ、やってやるぞ、と言わんばかりだ。私は目を閉じ、彼らの気合いのおすそ分けにあずかりたいと願う。

科学技術の進歩によって、犬を使った原野捜索は、じきに過去のものになるだろうと言う人たちがいる。すでにその変化を感じているチームもある。メリーランド州ボルティモアで開かれたカンファレンスで一人の女性と話をしたときのこと、原野捜索を活動の主流にしていた彼女の所属チームは、やがて出動機会がなくなり解散したという。「最近はみんな携帯電話を持っているでしょ」と彼女。「それにＧＰＳ装置を持っている人も多いし」別の人が付け加えた。確かに、アルツハイマー病や認知症の患者の介護施設の一部は、より積極的な保護対策を取り始めている。以前は衣服に連絡先を縫いつけていただけだったが、最近ではＧＰＳ装置を導入し、森に迷い込んだ患者でも、人工衛星からの信号を介して発見できるようになった。

それでも、キャンプやハイキングで子どもが行方不明になったというニュースは相変わらず入ってくる。それに高齢者の迷子もあとを絶たない。そういう老人はたいてい、介護施設や自宅から遠くないところで発見されるのだが、荒れ地に転落したり迷い込んだりして、脱出できなくなっていることが多い。携帯電話もバッテリーが切れればおしまいだし、カヌーやハイキングを楽しむ人たちが全員ＧＰＳを首からぶら下げるようになるのは、まだまだ先の話ではないだろうか。

私たちは、万一を見込んで訓練を積んでいる。ダラス・フォートワース地域のような都市圏の場合、原野捜索は、野外活動中にはぐれたボーイスカウトの捜索に限られるわけではない。住宅街を囲む金網フェンスの外には、誰かに所有されてはいても手つかずのまま、という荒れ地が広がり、文明から隔絶された世界が待っている。町なかでの捜索が突如として原野での捜索に切り替わり、延々と続くこともあるのだ。

何年も前、自殺の恐れがある人の捜索でうっそうとした藪の中へ入ったことがある。そのあたりには急勾配の谷があり、下りきった先には小川が流れていた。しかもそれが大都市のど真ん中に残された場所なのだ。ほんの数メートル離れているだけのチームメイトの姿が見えない。それほど深い藪でありながら、人の通った形跡があり、知る人ぞ知る秘境のような美しい場所にも出くわす。

蛇行しながら流れる川、誰にも荒らされていない鳥たちの楽園、渓谷をのぞき込むように咲く黄色い野の花、小さな滝まである。ところが、そんな場所でも、足を止めると、風向き次第では遠く

テキサス州の原野捜索検定試験では、つる植物やトゲだらけの藪にも、ときどき出現するヘビにも、めげてはいられない。

から生活音が聞こえてくる。車の音はもちろん、「そっちじゃないわ！」と友だちに叫ぶ少女の声、開いた窓から子どもに向かって夕飯の用意ができたと告げる母親の声もする。

だから私たちは原野での訓練を続けている。今から一時間後に、州立公園や、高級住宅街の裏の未開墾地へ呼び出されないとも限らないのだ。私たちが出動を要請される場所のゆうに五〇パーセントでは、コンパスによるナビゲーションや、GPSによる位置確認のスキル、そして、自分の犬からも行き先からも目を離さないスキルが要求される。私の場合、コンパスやGPSは使いこなせるが、問題は三つめのスキルだった。

試験官の合図で私たちは出発した。道沿いに東の方角へ進み、区画の一番風下のスタート地点を目指す。運がよければ、パズルは風に向かって歩く往路で臭いを嗅ぎつけ、すぐに要救助者を見つけ出すかもしれないし、復路で徹底的に調べるべき場所を予告していくかもしれない。吹きつける生温かい風は通り過ぎるにつれて清涼感を増し、パズルを活気づける。担当区画の端にある杉の木立ぞいを、頭を上げて小走りに進むパズル。リードを引っ張りはしないが、喜びと緊張感がみなぎっているのが分かる。コマンドを受ける前から、元気いっぱいのその姿を見ていると、いつも、詩人ロバート・ヘリックの一節「かくも自由奔放なる、その動き」を思い出す。

区画の端まで来ると、私はパズルの血行をよくするため体をマッサージし、さらにエンジンの回転を速めてやった。「用意はいい?」と尋ねると、にっこりうなずく。押さえている私の手のひらの下で武者ぶるいしている。「捜せ!」の掛け声とともにリードをはずすと、全速力で飛び出し、さっそく草むらに鼻面を突っ込んだ。そこから風に向かって大きくジグザグを描きながら捜索を開始する。予想どおりパズルの動きは速い。でも、今のところ、私は割とうまくついていっている。このあたりは藪よりも若木のほうが多いので助かった。前方でパズルが一瞬体をこわばらせ、頭をヒョイともたげる。突然、方向を変えると、ためらわずに林の中を嗅ぎ回り始めた。セントコーン(訳注:円錐形の臭いの広がり)をとらえたのだ。間もなく最初の要救助者を発見した。迷彩柄のジャケットをはおり、木にくっつくように隠れていたドンだ。

開始から六分——。「いい子ね!」私がほめると、ドンが笑っている。緊張と軽いスギ花粉アレルギーのせいで私の声が裏返っているからだ。遠くでマットもニヤニヤしている。甲高い声で騒ぐ中学生のように聞こえるのだろうか。パズルはおやつをもらって、ドンにもう一度キスした。「もっと捜せ!」私がありったけの威厳をこめてコマンドを叫ぶと、パズルは捜索に戻っていった。

しばらく林の中を苦労しながら進んでいたが、臭いをとらえた様子は見られなかった。二往復して林を抜けると、作業区画の真ん中を走っている道へと向かった。小さく弧を描くように鼻先を回し、目を細めて慎重に分析している。「犬レーダー」みたいだ。あらゆる兆候から、今まさに狙いを定めて走り出そうとしているところなのが分かった。

私はパズルを追って林から抜け出そうとしていた。開けた場所まであと数メートル。あわてて前かがみの体勢を起こすと、ちょうど木の枝が低く張り出していて、額をまともにぶつけてしまった。「おお」とマットが言う。サッカー場で観客が上げる「おお」という声そっくりだ。顔を真っ赤にしている。笑いをこらえているのだろう。気づくと帽子がない。拾う間もなく、パズルが反対側の草むらに飛び込もうとしているのが見えた。私が林を脱出する前に、もう丘の頂上を目指して駆けていった。帽子は検定のあとに探せばいい。そう思って走り出した。なんとか林を抜けてパズルのあとに続かなければ。パズルは東へ曲がる道を選んだ。その先は南西にカーブしている。後ろでマットが叫んだ。このままでは作業区画から出てしまうという。そうだろうか。全速力で走っているから気づかなかった。でも、パズルが人間の臭いを追いかけているのは間違いない。

ところが、石だらけの坂を駆け上がり、頂上へ着くと、ピタリと足を止めた。確信を持って追ってきた臭いが突然消えたかのようだ。セントコーンの外へ出てしまったとき、犬とハンドラーは「さっきのあれはいったい?」という独特な感覚に襲われる。まるで気球の空気が抜けるように、大きく膨らんでいた期待がシューッと音を立ててしぼんでいき、「さて、どうしよう?」と思うのだ。

そのときハンドラーは重大な局面を迎える。ただし私の知る限り、パズルは原野捜索で「さて、どうしよう?」などと悩まないようだ。最後に臭いを拾った地点まで戻ることもいとわない。試験官の厳しい目にさらされ、すっかり舞い上がっている私は、捜索のために役立ちそうなことなら何でもやらせたいという気持ちから、パズルを間違った方向に導きやすくなっている。そこで黙って見守ることにしたのだが、これが難しい。パズルをせかさないようにするのは苦しかった。けれども、これまでの訓練では私が手出ししすぎた結果、いらだちにも似た戸惑いを目の当たりにしていた。ときには、急がば回れ、を実践しなければならない。

パズルは頭を少しだけ左右に振りながら、静かにたたずんでいる。口がわずかに開き、鼻がヒクヒクと動いている。それを見ていたら、子どもの頃、一緒にかくれんぼをした男の子のことを思い出した。その子は勘が鋭くて、友だちが隠れそうなところはすぐに見抜いてしまう。それでも手がかりがなくなると、ピタリと立ち止まり、静けさに誰かがだまされて動きだすのを待った。その作戦はいつもうまくいった。静寂はパズルにも効くかもしれない。風に乗って流れてくる、どんなにかすかな人間の臭いでもとらえようと、鼻先を上げている。少しばかり風向きが変わったり、要救助者が動いたりすれば、きっと嗅ぎつけるだろう。

止まってくれたおかげで、私は少し体力を取り戻した。パズルの後ろであたりを見回し、自分たちがまだ割り当てられた区画の中にいるかどうかを判断しようとした。けれども、地図もなく、わずかばかりの指示を与えられただけでは難しい。丘の上からでは、あたり一帯が今までとは違って見えるし、目じるし用のテープもところどころ茂みに隠れているので、どこまでが区画なのか分からなくなってしまった。二〇メートルほど後ろにいるマットも考えている。でも私たちに悠長にしている暇はない。

パズルは突然、体を引き締めて動きだした。西南西に進路を取り、谷を目指している。それぞれパズルの進路をふさぐ形で立っていたマットと私は、彼女の後ろに回って合流した。丘のふもとへ来ると、パズルは突然跳び上がり、うれしそうにガブガブと空気を飲み込んだ。まるで臭いのスープが入ったボウルの中を歩いているみたいだ。通り道など無視して、ふもとの茂みから頂上までいっきに駆け上がっていくと、迷彩柄のタープ（布）の下に若い女性が隠れていた。パズルはアラートを発したあと、その女性と私にかわるがわる笑顔を向けた。マットが発見を無線で知らせる。

開始から二二分——。私たちは全員、先ほどまでたどっていたルートへ戻った。捜索のやり直しだ。作業区画の残りの三分の一を整然と歩きながら、誰かがまだ残っていないかパズルの様子を見守る。ところがこの最後の一画が、くせものだった。厄介なことに、私の不安がことごとく的中していく。パズルもきついと感じていただろう。藪の中を苦労しながら進んでいる。数メートル離れた私にも、パズルのお尻や耳にイバラの引っかき傷で血がにじんでいるのが見えた。奥へ行くほど作業のペースが落ち、パズルを追う私も、ときには膝をついたり、這ったり、傷を作ったりしなければならなかった。

私が一本の木の根元を四つん這いになって進んでいると、パズルがまた頭をもたげた。草むらに飛び込んでいく音が聞こえる。藪をかき分け、かき分け、一五〇メートルくらい先の最も強く臭いを感じる地点へと達した。誰かを発見したのだ。落ち葉の上をうれしそうに歩き回るカサコソいう音と、喜びのうなり声ウルルルルが聞こえてくる。あわてて踏み出したとたん、私は眼鏡を木の枝に引っかけてしまった。顔からずり落ちそうになり、フレームがねじれて一方のレンズがパチンと弾けた。おまけに、しなっていた枝が反動で私の目を突いた。

帽子と眼鏡はなくしたが私は前進している。パズルは三人めを発見していた。迷彩柄のタープにすっぽり覆われたサラは、うれしそうにグルグルと歩き回るパズルの様子に必死で笑いをこらえていたらしい。そのパズルはタープの下のサラになかなかたどりつけないと、イラついたように二度吠え、私のほうを見てから、また吠えた。

開始から三七分——。マットは無線で発見を知らせようとしたが、窪地なので電波の状態がよくないらしく応答がない。携帯でチームメイトを呼び出そうとしたが、つながらない。時間だけが過ぎていく。持ち時間はまだ充分あるとしても、捜索を終えていない草むらが残っている。かけ直すこと三度、ようやくチームメイトが電話に出た。発見したことを試験官に伝えてくれるという。

このとき四二分——。要救助者は多くても三人までと言われているが、念のため、私は「もっと捜せ！」とパズルに命じた。これは私たちにとって単なる検定試験以上なのだ。この林には、ほかにも誰か——ハイカーや、散歩中の大人や子ども——がいるかもしれない。そうだとすれば、パズルにその人たちを捜させたい。検定試験に関係なく、この作業区画にいる、あらゆる人間の存在を報告したくなってきた。

ところが、パズルの答えは「ノー」だった。ほかには誰もいないことに自信を持っている。顔を上げ、しっぽをゆっくり揺らしながら、最後の一画を突き進む。自分がすでにひと仕事やり遂げたことを分かっているのだろう。やがて、駐車場にいるチームメイトたちの臭いを嗅ぎ取ると、意気揚々と駆けていった。しっぽをさかんに振って、クルクル回り、得意のウルルルルを連発。

だがよく見ると、肉球を傷めたのか、足を少し引きずっている。私が報告のためにチームメイトたちのもとへ到着したときには、ニコニコしながらジョニーを見上げていた。ひざまずいて足を調べると、一番大きな肉球に深くトゲが刺さっていた。いつ刺さったのだろう。ちっともそんな様子を見せなかったのに。アドレナリンの力に驚きながら傷を消毒してやった。私も腕と手が傷だらけになっているが、捜索中には気づかなかったほどのかすり傷だ。それに比べれば、パズルに刺さっていたトゲは、かなり大きい。私だったら絶対に痛がっただろう。

「いい子だ」ジョニーが言った。

「捜索も素晴らしかったわ」とフリータ。

「そのヘアスタイルもね」ジョニーの言葉に、みんなが顔を見合わせてゲラゲラ笑っている。なるほどね。車のバックミラーに映っている自分の姿を見て思った。小さな葉っぱが絡まったり、跳ねたりして、髪がメチャクチャになっている。それに、眼鏡をダメにしてくれた、あの木の枝のせいで、おでこに切り傷がつき、眉毛が一本増えたように見える。ミラーに向かってにっこりすると（うれしい。検定に受かったのだ！）傷が少し持ち上がって、悪魔が驚いたような顔になった。

パズルは柔らかく湿った鼻を私の手に押しつけてきた。ボウルの水をブクブクいわせながら飲んできたので、鼻と顎からしずくを滴らせている。まったく、きれいに水を飲めたためしがない。いつも私の手のひらはこうやってびしょ濡れにされるのだ。肉球の傷は大丈夫そうだが、顔にも切り傷があり、片方の耳がギザギザになっている。消毒してやると、満足そうにしている。私の横に伏せ、前足を私の脚にかけた格好で、顔の傷を拭かせている。ふと、耳がクルリと向きを変えた。ほかの区画で捜索する犬たちの音を聞いているのだろう。どこかから「捜せ！」のコマンドが流れてくると、顔に疑問符を浮かべ、肩を震わせる。「行こうよ、行こう！　私なら簡単に見つけ出せるわよ」と言いたいのだろう。でも、今はクールダウン中なのだ。パズルにはその必要などなくても、私には欠かせない。疲れて膝がガクガク笑っているのだから。

検定が一つ終わった。残りは二つ。私たちは空き地の端に腰を下ろし、ときおり風に運ばれてくる、ほかのチームの声を聞いていた。

21　クリアビルディング

二〇年ぶりに竜巻の夢を見た。巨大な旋風が巻き起こり、走って走って、どこか分からない暗い場所に逃げ込む。原野捜索の検定試験のあと、この一週間たて続けに嵐の夢を見ている。ひどくリアルな夢で、恐怖は感じないが、息を切らして目が覚める。赤の女王に手を引かれて「速く、もっと速く！」と走らされるアリスにでもなったような、不思議な感覚に満たされるのだ。

子どもの頃に見た絶望的な悪夢と違うのは、私には選択肢があることだ。この部屋にするか、あの部屋にするか。車を捨てて道路脇の溝に身を潜めるか。一階まで駆け降りて、パズルに覆いかぶさるか。それに私は一人ではない。いつもパズルがそばにいる。それがうれしくてたまらない。ときにはポメラニアンたちも加わり、ハリネズミのような姿で真っ暗な草むらを駆けている。私たちはみんな素晴らしく足が速い。しかも一斉に同じ方向に走っているのだ（さすがは夢物語）。

「あらまあ」夢の象徴的な意味について語るのが大好きな友人が言った。「竜巻が意味するのは、混乱、破壊、そして離別の恐怖ね。今のあなたの人生、まさに大混乱だもの」スプーンを私に向けてヒラヒラさせている。いつだってそうよ、と私は思った。ただし、春になって、すでに何度か竜巻警報のサイレンが鳴っているのは事実だ。それに救助犬と一緒にやらなければならないことが待っている。このところ私たちは竜巻のことでもちきりだった。「クリアビルディング」の検定試験が控えているのだ。

クリアビルティング検定は、爆発、竜巻、洪水などでダメージを受けた構造物——崩れる危険性の高い不安定な建物——の内部での捜索を想定しておこなわれる。その種の捜索を、トリアージ捜索と呼ぶ人もいる（訳注：トリアージとは緊急時の治療優先順位に従って要救助者の仕分けをすること）。現場で実際におこなわれることの意味を揶揄《やゆ》しているのだろう。緊急時の限られた時間の中で、犬とハンドラーは建物内のどこに要救助者がいるかを見きわめなければならない。倒壊の危険性のある建物に「クリア（要救助者なし）」との判断を下せば、救急隊員は要救助者がいるかもしれない別の場所へ向かうことができる。犬を使ったこの種の捜索は、迅速さと正確さを要求される。捜索開始のコマンドも特別ならば、捜索を終えたあとのごほうびも特別なのだ。

このクリアビルディングによく似た、さらに困難な捜索もある。犬とハンドラーが危険な建物の周囲を回り、要救助者の有無を外から判断するのだ。災害後の壊滅的な状況下では、支柱などで安全が確保され救急隊員が入ることのできるビルと、そうでないビルとでは、扱いが変わってくる。救助犬チームはさまざまな条件に対処しなければならない。その建物には、内部の臭いが出てこられるような開口部があるか。建物のどこからどこへ空気が流れているか。嵐が去ったあとや次の嵐がくる前に、もし風が吹いているとしたら、どの方向から吹いているか。犬が建物内部のどこかから流れてくる微弱な臭いを嗅ぎ取り、かすかに反応を示した場合、暗闇や風の中でもハンドラーがその兆候を正確に読み取ることができるか。

まさにハンドラー泣かせの捜索なのだ。検定試験を目前に控えた時期に、この種の捜索が入ると、頭の切り替えを要求される。検定にばかり気持ちが向いていると、現場での任務遂行に支障をきたすこともあるからだ。こうした捜索では、犬が発するシグナルとそれを読み取って判断を下す自分の能力とが、要救助者や救急隊員の生死を分ける可能性がある。そう思うと背筋が凍りつく。責任の重大さを忘れず、それでいて過度のストレスを感じないようにしなければならない。プレッシャーにつぶされたり、深刻に考え込んだりすれば、判断を下すそばから疑ってみたり、自分の犬を信じられなくなったりするだろう。

パズルは、こうした事の重大さに悩まされたりしない。私の不安が伝わらないほうが、むしろ効率的に作業を進められる。ハンドラーたちは、パズルが訓練を楽しめるなら、いざ本番で現場の状況が楽しくなくても、本気で取り組むだろう、と言う。だからクリアビルディングの模擬捜索でも、私はパズルを励まし、信頼して仕事を任せ、彼女が発するシグナルに注意を払わなければならない。そして私自身は気持ちを明るく持ち、パズルは素早く、自信を持って、てきぱきと、明確に作業を進め、そして、ともにぴったり息の合った共同作業を目指すことが大事なのだ、と。

よし、分かった。そう思って、初めてのクリアビルディング訓練に臨んだ。原野でイバラの藪から脱出するよりも、たとえ暗闇の中とはいえ、がれきをよけるほうが私には楽だ。それにパズルは生存者を喜んで見つけ出すだろうし、走るのも大好きだから、きっとうまくいく。

パズルは捜索のごほうびのおやつにはあまり興味を示したことがないのだが、ほかのハンドラーたちによれば、クリアビルディングの訓練で犬のモチベーションを高く保つには、電子レンジでチンしたウィンナーが効くらしい。そこで私は、迅速さとハードワークを要求される作業の特別なごほうびとして、チキンウィンナーをチンして細かく切ったものを一袋持参した。脂でギトギトの上、シワシワで気持ちの悪い代物なのだが、突如として私は、歩くたびに救助犬たちの人気を集めることになった。

初めてクリアビルディングの訓練に臨んだ日は、災害とはほど遠い、美しく晴れ渡った日だった。パズルは捜索予定の建物に近づくにつれ、興奮で体を震わせている。建物は、部分的にアパート、倉庫、高層ビルを模していて、部屋、廊下、クローゼットがたくさんある。しかも部屋の大部分はがれきで埋まっている。パズルとともに明るい日差しの中から暗がりへと踏み入れたとたん、私は、額に手をかざして目が慣れるのを待った。

私の頭の中には、不安という名のうるさい小バエが飛んでいる。ここは暗すぎる、時間がない、要救助者を発見できなかったらどうしよう、これが本当の捜索なら、私たちの失敗は、生存者にとって死刑宣告に等しい……。ところがパズルは堂々たるものだ。こんなときに落ち着いていられるなんて、いったいどんな精神構造をしているのだろう。三〇秒でいいから、頭の中をのぞいてみたい。屋外の光に向かってうなだれている私に分かるのは、パズルが作業を楽しもうとしているということだけだ。キリキリとねじを巻き、準備を整えるパズル。コマンドがかかったとたん、爆竹のように飛び出していくのだろう。

インストラクターが合図を送ってきた。私が「サーチ・アンド・ファインド！」と叫び（訳注：今までの捜索開始のコマンド「サーチ」とは違う特別なコマンドを用いている。ただしどちらも日本語では「捜せ」という意味）、急いでリードをはずすと、パズルは一番近い部屋へ駆け込んだ。乱雑に積み重なった家具類をものともせず、戸口を半分ふさぐ形でひっくり返っているソファを飛び越えた。そのあとを私は、あちこち場所を選びながら追いかけ、さらにその後ろをアシスタントのロブがついてくる。そのあいだにもパズルはもう次の部屋へ移り、デスクの下にうずくまっているメロディを発見した。仕事が速い。好調なすべり出しだ。「いい子ね！」そう叫んで、私は「ああ、あれがあったんだ」と思い出し、新しく仕入れた高級おやつを取り出すと、走りながら食べられるように「もっと捜せ！」のコマンドとともにパズルに与えた。

ところがパズルは走り出さない。

捜索訓練で初めて、パズルはお座りをしておやつを受け取った。ウィンナーを口の中でころがしていたかと思うと、地面に落とし、臭いを嗅いでから、再び口に入れた。一センチほどのかけらを余すことなく味わおうというのか、うれしそうに口を半開きにして、右の頬から左の頬へと移動させている。首をかしげ、目を細め、まるで「世の中にこんなにおいしいものがあったなんて！」と言いたげな表情だ。おやつを飲み下すだけで、最初の要救助者発見までの六倍も時間がかかっている。時計を見ながら、私は思わずうなってしまった。

「もっと捜せ！」感慨深げに唇を舐めているパズルに向かって叫んだ。パズルはヒョイと頭をもたげ、倉庫エリアにある部屋へゆっくり向かうと、ドアの後ろに隠れたジョニーを発見した。いつもの三倍も大げさにアラートを発し、「ジョニー、ジョニー、ジョニー」とすっかり有頂天だ。すぐにすり寄って、体をかいてもらっている。

小指の爪くらいの大きさしかない、さっきよりさらに小さくしたウィンナーをやると、怖れていたとおり、また悠長に味わい始めた。時間などおかまいなしだ。ポメラニアンだってひと飲みにできるほどのかけらを、なかなか飲み込もうとしない。首を右へ左へと傾けながら、とことん味わい尽くそうとしている。しまいには、ウィンナーの芳醇な香りを楽しむかのように、唇を少し突き出したりしている。ようやく食べ終わると、笑顔で私に訴えた。「ねえ、頑張って早く見つけ出すって、こんなにおいしいものだったのね。一生懸命に走ったら、あとでもっとちょうだいよ！」

この二つめのおやつに、二八秒かかった。

「もっと捜せ！」私がまた叫ぶと、パズルは跳ね起きて階段を駆け下り、あっという間に最初の部屋を調査完了。次の部屋で鼻先を支点に方向転換し、タンクを飛び越えると、巻かれた消火ホースの影に隠れていたテレサを発見した。部屋の中は薄暗いが、パズルが隅に向かっていくのが見える。テレサが姿を現すと、金色のしっぽを振りながら、私に向かって黒い瞳を輝かせている。おやつ袋にチラッと視線を送り、ちゃんとちょうだいね、という顔で腰を下ろした。これが最後の部屋だった。私はウィンナーのかけらをちぎって差し出した。バービー人形にやるほどの小ささでも、パズルはゆっくり味わうのを忘れない。ようやく飲み込むと、満足げに小さくため息をついた。

私たちはビルをあとにした。まぶしさに目をしかめ、ころがり出たところで時計を見ると、五分

訓練はスタミナと自信をつけてくれる。非常階段を上るパズル(2005年)。

一二秒。初めてにしては悪くない時間だ。そのうち約半分はチキンウィンナーにかかったのだけれど。

「パズルはどうだった?」とテリー。

「積極的だったかい?」とデリル。

「よくやっていたよ」とロブが先に答えた。

そのあいだ、私は言葉を探していた。迅速な発見と、のろのろペースのウィンナー消費、この組み合わせを、どう表現すればいいだろう。おやつのせいで抜き差しならない事態におちいっている。パズルは、最速で仕事をやり遂げたら、素晴らしいおやつがもらえると覚えてしまったのだ。だがウィンナーは食べ終えるのに時間がかかりすぎるので、次の訓練からは、もっと小さくてクリスピーなおやつにしてみた。パズルは、ウィンナーではないおやつを受け取ると、私を一瞥《べつ》し——今日のおやつはついていない、と言わんばかり——地面にボロボロとこぼしてから、全速力で駆け出した。

おやつがあってもなくても猛ダッシュなのか。タイムもよくなっている。三分以内という課題にかなり近づいた。パズルのスキルが安定するまでは、なんとかモチベーションを高く保ちたい。いずれこの種の捜索では、まったくおやつを必要としなくなるかもしれないが、今は、この新たな活動には格別なごほうびがいりそうだ。

やはり電子レンジでチンしたウィンナーが一番なのかもしれない。時間がかかりすぎるのは困るが、最初に好きになったあのウィンナーを、いまだに越えるものがないのだ。そこである日、サッと飲み込めるようにチクレット（訳注：正方形の小さなチューインガム）ほどの大きさに切り刻んでみたのだが、今度は袋から取り出しにくくなってしまった。てきぱきと仕事をこなしたパズルに私が差し出せたのは、脂のついた指先だけだった。

それでも充分だったらしい。パズルの頭の上でチチンプイプイと指先を動かすと、ちょっと舐めただけで、「もっと捜せ！」のコマンドとともに再び駆け出していった。三分間演習の最後のほうでは、二分五二秒ですべての要救助者を発見できるようになった。盛大にほめてやり、何度もウィンナーのかけらをつかんで、仕事ぶりにふさわしいだけ与えると、パズルは傍観者たちの真ん中で熱狂してサンバを踊りだした。意気揚々とうなりながら、「ねえ、ねえ、私を見てよ！」を繰り返したあと、仕上げにペロッと舌なめずり。ついに成功！ やれやれだ。全速力で捜索するパズルの後ろを、私は一方の手に懐中電灯、もう一方の手にウィンナーの袋を持ってドタドタと歩き、ようやく課題をクリアすることができたのだった。

クリアビルディングの検定試験を受ける頃には、ほのかにウィンナー臭の香る指を差し出すだけで、パズルはとりあえず満足するようになった。試験の日、ビルの一階と二階を駆け抜けたパズルは、階段の吹き抜けで一人、ドアの陰で一人、木材の山の中に一人、積まれた木挽《こび》き台の下から一人を発見し、颯爽と部屋を出て階段を降りると私を待った。得意げに頭をそらしている。二つの階、一一の部屋、階段の吹き抜けを捜索し、二分四三秒で四名発見。朝のまぶしい光の中で、私は目をパチクリさせながら、一歩一歩探るようにしてあとに続いた。

試験官と話しているあいだ、特に命じられなくてもパズルは私の足元に座っていた。喜びを隠せないらしく、体を震わせているのが分かる。大人になったパズルは、このとおり行儀をわきまえたいい子なのに、上出来だった捜索のごほうびを忘れていた私が悪かった。所定の時間内に要救助者を全員捜し出せたことを試験官と確認しているうちに、腰から下げたおやつ袋をつつかれた。別のハンドラーが笑っている。「パズルにごほうびをやったほうがいいよ」とロブが笑って言った。見下ろすとパズルと目が合った。「アー、ルー、ワウ、ワウ、ワウ」と吠えて、お尻が持ち上がらんばかりに盛大に舌なめずりした。「とっても簡単で、楽しかったわよ」と言っているのだ。もう一度、鼻先でおやつ袋をつつくと、私をじっと見つめる。まるでこう言っているようだった。「それなのにあなたったら、ねえ、もう少し速く走れないの?」

22　がれき捜索の難しさ

目の前のがれきの山に関して、今のところ私に分かっていることは二つ。一つめは、ここには人間の臭いはあるが人間はいないということ、二つめは、五月の午前中の日差しにこれだけ温められれば、ヘビもいないということだ。現在、消防訓練所での「都市／災害」捜索の検定試験が始まって数分後。私たちは一番風下の地点を捜索している。がれきの周囲を歩いていたパズルは「ヘビの危険なし」と判断したらしく、自信を持って山を登る。気温が上昇する中で、すでに口を開き、舌を斜めに垂らしながら、素早く作業を進めている。しっぽは、そのときどきに感じていることを表すバロメータだ。今は体の動きと一緒にリズミカルに揺れている。最近、ようやく私にはパズルのしっぽの動きの意味が分かるようになった。コマンドを受けずに散策しているときのしっぽと、作業中のしっぽでは、明らかに揺れかたが違う。今は仕事中の動きを見せている。

がれきの捜索には特殊事情が山ほどある。不安定な足場、ひび割れた壁、ねじれた鉄筋など安全上のリスクが多い上、気まぐれな空気の流れのせいで臭跡をとらえるのも難しい。天気がよければ、分厚いがれきの山はヘビにとって格好の隠れ家になる。しかも竜巻やハリケーンのあとには、残骸の山々が何キロメートルも築かれるだけではない。そこには二次災害を引き起こしかねない問題も待ち受けている。有害物質が埋まっている場合、へたに捜索すれば、閉じ込められている要救助者たちの命を奪いかねないのだ。

犬たちは重心の低さと四本足を活かして、人間よりもずっと素早くがれきの上を移動できる。私も彼らにならって重心を低くして体重をちらし、直立ではなく四つん這いで登る技を身につけた。けれども、がれきの山でパズルに一歩も遅れずについていくことは難しい。それに、場合によっては、離れたところから彼女の反応を見きわめるスキルも必要になる。詳しい評価が可能な場合だけ近寄って確かめるのだ。

このがれきの山は、長年の都市整備工事で出たコンクリート廃材の寄付によって作られている。さらには、古くて使わなくなったパイプ類や、水道局が切り替え装置を入れていたドーム構造物もいくつかある。地下から掘り出し横倒しにされたドームは、世界一小さな高層アパートのように見える。這いつくばって一階部分へ侵入し、次に天井の穴から二階部分へ、さらに別の穴から三階部分へ、そして「屋根」だった場所へ移動する。ここまでで五メートルくらいだろうか。この狭い場所で、臭いは上に行くにせよ下に行くにせよ、おかしな動きかたをする。東からの強風が狭い空間に閉じ込められると、小さな竜巻のように駆け巡る。それがてっぺんから抜けたあと、何メートルも離れた別の場所へ流れていく。こういう難しい場所は犬の訓練におあつらえ向きなのだ。

この、形状の変わりやすいがれきの山で、私たちはこれまで訓練する機会に恵まれてきた。ただし、たびたび訪れているからといって油断はできない。一歩踏み外したり、おかしな動きをしたりするだけで、犬もろとも救助者が要救助者になりかねないのだ。私たちのチームには、訓練中や捜索中に大きなケガを負ったメンバーは一人もいないが、リスクは常に存在する。実際、他のチームには、がれきで大ケガを負ったり、命を落としたりした救助犬もいるのだ。

パズルは作業に集中している。がれきの捜索が好きらしい。ただし、自分の体格の小ささや、こうした場所の危険性は常に自覚しているように見える。空洞部分を吹き抜ける風のせいでぐらついたり震動したりしているがれきを、パズルはいったいどんなふうに感じているのだろう。折れたコンクリート材を慎重に飛び越えては、また駆け出し、残骸の山を落ち着いて渡っていく。

前にもこの場所で要救助者役の人たちを発見したことがあり、今日も意欲満々だが、最初に斜めに一回横切り、次に反対方向からもう一度横切っても、強く臭う場所は発見できなかった。それとも私の目にそう映っただけだろうか。パズルが真剣に取り組んでいるのは確かだが、がれきの先端の隙間に何も反応を示さない。風向きは変わりやすく、がれきの上ではどれくらい空気が流れているのか分からないので、私は念のため、もう一度捜索するよう手ぶりで合図した。そう指図しておきながら、とたんに、相棒を信じようとしない自分にチクリと心が痛んだ。パズルは言われたとおり、がれきの周囲を反時計回りに歩いているが、発見を思わせるような素早い動きは見せない。

がれきの山自体には反応しなかったが、風上の斜面の三カ所からてっぺんへ駆け上がるたびに、遠く離れたところの臭いをうかがうように鼻先を素早く上下させている。かすかな臭いの散らばりをとらえようとしているのか、もうがれきの表面には顔を戻そうとしない。このときばかりは私から邪魔されず、軽快にきっぱりとした動きで山を降りてきた。人間の臭いを捜し出そうとしているが、ここにはないことを確信している様子だ。私の言葉に従い、もう一度、周囲を歩いたあと、すましたような軽い足取りで戻ってくる。まるで、「やっぱり、この山にはいないわ。クリアよ。分かった？」と言っているようだ。

作業区画を大きくジグザグに歩きながら、列車の車両、半壊したトラック、廃車の山を通り過ぎる。パズルはどれにも興味を示さなかった。ところが二度めのジグザグで、先ほどクリアしたがれきの山の風上に来ると、急に大きく頭をもたげた。私に解放されたとたん、芝生の上を三〇メートルほど猛スピードで駆けていき、最初の要救助者を発見した。訓練用のプロパンガス・タンクに身を潜めていたロブだった。

パズルは隙間から出てきた手に撫でられて、身をよじりながらクークー言っている。ほめ言葉をありがたくちょうだいし、おやつは形だけいただいた。うれしそうにビーフジャーキーをくわえたと思ったら、地面にポトリと落としてしまった。私は、がれきの山を振り返った。ここからは、かなり離れているが直接風下だ。あのてっぺんでパズルが嗅ぎ取ったのは、ロブの臭いだったのだろうか。風はちょうどいい方向に吹いている。ロブの上にかぶさっている空のタンクにも吹き込んでいただろうから、臭いががれきの方向に流れていたとしてもおかしくはない。パズルは自分の発見を誇らしげに思っているだけで、詳しいことは話してくれない。

私たちはジグザグを中断した地点まで戻り、今度は鉄道用のタンク車に沿って歩いた。パズルはふと立ち止まると、はしご車を模した塔に顔を向けて鼻を動かし始めた。またしても目を細め、空中の臭いを嗅いでいる。さっきがれきの山で見せたのと同じ動きだ。「臭いはあるけど、ここじゃない」そう言っているのだろう。私はパズルの仕草を観察し、鼻の方向に注目した。タンク車とその近くにあるものには興味を示さず、折り返し地点まで来ると、ルートをはずれて塔を目指した。そこでパズルは選択しなければならない。壁に囲まれた一階部分に入るか、その上の壁のない階に続く階段を上るか。ドアの隙間に鼻を押しつけ、ハフハフ言わせると、すぐに階段のほうに向きを変えた。

気温が上がり、パズルの呼吸が荒くなっている。階段へ向かう前に、携帯用のボウルで水を飲ませる。いつもの調子でしぶきを飛ばしながら飲むパズル。それが終わると、頬の内側にたっぷり水を含んだままやってきて、こちらがよける間もなくバシャッとひと振り。犬の唾液が七パーセント混ざった冷たい水溶液を盛大に浴びせてくれた。思わぬ攻撃に私は、笑いながら足取りも軽く階段を上り始めた。

忘れもしない、この塔は、生後一二週のパズルに見守られながら失態を演じた場所だった。今日はそのパズルがかたわらにいて、まったく別の場所のように思える。二階も三階も興味なしと判断したパズルは、階段も怖れず、屋上まで登りつめると、北東の隅にうずくまっていたテレサを発見した。私たちは大興奮だった。テレサは二番めに発見するには申し分のない要救助者役なのだ。どんな高慢な犬も思わずやる気になるような甲高いほめ言葉を発するからだ。いつもより一オクターブ高い「いい子ね!」を言われたパズルは、子犬の頃に戻ったように、自分の顔に当たるほどしっぽを振って喜んでいる。

これは検定試験なので、いつものようにテレサの脈を測ったり、水を飲ませたり、今日は何曜日か分かりますか、と尋ねたりはしない。そうかと言って、ぞんざいに扱うわけでもない。テレサをちゃんと起こしてから（私が引っ張り、パズルが監督する）出発した。階段を下りて、再び水分補給のあとジグザグ捜索に戻る。パズルがダッシュで行って帰ってきたところで私は気づいた。どうやら、この作業区画の攻め方をつかんだらしい。自分のリズムで捜索したいようだ。私もパズルを信頼して少し鷹揚《おうよう》にかまえていられるようになったから、自由にやらせてみることにした。さっそくうれしそうに駆け出したパズルは、藪に覆われたフェンスのところまで、ずっと意気揚々と顔を上げ、金色のしっぽをなびかせていた。臆病な鳥が飛び立っても追いかけず、フェンスのところで引き返すと、私のもとへ戻ってきた。

次のルートには「迷路」と呼ばれる独特の小さな構造物がある。消防士が閉鎖空間での救助訓練に使うものだ。通気用のダクトが鍵の手に幾重にも積み重なっている。あちらこちらに出入り口が設けられ、次の段のドアに続く短いはしごがある。パズルは迷路に興味を示した。一つのドアに鼻先を這わせ、ここではないと判断すると、細長いベニヤ板を渡って次のドアへ向かう。そこで「ウー」とうなると、しっぽを振り、笑顔になった。どうやら、お気に入り三人組の一人を見つけたようだ。マットかジョニーかシンディだろう。予想どおりだった。でもなぜ当たったのだろう。パズルはダクトにもぐり込むと、しっぽを振りながら、シンディに冷たい鼻を押しつけている。

懐中電灯を左右に振って調べるうちに私は気づいた。パズルのアラートは一貫しているが、要救助者への挨拶は相手によってバリエーションがある。ちょうど人間が、近所の人や同僚や幼なじみに挨拶の仕方を変えるように。シンディが伸ばした手のひらに、パズルは鼻先をすっぽりと収めたかと思うと、大きな笑顔になった。大好きな人間の臭いをたっぷり味わって、ああ、おいしかったとでも言うように、少しむせている。

それから再びジグザグ捜索に戻った。今度はバーン・ビルディングがある。最近、模擬火災を起こしたばかりらしく、内部の壁から天井には黒い煤が這っている。気温が上がっているので、強烈な煙と灰の臭いで私は涙目になった。犬にとってはさぞかしきついだろうと思うが、パズルは平然と建物の中を移動している。煤けた上、びしょ濡れになった藁の山を嗅いだあと、ここには人間の臭いなしと判断を下した。暗い場所なのに作業は素早い。

私たちはこの煤けた建物でさんざん訓練を積んできた。あの経験がなかったら、火災そのものによる圧倒的な臭いの中から、本当にパズルが人間の臭いを嗅ぎ分けられるものか、首をかしげていただろう。たとえば、ウォッシュチーズの強烈な臭いの中で一輪の野の花を嗅ぎ分けるようなものではないか、などと疑っていただろう。幸い、パズルもほかの犬たちも、まさにこの場所で訓練を積みながら、文字どおり成長してきた。ごくわずかな例外を除いて、このバーン・ビルディングで彼らが出した「ノー」は、間違いなく「ノー」なのだ。

建物をあとにするパズルは、腰のまわりを縞模様に、しっぽをみすぼらしくまだらに染めているが、彼女にとってはこの日最初のごほうびなのかもしれない。我がブロンドの愛犬は汚れるのが大好きなのだ。高層ビルを模した構造物へ向かいながら、パズルはニヤッと笑った。満足しているのだろう。顔がスッキリしている。

私はといえば、本当は立ち止まって、膝に手をつき、ひと息入れたいところだった。疲れるようなことはしていないのに、ヘトヘトなのはなぜだろう。歩道に乗り上げた車を押し出すくらいの力は残っているような気がするのに、首が妙に張っている。パズルが弾むように高層ビルに入る頃、私は、今朝コーヒーを飲まずに来てよかったと本気で思っていた。今日のこの緊張感にカフェインが加わっていたら、いったいどうなっていたことか。ぜんまいを巻かれたニワトリのおもちゃみたいに、暗闇の中、パズルのあとを小股で追いかけるはめになっていたかもしれない。捜索に集中するどころではなかっただろう。

一階の広い倉庫の中を進むパズルに、私は懐中電灯を振り向ける。この場所には、はしご、大きな樽、赤い防炎マットレスが山ほどあり、つきあたりの鋼鉄製ドアの向こうには、クローゼットがいくつか。この私でさえ、さまざまな臭いが重なり合っているのが分かる。今日の温かい陽気のせいで、マットレスは小学生のとき体育の時間に使った運動マットのような臭いがする。いや、それより重たくて汗臭い感じだろうか。こういう場所では空気の動きが一定しない。部屋の両側のドア、北の入り口部分にある階段、重い金属製のシャッターがはまった窓のせいで、中央には強い空気の流れができるが、隅のほうでは物陰に空気が溜まりやすいのだ。

パズルは、だだっ広いスペースの真ん中で、床に横たわるはしごの横木を一歩一歩またぎながら、自信たっぷりに進む。ゆっくりと頭を回し鼻先を上げたかと思うと、部屋の一隅に移動し、肩をすくめながら出てきた。人間の臭いナシ。それから何もない場所を駆け抜けて、後ろのドアへ。鍵がかかっていた。私は部屋をあとにする前に、残りの隅とクローゼットのドアの隙間も調べるように合図した。パズルはすべてチェックしてから、やはり何もなしと判断し、建物の外に通じる裏口へと戻ってきた。それを見ていて私は一瞬考えた。がれきの山でのパズルの行動を思い出したのだ。あのときは何メートルも離れたタンクの中にいるロブの臭いを嗅ぎ取った。この部屋でも、屋外のどこか風上にいる人間の臭いが分かるかもしれない。

さっそく倉庫を出て建物のまわりを歩いた。少し日が陰って、風が強くなっている。建物の裏手へ回ると、パズルは、箱型をした模擬火災発生装置までゆっくりと歩いていった。中に要救助者がいるのだろうか。そう思った瞬間、裏手から腰の曲がった老人が出てきた。私はもう少しで衝突するところだった。パズルは老人の横に立っている。あっけにとられている私に、老人は強盗に遭ったかのように両手を上げて理解不能の言葉をつぶやいた。

パズルが見つけ出したのは、要救助者役として隠れていた人ではなかった。しかも、その人は、心ここにあらずといった様子をしている。私に向かって何かしゃべりはするが、視線が定まらないし、言葉も不明瞭だ。両手を上下させる仕草は、何かに降参を示しているようにも、パズルを避けたいようにも見える。いや、パズルに気づいてさえいないのかもしれない。ふと彼が取り出したカードには、自分は介護施設の患者でコミュニケーションに障害があると書いてあった。私にもっとよく読んでほしいのか、老人はそのカードを差し出した。

マックスに連絡しようと思っているところに、カートに乗った警備の女性がやってきた。彼女は老人に優しく言葉をかけながら車に誘導してくれた。パズルと私が見送る中、カートに乗り込んだ老人は、まるでこうした突然の展開を予期していたかのように、まっすぐ前を見据えたまま去っていった。老人が手にした白いカードのヒラヒラとした動きだけが、最後まで見えていた。

「いい子ね」と私。パズルは、自分の発見した人間がカートで連れ去られるのを初めて目にした。

「もっと捜せ！」私たちは検定試験を再開し、高層ビルへ戻った。まだクリアしなければならない部屋が残っている。


要救助者役の中で、発見されたのを一番喜んだのはドンかもしれない。彼が隠れていたのは、私たちの作業区画の一番奥で、しかも高層ビル内の最もむさくるしい部屋だった。着古した消防士の制服の山に長いあいだ埋もれていたので、汗もかいたし、臭いも広がっていただろう。パズルにとっては、クモの巣に引っかかった羽虫くらい分かりやすかったようだ。クンクンと少し嗅いだだけで発見。古着の山から起き上がったドンは、光に目をしかめながら、パズルを軽く叩いて労をねぎらった。私たちは、訓練所に待機している人たちのもとへ戻っていくドンを見送った。

これまでに発見したのは、公式の要救助者が四名、非公式の要救助者が一名。まだ高層ビルの残り半分を捜索しなければならない。それなのにパズルは、もう終わったというそぶりで、冷たいコンクリートに座り込んでいる。私が折りたたみ式のボウルでもう一度水を飲ませ、作業に戻ろうとうながすと、愛想よく立ち上がったが、このビルの空気の流れのことなら私よりずっとよく分かっているのだろう。興味深いものはたくさんある――たとえば、一番奥の部屋の床に、散布図のように広がっていたハトの糞――が、急いで駆けつける必要はない、ここにはもうほかに人間はいないのだから、とでも言いたげだ。

パズルは材木が積まれている中央の部屋を歩き回った。さわやかな木の香りが気に入ったが、空間の狭さと奇妙な空気の流れのせいで、犬にとっては厄介な場所だった。パズルは片隅で何かに集中するように立ち止まっている。そんな反応は見たことがなかった。アラートを発せず、前足でしきりに何かをかき出そうとしている。出てきたのは、おもりの入ったベストだった。懐中電灯を当てながら、しゃがんで調べてみると、襟首の後ろ側に、乾いた血痕らしき小さなシミがあった。昔それを着ていた人が何かですりむいたあとのように見える。不思議に思って臭いを嗅いでみた。血の臭いはしないが、汗と脂っぽい何かの臭いがする。何人もの消防士が着用し、何百という臭いが付着しただろうに、私に嗅ぎ取れたのはたったの二種類だ。

ベストを調べ終えたパズルは、私が確認したのを見て、それ以上興味は示さなかった。「これ、生きてないわね。でも、たくさんの人間の臭いがするのは確かよ」と言っているようだ。

一階の残りの部屋を素早く捜索し、階段を上ると、パズルはアパートを模した三つの部屋に入り、ひっくり返った家具類のあいだを駆け足で調べた。次に最上階の倉庫エリアへ向かった。ベニヤ板で作られた構造物のせいで空気の流れが蛇行している上、這わなければ入れないような怪しいスペースもある。パズルはこの部屋を何度か捜索したことがあり、ここへ来るとなぜか興奮して、すぐに駆け足になる。今も鼻面を低くしながらあたりを走り回っている。それを何度か繰り返したあと、私のところへ来て笑顔を見せた。「素晴らしい部屋よ。ここ大好き。連れてきてくれてありがとう。でも何にもないわ」と言っているようだ。

高層ビルもクリアになった。外へ出たあと、材木の山と、箱型の模擬火災発生装置を素早く調べた。それが終わると、パズルはまた頭をもたげ、作業区画をあとにした。立ち止まって私を振り返る仕草は、「私たち、うまくやったわね」と言っているのだろう。その気楽な様子を見ているうちに、クリアしてきたばかりの場所を二重、三重にチェックすればよかったと思い始めていた私の不安はかき消された。それに、がれきの山で捜索を繰り返させたことも後悔している。パズルは草の上にストンと腰を下ろし、ころがり始めた。満足しきっていて何の疑いもない。身をよじって背中で芝生に象形文字を書いているようだ。「犬を信じよ、犬を信じよ、犬を信じよ」

　まったくもって、そのとおり。私たちが教室棟へ戻ると、チームメイトたちと三人の試験官が講評のために待ちかまえていた。


　一時間後、お気に入りのレストランのテラスで、パズルはグリルチキンと子ども用のカップアイスにありつこうとしていた。私はミモザカクテル――オレンジジュース少々とシャンパンたっぷり――を飲むつもりだった。ここはよく訪れる地元のカフェで、犬連れでも入れる店だ。パラソルを差したテーブルがデッキに並べられ、陽気なムードを醸し出している。

　パズルはこの店の臭いを一ブロックも離れたところから嗅ぎつけ、手前の角を曲がると足取りが速くなる。オレンジ色の作業ベストを着て通ると、先客たちがひと言ふた言コメントを漏らす。小柄だとか、ブロンドだとか、リードをつけた歩き方が上手になったとか。いったい何をする犬なのかと、好奇心をあらわにする人たちもいる。ベストに書かれた「捜索救助《SEARCH AND RESCUE》」の文字が見えなかったらしく、首をひねっている。

入り口でテーブルに通されるのを待つあいだ、パズルはドアが開いたり閉まったりするたびに首を伸ばしてキョロキョロと落ち着かない。戸口からおいしそうなチキンの匂《にお》いが漏れてこないか、いつもかわいがってくれるお気に入りのウェイターやウェイトレスの姿が見えないかと期待しているのだ。長かった一日の捜索活動のあと、テーブルの下でくつろぎながら、こんがり焼けたローズマリー風味の鶏の胸肉とテイクアウト用カートンに入った冷水をちょうだいし、子犬の頃から知っている若い女性たち——溶けたチーズやアイスクリームのかぐわしい香りを漂わせたおねえさんたち——にほめそやしてもらう。パズルにとって、これほどうれしいものはない。素晴らしい一日の仕上げになる。

見たことのない若いウェイターが、一つだけ空いていたテーブルに通してくれた。私は椅子に腰かけ、パズルは足元に伏せる。犬をよく見ようと振り向く人たち。向かい側に座っている中年の夫婦が私たちに興味津々のようだ。チラッと視線を送ってきては、額を寄せ合い、またチラッと見る。尋ねようかどうしようか迷っているのだろう。だが、ティーンエイジャーの息子は、わざとパズルを見ないようにしている。おかしな親子だ。ママとパパはパズルのほうへ椅子ごとにじり寄りながら、ときおり何か聞きたそうな視線を私に投げるのに、対照的に少年は、どんどん遠ざかっていく。

ついに父親が口を開いた。「あなたのワンちゃんのことが気になってたんですが、そのベストには本当に『捜索』って書いてあるんですか？」

私がうなずくと、少年はさらに一〇センチほど椅子を遠ざけた。

「何を捜すのかしら？」母親が尋ねた。

「爆弾ですか?」と父親。

「犯罪者じゃないか、って話していたんですけど。そこまで強そうではないし」

「もしかして麻薬捜索犬とか?」父親は止まらない。少年はまた左に椅子を動かした。

私は首を振って「ノー」と答えた。いなくなった人間を捜すのだ、と言うと、少年が初めて顔を上げた。私はパズルのベストの反対側を指さした。そちら側のほうが「捜索救助」の刺繍文字がよく読める。そのとたんに少年がリラックスしたのが分かった。両親にも気づいてほしいと思ったが、二人は目下のところパズルのことしか目に入らない。

「爆弾でなくてよかった。あなたのワンちゃんみたいなかわいい子が、危険な目に遭ってほしくないから」父親が言った。

「学校に麻薬犬が来るんでしょ、コーディ?」母親が息子のほうを向いて尋ねると、少年は首をすくめてうなずいた。ちょうど日が当たり始めたので目を細めている。日陰に入れるように少しだけ椅子を戻した。

母親が説明を始めた。「一カ月に一回、麻薬犬が来て、ロッカーとか駐車場の車を調べるんですよ」

「たいしたもんだよ。人間には分からない臭いを、片っぱしから嗅ぎ取っちまうんだからな」父親が言った。

しばらく静かに食事をしていると、若い男性がヨチヨチ歩きの娘を連れてきた。パズルを撫でてもいいかと言う。女の子が手を伸ばして「ルーラ、ルーラ」と言うと、父親が、ひと月前に自分たちのゴールデンをガンで亡くしたばかりなのだと教えてくれた。ルーラは八歳の「赤毛」だったそうだ。ゴールデン・レトリーバーを愛する人たちは、この犬種の中でも濃いめの被毛を持つ子を「赤毛」と呼ぶ。けれども、女の子はパズルの表情、頭の形、フワッとしたしっぽを見て、愛犬と思ったのだ。

「ルーラ」少女はパズルの耳を持ち上げて、ささやいた。子どもにときおり警戒心を見せるパズルが、静かに寄り添いながら人差し指で肩を撫でる黒髪の少女にすっかり心を許している。父親は口数が少ない。犬に優しい娘のことをほめられると、にっこり笑っただけだった。彼がしゃがむと、パズルはしっぽをバサバサと打ちつける。今は亡きルーラが、こうして父娘と一つの輪を作っていた様子が目に浮かぶようだ。立ち去るときの父親は肩を落としていた。犬を撫でたいとせがんだのは娘だが、父親も同じようにパズルに触れたかったのだろう。

我が家へ戻ると、裏庭のペカンの木陰にあるベンチに寝そべった。私が手を伸ばすと、検定を合格したばかりの相棒はさっそくおなかを見せる。どうせお祝いをするなら、こうしてひっくり返って、歯をむき出し、夢うつつの状態で祝ってもらうのが一番、ということらしい。

「出動準備完了」――生存者の臭跡追求に必要なあらゆる初歩訓練を終え、所定の検定試験（原野、クリアビルディング、都市／災害）に合格した犬を、私たちはそう呼んでいる。これでパズルは、生存者の発見が期待できる地上の捜索にいつでも出動できる。検定試験の課題は難しかったが、どれも、ごく一般的な捜索現場で遭遇するようなものばかりだった。優れたテストからは、学ぶことが多い。パズルと私は、この活動の基本となる確固たる戦術について理解を深め、互いに信頼のおける相棒として成長することもできた。これからは自信を持って進んでいけるはずだ。さて、次は何が待っているのだろう？　パズルとともに、ここまで来られて本当によかったと思う。

けれども喜んでばかりもいられない。これで万全ということはないのだから。今世紀に入ってから、未曾有《みぞう》の事故や災害——9・11米国同時多発テロ、堤防決壊による大洪水、そしてスペースシャトルの事故——が続き、すでに救助犬による捜索活動のルールも変わりつつあった。それに、スペースシャトル「コロンビア号」の事故以来、その種の遺体回収作業で犬たちに何ができるか、また犬たち自身がどんな影響を受けるかといった議論も巻き起こっている。

高度六三キロメートル、音速の一八倍のスピードで空中分解したコロンビア号の事故は、今も私たちに多くのことを教えてくれる。そして人間の臭いが最悪の形で変化を遂げることも。

23　スペースシャトル墜落事故

パズルが生まれる前の年、すでに早春を思わせるほどに晴れた冬の朝、スペースシャトル「コロンビア号」がテキサス州に降りそそいだ。私が最初に気づいたのは、犬たちが突然吠えだして、眠りから叩き起こされたときだった。ポメラニアンたち（耳の聞こえないスカッピーも含めて）は、まるで誰かが床を踏みならしたかのように跳び起きた。その数秒後、ドーンというとどろきが聞こえ、続いて、それよりも小さな轟音がした。空軍基地の隣で育った私は、航空機が音速を超えるときの衝撃波音には慣れている。ただし、アメリカでは一九六〇年代の終わりに超音速飛行が禁止されたので、私が最後にそれを聞いたのは、もう何十年も前だ。

今しがた聞こえた轟音が航空機の衝撃波音なのか、それとも何かの爆発音なのか分からず、勝手口を開けてみた。ポメラニアンたちはさっそく裏庭に駆け出すと、近所の犬たち同様に吠え始めた。どの家のどの犬が鳴いているのかが声で分かる。お向かいのワイヤーヘアード・フォックス・テリア、二軒隣のボーダー・コリー、一ブロック先の年老いたジャーマン・シェパードの夫婦……。

我が家の犬たちがフェンス際で狂ったように吠えたてているあいだ、私は、さっぱりわけが分からずに立ちつくしていた。美しく晴れ渡った――今にして思えば、二〇〇一年九月一一日にそっくりの――空を見上げながら、まさかテロ攻撃でも始まったのかしら、などと考えていた。

音は南から聞こえたようだった。ダラスの繁華街の方向だから、何かあれば防災サイレンが鳴るか、パトカーや消防車が一斉にそちらを目指してけたたましく走っていくはずだ。そう思って耳を澄ましてみるが、何も聞こえない。いったいどうしたのだろう。あれだけはっきり聞こえたのは何だったのか。ドーンという轟音、それに続いて小さなドーン。

外のラジオと中のテレビをつけると、どちらの放送局も、通常の番組を中断して速報を流し始めた。コロンビア号との交信が途絶えたというニュースと、さらに、それが何を意味するかについての議論が二〇分間ほど続く。テレビでは、公式発表の内容とそれを読み上げる人たちの表情に奇妙なズレが見られた。正式にはまだ何も確認されていない段階だが、ニュースを読む人たちは誰ひとりとして疑っていない。それに楽観もしていなかった。NASAの発表のずっと前から、コロンビア号は消滅したことになっていた。地上へ帰還しようとしていたシャトルは、私たちの頭上の、西と南と東の空にかけて分解したらしく、トラブルは、テキサス州北西部のパンハンドル地方の上空で始まり、ルイジアナ州上空で幕を閉じたのだという。

私は携帯電話を見つめた。このとき、アメリカじゅうの捜索救助チームの人間が、いつ呼び出されるだろうと思いながら、同じように携帯を見つめていたに違いない。この事故で救助犬チームが呼び出されるとすれば、救助よりも遺体の回収に目的が絞られるのではないだろうか。たとえ生存の可能性がゼロではないとしても、あれだけの高度からあれだけのスピードで飛行中に起きた事故なのだ。低空で分解した「チャレンジャー号」の場合、大西洋に墜落した機体そのものは比較的無傷で回収されたが、コロンビア号のその後については、ニュース番組に登場する航空力学の専門家たちも、みな大いに疑問視していた。

その朝、訓練のために集合したときも、チームの誰もがまだ事情をつかめていなかった。噂ではシャトルの残骸の一部はまだ降り続いている状態で、最も軽い残骸が地上に到達するには何週間もかかるかもしれない、と言われていた。雲ひとつない青空を見上げていると、とても信じられない。連邦政府機関が合同で機体の回収に当たるとされていたが、その朝の段階では、遺体の回収計画についても分からず、救助犬チームが必要なのかも定かではなかった。この時点であれこれ想像していても始まらない。私たちはその日の訓練に取りかかることを決め、さっそく犬たちを訓練場へ向かわせた。

翌日の午後、出動を知らせる携帯の着信音が鳴り、続いてメールとファックスが送られてきた。当局は回収作業の長期化を予想しており、私たちチームは時間差で出動することになった。初日に三組の犬とハンドラーが、その五日後に次の三組が出動し、順番に回復期間を経てまた出動する。口にこそ出さないが、誰もが過酷な捜索を予感していた。体も頭もクタクタになりそうだ。おそらく、心にとっても、きついものになるだろう。

翌日の深夜、私たち六人は車を連ねてダラスをあとにした。想像もつかない遺体の回収作業に向けて、すでに身の引き締まる思いだった。小さな町と町をつなぐルートをたどりながら、南東のラフキンまで五時間走り、そこで全米から集められたほかのチームと合流するのだ。

メンバーの大半は一日じゅう働いた日の真夜中に、こうして長時間のドライブに繰り出した。考える時間はたくさんある。都市部から離れていく幹線道路をできるだけ下ってから、狭い州道に入る。都会らしさが薄れ、牧場や未開発の荒れ地が広がるにつれ、あたりの闇は濃くなっていく。

都会暮らしの長い私は、夜空がこんなにも多彩なことを忘れかけていた。どんよりとした暗灰色だった空は、いつしか地平線から地平線まで星をちりばめた広大な黒い空間へと変わっている。その昔、セスナから眺めていたのと同じ空だ。なめし皮にも似たベルベットの夜空に、無数のダイヤモンドがまたたいている。その下の二車線道路を赤のクライスラーPTクルーザーでのんびりと走っていると、またしても自分がちっぽけに思えてくる。無名の存在であるという感覚には、いつもなら慰められるのに、その夜の私は、空の大きさと待ち受けている任務の大きさに、思わずハンドルを握りしめるのだった。

私たちは無線機をつけっぱなしにして互いの状況を確認し合いながら、ソロソロと進み、やがて二時を越え、三時が近づいた。しくじったことが一つある。町を出るときに終夜営業のガソリンスタンドでコーヒーを買ったのだが、やけどするくらい熱い上、薄っぺらな発泡スチロールのカップが溶け出しそうなほどドロッとしていて、まるで硫酸をすすっているかと思うくらい胃が痛くなった。おかげでケンプからメイバンク、ユースタスまで目をパッチリ開けて運転できたが、アシンズに着く頃には、体がこわばり、お尻が痛くなってきた。もうヘトヘトだ。

ラフキンまであと一時間半のところで限界を迎えた。ものすごい眠気に襲われ、映画や何かでよくやるように、自分で自分の頬をひっぱたかないと目を開けていられない。『翼よ！　あれが巴里《パリ》の灯だ』で、ジェームズ・ステュアート演ずるリンドバーグが大西洋横断飛行中、ウトウトしているあいだに機体が海面に落ちていくシーンを思い出した。が、それも長く考えていられないほど眠かった。こんな夜更けに、眠っている人たちのことを思い浮かべても何の役に立たない。

そろそろ車を止めたほうがよさそうだ。マックスに無線で伝えようとした瞬間、車の横腹に何かがぶつかった。ソフトボールのような衝撃のあと、飛び散ったものが半分開けた窓から侵入し、顔と髪にくっついた。運転しながら思わず飛び上がってしまった。急に車がよろけたのを見て、チームメイトが無線で問いかけてきた。物体が当たるところは見ていなかったが、車がふらついたので、私が居眠りしていると思ったのだ。

だが、眠ってなどいない。すっかり目が覚めてしまった。もう頬をひっぱたく必要もなかった。これはコーヒーだ。コーヒーとクリームの臭いがする。それと、ツンと鼻をつく何か。顔がベタベタしてきた。車内の温かさと入ってくる風とで髪はすぐに乾き、砂糖をまぶしたパリパリの小枝のようになっている。対向車が液体の入ったカップを投げたのだろう。故意か偶然かは分からないが、それが私の車（と私）にぶつかった。ラフキンまではまだ何キロもある。早朝の事前説明に集合するよう言われているので、車を止めている暇はなかった。手のひらにペットボトルの水を受け、ベタついている顔とまつ毛を湿らせる。市民センターに着いたら、ちゃんと洗えることを祈った。

ラフキンの街の明かりはまだ地平線に現れず、道路はいっそう暗さを増していくように思える。ヘッドライトのすぐ外、道路脇や草むらの薄暗がりに、ときおり何かが見える。形はすぐに分からないが、丸まったタイヤの切れはしだったり、剥がれたバンパーだったり、トラックの荷台から落ちた椅子のフレームだったりする。後ろ足で立ち上がったウサギのように、大きく曲がった金属片が草の中から突き出している。一部は光沢があり、一部は錆びている。車を飛ばしているのでゆっくり見ている暇はないが、あの中にシャトルの残骸はないのだろうか。前を行く車の運転者が道路からどけていったのかもしれないではないか。

ラフキンに到着すると、私はチームの犬二匹からチェックを受けた。車から降りるなり、風下にいた彼らは私の臭いを嗅ぎつけたのだ。二匹ともおしっこをしたり、体をブルブルッとさせて長い眠りを振り払ったりと忙しいが、私のジャケットの袖に鼻先を伸ばすのも忘れない。かがんでやると、顔を調べ始めた。おかしな臭いがするスザンナに興味津々だが、腕に付着したものを舐めようとはしない。

しぶきの飛んだジャケットにハンターがあまりにも興味を示すので、チームメイトの二人が、例のコーヒー爆弾には尿が混じっていたのではないかと言い出した。一人が私の車の運転席側へ行くと、液体の正確なぶつかり具合や後方へ大きく広がっている様子をじっと見ている。大きなシミがべったり。まるで、翼竜が曲芸飛行でもしながら排泄物爆弾を投下していったかのようだ。何がついているにしても、なるべく早くドライブスルー方式の洗車場を見つけたほうがいい、とチームメイトに言われた。

市民センターの駐車場は、すでにいっぱいだった。説明会まではまだ時間があるが、一帯はすでに動きだしていた。車から出たかと思えば戻っていく制服姿の人々や、建物のドアへ向かっていく人々もいて、その動きは星型の軌跡のようだ。アンテナや円盤を乗せたテレビ局の放送車が建物を取り囲んでいる。通りすがりの警官が、私たちに進むべき方向を教えてくれた。コロンビア号回収作業の開始をとらえようと集まったカメラマンの列に阻《はば》まれながら、私たちは建物に入った。

連邦政府の各責任当局は、まだ大ホールの別々の場所にそれぞれ陣地を築いている最中だった。私たちは待機するために廊下の端へ移動した。食べ物の売店や救世軍がやってきては、緊急支援用のブースを設営していく。私たちが通り過ぎると、親切なスタッフがハンバーガーと温かいコーヒー、ドーナッツ、アルミホイルでフタをしたカップ入りのオレンジジュースを勧めてくる。私はここへ来るまでの車中、次はいつ食べられるか分からないと思って一日分に相当するほどの食事をとっていた。満腹でもう何も入らないと断ると、売店の年配の女性は困ったような顔を見せた。私は、あとで運転しながら飲めるよう、カップに入ったオレンジジュースだけ、ちょうだいした。

ホールを出入りする人がさらに増えたかと思うと、やがて全グループが廊下へ出された。スピーカーのかすかなうなりが聞こえる。ドアと言うドアがバタバタと閉められる。私たちは一時間以上待たされた。ときおり、トラックに乗せた犬たちの様子を交代で見にいくと、彼らはくすんだピンク色の朝日を浴びながら、ちゃっかり二度寝を決め込んでいた。私は壁にもたれて目を閉じた。廊下は寒く、疲労のせいで神経が過敏になっているのか、体じゅうが痛い。

「大丈夫?」普段は看護師をしているチームメイトが尋ねた。

「この疲労ってやつを、どうやって出し抜こうかと考えているところなの」と私。

彼女はコーヒーをひと口すすって言った。「私はね、ゆうべはぐっすり眠ったんだって思い込もうとしてるところ。今はなかなか目が覚めなくて苦労しているだけだって」

なるほど、いいアイデアかもしれない。「それでうまくいきそう?」目をパッチリ開けて尋ねた。

「結果が出るのは午後でしょうね」彼女は笑っている。

私よりずっと長い時間起きているのに、よっぽど元気そうだ。売店に視線を移すと、ホールでの説明会が終わるのを待っている売り子たちが見える。私の視線に気づくと、コーヒーポットや氷の入った大きなボウル、ジュースやペットボトルの向こうから見つめ返してきた。早く売りたくてウズウズしているのだろう。眠ったつもり作戦で元気を取り戻した私は、祖母のように優しく気遣ってくれた先ほどの女性のところへ行くと、チームメイトの言葉を実践することにした。

「なかなか目が覚めなくて困ってるの」それを聞いた女性は、コーヒーをカップにそそいでくれた。トラックの運転手をしている夫にもいつもこんなふうに入れているのだ、と言って、プラスチックのスプーンでクリームを五杯、砂糖を三杯……。

車にぶつけられた例の液体爆弾を思い出すとゾッとするが、目の前で女性が入れてくれたホットコーヒーミルクセーキ(!)は、確かにおいしそうな香りを漂わせている。冷たいチョコレートドーナッツもしきりに勧められた。断りきれなかった私は、結局、チームメイトたちのもとへ戻る頃には、象でもタップダンスが踊れるほど、ばっちり糖分とカフェインを仕込まれていた。

ホールのドアが開き、緊張した面《おも》持ちの若い女性が私たちのところへ説明にきた。いや、マックス一人が説明を受け、私たちはそれが聞こえる場所に立っていたと言うべきか。ここで、命令指揮系統――私たちは誰に報告し、その人は誰に報告を上げるのか――が明らかにされた。ベースを置くことになる小さな町についても説明があった。

現場へのカメラ類の持ち込みは禁止、宿泊場所も確認された。ただちに出発し、午前一〇時までには作業区画に入ってほしい、と女性は言った。そして、報道陣にはくれぐれも注意すること、取材には絶対に応じず、ＮＡＳＡとＦＢＩの広報担当へ回すこと、と言い渡した。去り際、女性は足を止めて振り返った。「それと、もう一つ」真剣なまなざしで、外に並ぶ報道陣のバンにあごをしゃくる。「ジョークはダメです。どんなたぐいの冗談も、いっさい禁止」

唐突な物言いだが、おそらく上層部から言われてきたのだろう。ブラックユーモアを未然に食い止めようというわけだ。捜索の現場では、重苦しさを吹き飛ばそうと、破れかぶれのジョークが飛び出すことがよくある。

お安い御用だった。私たちは笑ってもいないし、ジョークを飛ばし合ってもいなかった。それでも、ラフキンをあとにする際には充分に注意を払った。すでに夜が明け、冬の終わりの暖かな一日が始まっていた。私たちは広い青空の下、灰色の道路を捜索現場へ向かって車を走らせた。

シャドウは、まだらの被毛をきらめかせながら、人々のあいだを意気揚々と動き回り、一人ひとりに挨拶したり、おやつをねだったりしている。私たちは多くの救助犬チームとともに、犬たちを従え、装備一式を整えて小さな町の会議場の外に立っている。晴天の下、荷物を背負った大勢の人間と犬たちは、遠目には何か楽しいことのために集まっているように見えただろう。ハイキングや屋外での遊びには、もってこいの日かもしれない。けれども、私たちの中で元気いっぱいなのは、仮眠で充電済みの犬たちだけだった。ハンドラー用と自分用の装備が何を意味するのかも、彼らは経験上よく知っている。会議場のドアが開き、誰かが声明を発表するかのように飛び出してくるたびに、人間の臭いが濃くなるのを感じているのかもしれない。

人ごみを縫って捜索本部の人々がやってきた。利用可能な設備や人材について説明し、私たちを派遣する場所を地図で示した。だが、こうしたプロセス全体が曖昧模糊《あいまいもこ》としていた。私たちはすでに何時間も待機しているし、クリップボードを持った人が来るたびに、チーム名、氏名、犬の名前や、出動可能な人数を聞かれたりしたが、今のところ指揮所から出発した救助犬チームは一つもない。もちろん、大規模捜索では長時間の待機はありうることだ。ヒューストン郊外から犬と一緒に来ている警官は、前日は一日じゅう、芝生の上で待機していたと言う。「僕の場合は、待っている時間にも給料が出ているんだがね」彼は笑っているようにも、歯噛《が》みしているようにも見える。かたわらには、休暇を取って捜索のサポートに駆けつけた二人の兄弟がいる。その顔を見ながら警官は言った。「休みは何日もらってきたんだい?」

この警官の話が捜索隊のあいだに広まると、軽く驚きの声も上がったが、がっくり肩を落とす人が多かった。待機している人々の大半は荷物を降ろし、二つ折りにして枕にした。睡眠不足を解消しようと若草の斜面に体を伸ばす人もいる。立ったままの人々は、犬たちが長いリードをいっぱいに伸ばして行ったり来たりしている様子を観察している。

一人の若者が、遠くから捜索隊の様子を撮ろうとしているテレビカメラに神経をとがらせていた。仮病で会社を休んで遠くの州から参加している彼は、全米中継のテレビで上司に見られやしないかと心配なのだ。チームメイトの女性が、通りの向かいにあるスーパーマーケットを指さしながら、「今だけ髪を染めたら？」などと勧めている。もちろん半分冗談だ。

自分たち隊員は、この活動で勤務先から注目されることなどめったにないのだ、と彼女は言う。いずれにしろ青年がどんなにカメラを嫌おうと、注目をかわすのは難しいかもしれない。背が高いのだ。おまけに隣にいるジャーマン・シェパードはハッとするほどの美人だった。黒い瞳と賢そうな顔立ちは人目を引かないはずがない。出動を待ちわびている彼女は、ちょっとした変化を敏感に感じ取っては興奮して吠え声を上げる。そのたびにハンドラーの青年は低い声でたしなめなければならなかった。元気がよすぎてテレビカメラに映されはしないかとヒヤヒヤしているのだ。

「ハスキーね」一人の女性がジェリーに言った。その彼女の足元にはボーダー・コリーがいる。聡明そうなオス犬で、出動したくて仕方がない様子だ。女性がシャドウを見下ろすと、シャドウは愛想よく見上げた。「ハスキーって、一人にしかなつかないワンパーソンドッグだから、捜索活動には向かないと思ってたんだけど」

ジェリーは首を振った。「まあ、一人の人間、つまり僕のためにしか働かないけど、働くのが好きだってことは間違いないね」

シャドウは笑顔で見上げながら、ハスキー語でつぶやく。「そのとおり！」と言っているのだろう。母音と子音を巧みに操ることができる犬なのだ。

実際、ジェリーのリーダーシップとシャドウの献身、その組み合わせが捜索現場で最強のペアを作り出していた。私も長いあいだ、彼らのチームワークを目撃してきた一人だ。子犬の頃のシャドウは知らなくとも、立派に成長した様子はよく知っている。彼らのあいだには、ラブラドールやジャーマン・シェパードとのペアとはまったく違う絆が育っていた。ジェリーはシャドウに自分の要求を確実に伝えられるし、シャドウはそれにどう応えればいいかを知っている。目の前の女性はまだ納得できないらしく、シャドウのような犬が捜索活動で活躍するのを見たことがない、と言う。何を言われてもジェリーは平気だった。救助犬チームには、あらゆる犬種にまつわる偏見が存在する。ハスキーについてとやかく言われることに、彼は慣れっこになっていた。

一機のヘリコプターが五〇メートルほど離れた空き地に降りた。着陸後もローターが低い回転数で回り続けているところを見ると、長居はしないつもりらしい。それでも、待機している私たちにとっては進展だった。犬たちも興奮している。ローターの気流が空き地周辺の草むらをかき回し、さまざまな臭いを四方八方に撒き散らしているからだ。鼻面を上げてヒクヒクと動かしたり、頭を上下させたり、鼻の付け根にせわしなくしわを寄せたりしている。

一匹の年配のレトリーバーが目を閉じて臭いを味わっている。口を少し開き、芳醇な香りをかみしめる様子は、まるでベテランのワイン醸造家のようだ。きっと犬たちは、これは今日のリスの臭い、それは昨日のウサギの臭い、あれは一〇日前のコヨーテの臭い、という具合に、いそいそと仕分けに励んでいるのだろう。そして、私たち人間が放つ皮脂と疲労の臭い、車のシートとフライドチキンの臭いも嗅ぎつけているに違いない。

犬の耳が一斉にピンと立った。ノートと黒いジャケットを持った二人の男性が、身を低くしながらへリコプターから降りてくる。二人は草むらを一直線に指揮所まで走り、中へ消えていった。

午後になってから風が出てきていた。あれほど青く晴れ渡っていた空が、今はロバのしっぽのようなスジ雲に覆われている。私たち捜索チームの中のパイロットが一斉に空を見上げた。天気が変わろうとしているのだ。明日は晴れない、と言う。指揮所の誰かも天気予報を調べていたのだろう。数分後、二人の男性が出てきて、アンテナとテントの設営を始めた。指揮所の中もあわただしくなってきた。ガタガタと椅子を動かす音、何かが壁にぶつかる音が聞こえてくる。

「ついに僕たち、出動するんですかね？」カメラに背を向けていた長身の若者が尋ねた。

「作業区画に足を踏み入れるまでは分からないわ」一人の女性が答えた。ハンバーガーの上側のバンズをちぎってビニール袋に入れている。手なれた様子からして、いつもやっていることらしい。ほとんど同じ大きさにちぎっては落とし、ちぎっては落とし、フワフワのパンの小山を築いていく。その手つきを私たちは感心しながら見ていた。犬用のおやつだろうか。それとも自分用だろうか。あるいは宿泊先に戻ってからハトにやるとか？　そう思いながら、私たちは何も聞かずに見守っている。ただただ、夢中になるものが欲しかったのだ。

やがて悪天候用のテントは出来上がったが、相変わらず出動の声はかからず、私は、遠くの州の保安官事務所から来たＪＤという男性の隣に座っていた。前日に着いたという彼は、待ちくたびれて少しイライラしているようだ。今日は、八時間も待機しているあいだに私たちはすでに七回も点呼表にサインさせられた。入れ替わり立ち替わり人がやってきては、「ここを離れないでください。

どこへも行かず、出動の準備を整えて。来ている人を把握したいので、ここにサインを」と言う。

「強迫神経症なのか、それとも無能なのか」ＪＤは七回もの点呼に首をひねっている。

「状況が進展して、指揮系統が変わっているのかも」と私。みんなと同様、早く仕事に取りかかりたいのはやまやまだったが、そもそも何が起きたのか分からないのに大規模な捜索プランを立てられるものなのか、疑問だった。今もさまざまなものが降りそそいでいるというのに、現場の実態がどうして分かるだろう？　知ったかぶりなど通用しないほどの未曾有の大惨事が起きたのだ。

燃焼、軌道、物理特性から人員の安全や法律まで、さまざまな問題が絡んでいることは、私にも想像できる。もちろん私だって早く捜索したい。でも、捜索を管理する側の人々を気の毒だとも思った。きっと疲労で目を充血させ、げっそりしていることだろう。

「昨日は捜索したの？」私はＪＤに尋ねた。

「しないよ」そう言うと、先ほどのヒューストンの警官とメモの内容を比べ合っている。ＪＤの相棒のクーンハウンドは待ちくたびれて草の上に寝そべったきり、起きようともしない。前足の湿疹を気にしたり、ボーッとしたりして、なんとか二日めをやり過ごそうとしている。

「昨日もこんな感じだったってこと？」

「まあね」

そんな会話の直後、突然、待ちに待った出動命令が下りた。それと同時に、またしても、報道陣と地元の民間人に注意せよ、みずからの行動にも注意せよとのお達しがあった。私たち救助犬チームは車とトラック計一〇台に荷物を放り込むと出発し、二〇分後には、担当の捜索区画の端に到着した。すると反対側から先導車がやってきた。

「いったん指揮所へ戻れ！」その車の運転手が言った。「戻るように命令が出ている！」ほかにも何か言いかけて唾を吐くと、タイヤを軋ませながら、私たちの車列の先頭を走り始めた。私の隣の助手席で、ＪＤはひと言も発しない。怒りで顔色がみるみる赤紫に変わっていく。さきほどの女性の「作業区画に足を踏み入れるまでは分からないわ」という言葉を思い出した。

一匹のメスの救助犬が、ハンドラーと私の見守る中、人里離れた深い森の一画から回収された人体の一部を調べている。「彼女は、この種のものをもっと見つけ出してくれるだろうか？」ＮＡＳＡの人間は、自分の差し出したいくつかのアイテムを嗅いでいる犬を見ながら、ハンドラーに尋ねた。ハンドラーはうなずいている。簡単に方角を聞いたあと、私たちは出発した。犬は頭をもたげ、灰色の被毛を輝かせながら、筋肉質の長い脚を繰り出し、森の一番奥深くを目指す。

「問題は、早く見つけ出せるかどうかだな」一人の男性が隣の男性に話している。その点なら、犬は頑張っているようだ。小走りの私たち――ハンドラーとアシスタント役の私、当局の二人の人間――を従え、森の奥へと突き進んでいる。何本か道をまたいだあと、若木が密集している場所で突然足を止めた。

「興味を持っている」ハンドラーは見守りながらボソッと言った。

気まぐれな微風が木々のあいだを縫うように吹いている。暗灰色の犬は、その狭い一角をさらにスピードを上げて調べ始めた。鼻先を空中と木々と地面に向けながら、まずは慎重に周囲を回る。

臭いがどこから始まり、どこで終わっているのか、臭いの源につながるセントコーンをとらえようとしているのだ。

「これは?」当局の人間が小声で尋ねた。黒髪で若々しい彼は、上着のポケットに両手を突っ込み、犬の動きを熱心に見ている。犬は体じゅうに緊張感をみなぎらせ、神経を集中させている。

「何かを見つけたんだ」ハンドラーが言った。「範囲を狭めて、どこから来ているのかを突き止めようとしている」

犬の足取りはさらに速まっている。風が少し強くなった瞬間、いらだったように犬がつぶやく。臭いの源をとらえにくいのか、草地を前足でかいたり、藪の上に鼻面をサッと這わせたりしている。私はすぐ横の若木を見上げた。一番高い枝に、何か鮮やかな赤と青のかけらがあるようだ。細い幹に手を当てて揺すってみると、板状の繊維が落ちてきた。それと一緒に、さまざまな臭いも降ってきたのだろう、犬は半狂乱でグルグルと歩き始めた。あっちへよろめき、こっちの木にぶつかりしながら、臭いの源を捜し出そうと、口をハアハア言わせている。

「なんてこった」指揮所からずっと無口だった、もう一人の男性が言った。何分間かあたふたしたあと、犬はハンドラーのもとへ戻ると、かたわらに座り込んで悲しそうにうめいた。疲れきって不安な声だ。ハンドラーに場所を教えたかったのに、臭いがあちこち散らばりすぎていて、できなかったのだろう。

「何を見つけたんだ?」二人めの男性が尋ねた。

「いろんな臭いを嗅ぎ取っているんだ。ただし、一カ所から来ているわけじゃない」ハンドラーが言った。自分の解釈に自信を持っている。「ここには回収できるような大きさのものはないかもしれない」

　私たちは一瞬立ちつくしていたが、何も言わず、ゆっくりとしゃがみこんだ。私も用心しながら両膝と両手を地面につけて、草の上に目を凝らした。地面をくまなく調べている私たちの横で、犬は伏せをしたまま、せわしなくあえいでいる。そよ風が味方になったり、邪魔になったりしている。穏やかな風は草むらの細かい葉をそよがせ、私たちが分け入りたくない一画もあらわにしてくれるが、犬にとっては、この空気の流れは悩ましい。立ち上がろうともせず、頭を前脚のあいだに落として、厳しい顔をしている。

「何もないな」黒髪の男性が言った。

　ハンドラーも首を振った。何も見えなかったのだ。

「これだけか」もう一人の男性が、むき出しの、地面に落ちたタロットカードほどの大きさの赤と青の布切れを指さして言った。そのギザギザの布を同僚と調べている。一人が回収物用の袋を取り出し、もう一人が周囲に立ち入り禁止のテープを貼った。私は膝をついたままGPSで場所を測定し、ノートに書き込むと、よっこらしょと立ち上がった。

　ハンドラーが歩き出すと、犬も起き上がってついていく。その姿を目で追いながら、私も踏み出すタイミングを見計らっていた。ハンドラーは犬をほめているが、犬は頭としっぽを垂らしたままだ。ここには彼女の手に負えないほどの臭いが充満しているのだろうか？　捜索に失敗したと感じているのだろうか？　自信に満ちた振る舞いは影を潜めてしまった。ハンドラーにさえも心を閉ざし、いっきに年老いたように体をこわばらせて私たちから遠ざかっていく。

コロンビア号は、いくつもの町や農場や森林に降りそそいだ。捜索が進むにつれ、広大な地域が被災していることが判明した。私たちが現地にいた期間、奇跡的に被害を免れた地元の話や驚くような回収物の話が飛び交っていた。焼けた金属の塊が校舎を直撃しかけたとか、結婚披露宴の会場をかすめたとか、断熱タイルがポーカーに負けた人のカードのように牧草地のあちこちにばらまかれていたとか……。大地は大量の残骸を受け入れていた。

指揮所で誰かが、シャトル以外のものも森から回収されるのではないかと言い出した。確かに、一帯には覚せい剤の密造所や死体の捨て場所があると言われている。何があっても――誰がいても――おかしくないだろう。人体やその一部を発見した場合はすべて報告を上げることになっているが、コロンビア号にはまったく関係ない場合も考えられる。今ごろ、大物犯罪者たちが酒場のテレビで捜索のニュースを見ながら、テキサス東部やルイジアナに何千という人間が入っているのを知ってビクついているのではないか、そんなことを言う人もいた。

指揮所が慎重に選んだからなのか、シャトルの残骸があまりにも広域に降りそそいだからなのか、私がハンドラーと犬のペアについて入った作業区画からは、コロンビア号の何かが必ず見つかった。犬たちは搭乗員の遺体の回収を任務としていたが、人間の隊員たちは指揮所に戻ってから作る報告書のため、シャトルの残骸が発見された地点の記録を取ることも忘れなかった。

残骸の中には、それと見て分かるもの――ストラップ、スイッチパネル、切手ほどの大きさにちぎれた電子回路基板などもあった。森の奥で木の幹に逆さに寄りかかっていた大きな物体は、あとからトイレだと聞かされた。そこは前日、犬たちがかなり手前からハンドラーを引っ張っていったほど強く興味を示した場所だ。犬は洗浄液中のアンモニアに反応したのだと言うハンドラーもいれば、その中の人間の臭いに反応したのだと言うハンドラーもいた。

コロンビア号の回収作業にかかわった全員のことは分からないが、私が一緒に働いたチームは皆――自分の所属チームも全米各地から駆けつけたほかのチームも――厳粛な気持ちで任務に当たった。ジョークはいっさい飛ばさなかったし、現場にカメラを持ち込むこともなかった。ときにはＮＡＳＡの人間――たいていは宇宙飛行士だった――が作業区画へ同行することもあった。

私たちはシャトルの機械的な残骸を見つけるたびに、派手な工事用テープで目じるしをつけ、犬が人間の臭いに反応を示したときには、発見物に敬意を持って接した。指揮所に連絡した上で、当局の役人とＮＡＳＡの人間が来て回収作業を完了するまで、そばを離れなかった。シャトルの残骸があることを示すピンクや緑やオレンジの工事用テープとは違って、搭乗員にかかわる証拠品が見つかった場所には、犯罪現場用の黄色いテープを張り巡らした。

捜索が長引くにつれ、新たな作業区画に向かう道を移動するたびに、コロンビア号墜落の顛末を示す色とりどりのテープを目にするようになった。それを見ると、回収作業の進み具合が分かるのだった。

捜索一日め、夕刻になると、木々のあいだをすり抜ける日差しが、焼け焦げた破片や光沢のある残骸にまで届くようになり、神々《こうごう》しいほどの雰囲気を作り出していた。「神の光かい？」捜索隊の一人が少し皮肉っぽく言い放った。彼はジョージア州から来た撮影監督の卵で、信心深いというよりはビジュアル重視の人間だったのだろう。それでも私は日の光がうれしかった。ひっそりと誰にも見られず残骸の降りそそいだ場所には、光が差してほしいときもあるのだ。

一帯がもともと貧しい地域だった。捜索作業中、いくつかの農場では飢えてやせ細った家畜の群れにつきまとわれたこともある。ノートとGPS装置を持ち、空っぽの鶏舎から畜殺場へと古い血痕や皮や羽根をかき分けて進み、足をすべらせそうになりながら、汚泥の中に突き出ているたった一枚の電子回路基板の破片に、目じるしのテープを貼りにいったこともある。森の奥深くでは、金属製のパーツと小さな作動装置が発見された。それらが散らばっていた場所は、まさかと思うほど貧しい簡易テント村だった。

ある農場では、古いトレーラーハウスにがれきが降りそそいでいた。私たちが足を運ぶと、泥だらけの私道のはるか向こうで小さな男の子が出迎えてくれた。なぜかスーツとネクタイ姿で、髪をきれいになでつけ、身だしなみを整えている。救助犬に怖気づいたのか、不安そうに意味不明なことを口走りながら、今にも泣きだしそうだ。とにかく私たちを家まで案内したくないらしい。最初、私たちは戸惑っていたが、会話をつなぎ合わせていくうちに、少年がシャトルのことなど何も知らないのが分かった。ただし、家族のほうは連邦政府の役人たちが敷地に入ってきたのを察知していたのだろう。まさかシャトルの捜索のためだとは知らない母親は、十数人いる子どもたちがきちんと食事を与えられていることを役人たちに伝えるために、末っ子を送り出したのだ。子どもたちは学校に行っていないが、自宅で教育を施しているし、着るものも靴もある、だから保護する必要はない、というわけだ。

同じく、私たちがドアをノックするまでもなく、農場の私道で出迎えた人がもう一人いた。彼女は仕事用のドレス姿で、腕にコートを掛け、指先で車のキーをいじくり回していた。これから出かけるが、小さな農場なので勝手に捜索してかまわないと言う。すでに自分でも見て回ったが、屋根には新しい傷ができていた。コンピュータの部品がいくつかと、座席らしきものも落ちていた。どう考えても、前からあったものではない。できるだけ早く全部撤去してほしい、と訴える。

知らない人たちが出入りしている上、あちこちに妙なものが落ちていて、まるで列車事故の現場で寝起きしているようで耐えられない、自分の土地にいろいろなものがあると思うと落ち着かないし悲しい、と言う。ショルダーバッグが肩からずり落ちないようにしながら、スロープの先の小川のあたりを指さしながら、農場の範囲を教えてくれる。その小川はときおり干上がるのだという。

説明が終わると、彼女は踵を返した。去り際、飼い犬たちに注意をするようにと釘を刺していった。五匹の犬が家畜小屋に一番近い敷地の隅々に鎖でつながれている、と言う。痩せこけた、半分野良《のら》のような犬たちで、イノシシやコヨーテから家畜を守るために飼っているのだ。頑丈な鎖でつないであるけど近寄りすぎないように、そう女性は警告した。彼らは狩りのパートナーでもないし、ペットでもない。ほかの犬に対しても人間に対しても友好的ではないし、餌を与えるとき以外、飼い主である自分にすら寄りつかない。名前さえつけていないのだ、と言う。

「鎖の長さはどれくらい?」ハンドラーが尋ねた。彼は別のチームの隊員で、かたわらには相棒のかわいらしいボーダー・コリーが座っている。

女性はしばらく考えていたが、はっきりしなかった。祖父の代、つまり四〇年以上も前から使っている鎖なのだ。「そういうことだから、あなたの犬はリードをはずさないほうがいいわ。せいぜい気をつけてね」声が疲れていた。女性が行ってしまうと、ハンドラーが暗い声で言った。「さて、どうなることやら」

犬に「つけ」を命じたまま、彼と私は、住宅からそう離れていないゲートを開けて農場の敷地に入った。大きな農場ではないが、農機具や古い車が放置されていて、境界線のフェンスを一周見渡すことができない。そのフェンスの端は小川に浸かっていた。ヤギ小屋が二棟あり、そばには鎖につながれた犬が二匹。私たちを見つけるなり、闘争心をあらわに猛然と吠え始めた。体つきも声もよく似たメスと若いオスで、私たちのほうに鎖をいっぱいに伸ばしている。ハンドラーのすぐ横でボーダー・コリーが身を硬くするのが分かった。彼は落ち着いた声で、気にするなと言う。

二匹は居場所が分かったが、ほかの三匹はどこにいるのだろう。ハンドラーは相棒を「つけ」から解放した。敷地の風下を目指していると、突然、草むらから魔術にでもかけられたように、もう一匹が跳び出してきた。激しく吠えたてる赤錆色の犬は、私たちに襲いかかろうとした寸前、鎖が伸びきって、コリーの足元をかすめただけで終わった。その場に凍りついてしまったコリーは、ハンドラーが引き寄せるまで耳を垂らし、しっぽを後ろ足のあいだに入れて震えていた。

「気にするな……」危機一髪の出来事に彼の声も震えている。赤錆色の犬は相変わらず猛《たけ》り狂っていた。鎖につながれているとはいえ、自分が動ける円の大きさは分かっているはずだ。私たちは目的の場所にたどりつけるのだろうか。こちらがじっとしていると、犬は吠えるのをやめた。低くうなりながら、冷たい目つきで私たちをうかがっている。もし鎖がなかったら、とっくの昔に二人の人間と一匹の救助犬を噛み殺していただろう。

しばらく思案の時が流れる。立ちつくしていると少し風が吹いてきて、二匹の犬は同じ方角に鼻先を向けた。ボーダー・コリーが控えめに「ワフ」と一度だけ吠えると、ハンドラーは相棒を見おろし、そのあと私に視線を向けた。赤犬もこちらへ向き直った。

「ＯＫ、進むとしよう。それに、あいつの鎖が切れないことを祈ろう」

彼の合図でボーダー・コリーは踏み出した。まだかすかに震えているが、怒ったようにうなる赤犬のことは気にせず、頭をもたげ、まっすぐに前を見つめている。彼女とハンドラーのあとに続き、私は猛犬の鎖から目を離さないようにしながら、スロープを下りた。フェンスがあろうが、鎖があろうが、人間に押さえられていようが、攻撃的な犬たちのいる場所で作業を続けるのは危険きわまりない。争わず、挑発もせず、黙々と作業を進めなければならないが、そうかといって、作業だけに集中しすぎてもいけない。坂を下り、犬たちの視界から出たあとも、落ち着かなかった。首の後ろがピリピリする。赤犬の姿が見えるときよりも、見えないときのほうが、なぜか怖かった。

畜殺場らしき場所——乾いた血、皮の残骸、剛毛などが落ちていて、鼻を突くような独特の臭いが立ち込めている——の脇を通り、小川の対岸にあるトラックとボロボロのトレーラーを迂回すると、その向こうのうっそうとした草むらに、むき出しの金属の塊や焼けた電子回路が見えてきた。ロール状に巻かれた古いフェンスに小さな繊維の切れはしが絡みついている。救助犬は明確な意図を持って跳び出した。コロンビア号のものかどうかは別として、人工物か何かが人間の臭いを発しているのだろう。

「ああ」ハンドラーは草むらを見ている。残骸が広域に散らばっている。「なんてこった」と言ったあと、静かな口調で続けた。「しばらくここに待機することになりそうだ」

捜索開始から続いていた晴天が雨模様になり、その週の半ばにみぞれが降りだすと、それとともに回収作業の様子も変わってきた。私の配属も変わり、その頃には三つの捜索チームの合同グループに加わっていた。ほかの捜索隊——おそらく数百人——がすでに作業をおこなった場所を担当していたが、それでも発見物が続々と出てくる。ほとんどは小さいものばかりだが、明日はもっと見つかるだろう。一人の警官が、どの作業区画でも完全に回収物がなくなるまでには、数カ月かかるかもしれないと言った。風が吹くたびにコロンビア号の何かがまだまだ落ちてくるのだ。

氷雨《ひさめ》の中で私たちは早朝から作業を続けていた。遺体の一部が発見された場合には、正式な回収作業がおこなわれるまで一時間以上もその場で待機しなければならない。私たちのグループには、一人の宇宙飛行士と何匹かの犬たちがいた。士官候補生の青年たちが作るグリッドラインと呼ばれる部隊もあった。彼らは腕と腕を伸ばせば届くほどの間隔で横に並び、視線を地面に落としたままで、起伏の多い地形を歩いて捜索する。私が回収チームの到着を待っている横を、ちょうど二人の若者が通りかかった。「ちょっと失礼します」彼らは礼儀正しいが、目は地面から離さない。二人は私の立っている木の下まで来ると、わずかに間隔を開けたが、通り過ぎたあとは元に戻る。

そのあいだも頭は下げたまま、慎重な足取りは変わらない。

私の前の石と枯れ葉のあいだに、脊椎骨の一部が突き刺さっている。先端がこぶ状で内側には網目模様。小さなエイリアンの顔のように見える。作業中、私はもう少しで見落とすところだった。この区画に入ったときからみぞれが降っていて、地面はまだ冷えきっていないので積もりはしないが、ところどころに氷の塊ができて石の上はすべりやすい。突き刺すようなみぞれを避け、前傾姿勢で足元に目を凝らしながら前進を続けていると、何かの横を通ったようだった。なぜかは分からないが気になって振り向くと、背後から差す光の中で、くすんだ枯れ葉の上に、くっきりと骨が浮かび上がった。私は大声で発見を知らせた。

「分かった」区画を担当している警官が上から私をのぞき込んでいる。「連絡を入れてくれ。それから、ここを離れないように」

人体発見時のために指定された番号に電話を入れると、私は手袋をはめた手を打ち合わせたり、眼鏡についた氷をときおり拭いたりしながら、待ち続けた。森の中では総勢六〇人くらいが捜索に当たって――歩き回る者も、私のように回収チームを待っている者も――いただろう。それでも、分厚いジャケットに身を包んだ私たちは、パラパラと当たる氷の粒以外には音のしない世界で互いに孤立している。はるか遠くの斜面を下っていく士官候補生たちのザッザッという足音も、犬たちが鼻を鳴らす音も、すべてが聞こえそうなくらい、あたりは静かだった。

今日は、犬たちはずっと鼻面を低くして捜索を続けている。おそらく、時間の経過、みぞれ、寒さ、重たい空気によって、臭いが下りてきたのだろう。犬たちは草の上で鼻面を行ったり来たりさせ、ときおり数センチだけ持ち上げる。そのうち一匹が近くにいた士官候補生のブーツを意味ありげに嗅いだあと、顔を上げてハンドラーに向かって吠えた。その声には力がない。実は昨晩、犬たちのモチベーションを保つために、私たちはホテルの部屋を出て、要救助者役の人たちに隠れてもらい、それを犬たちに捜させたのだった。この犬もその遊びに加わっていたのだが、今ではすっかり元気がない。そのときバルルルルと、森のどこかで何かを発見したブラッドハウンドの吠え声が聞こえてきた。

私はその場にしゃがんで膝を抱えた。区画担当の警官が戻ってきた。私が連絡を済ませたかどうか確認しにきたのだ。「顔色がよくないみたいだな」

「寒いだけよ」私は答えた。ここ数日、遺体の一部を発見し続けてきたのだから当然かもしれない。

「指揮所にはカウンセリングの窓口もあるから、もし必要だったら相談してみたら?」

私にはその必要があるのだろうか?　このだるさは寒さによるものなのか、それとも連日の捜索で心が何も感じなくなってしまったからなのか、よく分からなかった。もうあまり怖くないし、深い悲しみが続くこともない。コロンビア号の残骸を見過ぎてきたからか、こうして脊椎骨を目の前にしても、あきらめに似た気持ちしか湧いてこないのだ。

犬とハンドラーのペアたちは、小刻みにジグザグを繰り返している。黒い犬たちが、背中についた氷のせいで白っぽく見える。遺骨と私の回りの地面も、またたく間に白くなり始めた。なんだか温かみが感じられそうな気がして、膝をつき、骨の上に両手をかざしてみる。みぞれは私たちを地面に縫いつける針のように降り続いていた。

数日後、私は、来たときと同じ道を反対方向に車を走らせていた。後方には、交代要員の到着で任務を終えた救急隊の車両が続く。ルートが分かれるところまでは何台も連なって走り、やがて二台は西へ、一台は北東へ、そして私の車はダラスを目指すことになる。チームの中で私を先頭に据えたのは、悪天候の中で赤い車が一番目立つと仲間たちが言うからだ。バックミラーでときおり後続車に視線を送ると、後部座席から犬たちの頭がシルエット状に突き出していた。やがて運転者しか見えなくなった。疲れきった犬たちは、長旅と車の心地よい揺れに起きていられなくなったのだろう。過酷な一週間だったから無理もない。

いくつかの救助犬チームはすでに前日に撤退していた。どこそこのチームのなんとかいう犬が過労でやられた、という噂話が飛び交っている。体にケガはしなくても、捜索で精神的に参ってしまった犬たちがいるのだ。「何日もいろんな臭いを嗅ぎ続けて、うれしい発見は一つもなかったんだからね」クレートの中で丸くなっている相棒を見ながら、ハンドラーの一人が言った。いつもは社交的で回収作業の経験豊富なジャーマン・シェパードが、前日から食べ物を受け付けなくなり、遊ぼうとも甘えようともせずに引きこもっている。病気なのか、ストレスなのか、肉体疲労なのか、それとも犬なりに同情疲れしてしまったのだろうか。ハンドラーは首をすくめた。犬がこういうシグナルを発するときは要注意だと言う。彼の相棒はこれ以上、捜索できないことを示していた。

犬の悲しみ――あるとすればだが――がどういうものか、私には分からなかった。熟練のハンドラーたちの話を聞いていても、意見は大きく分かれていた。犬は人間のような悲しみを感じないが、深刻な事態ではハンドラー同様にストレスを感じる、と言う人もいた。現場ですぐにストレスが表面化する場合もあるが、時間が経ってから出てくる場合もある。したがって犬もハンドラーも、捜索後の数週間は注意が必要だ。簡単で、モチベーションが上がるような訓練をおこない、たくさん遊ばせ、元気づけるようなごほうびを与えることが好ましい。無理をさせると仕事が嫌いになり、二度と捜索できなくなることもあるからだ。なるほど、それは人間も同じかもしれない。そう思ったが、車に荷物を積み込む私たちは、誰ひとりとしてそのことを口にしなかった。

東テキサスを出たときの豪雨は、徐々に小雨に変わり、やがて完全にやんだ。雲の切れ間に青空が広がっていく。道路も明るくなった。道の両側の森は静まり返っている。何百人という単位で入り込んでいた捜索隊も今はいない。車から目につくものといえば、木々のあいだに貼られたピンク、緑、オレンジのテープの揺らめきばかりで、その合間にときおり、黄色の立ち入り禁止用テープが見えるだけだ。エリアから遠ざかるにつれ、それも徐々に減り、しばらくはテープがまったく見えなくなった。そう思ったら、ピンクに彩られた二本の木が視界に飛び込んできた。ほかのものと離れて、こんな遠くまでポツンと飛んだものがあったのか。

私たちの車列は一斉にスピードを落とした。その木の根元には、手書きで「コロンビア号の成功を祈る」と書かれたボードがある。誰かが無線で連絡を入れかけたが、一瞬考えて、何も言わずにスイッチを切った。

24　未来を信じて

「服を着ていいですよ」看護師はそう言うと、小さな診察室から出ていった。私はこの部屋でもう一時間くらい横になったまま、目の解剖図とコレステロールに関するビデオを交互に眺めてきた。ドアがカチッと閉まってからも、しばらく動けなかった。この場所は公衆トイレのように徹底的に無機質にできている。備品類は、人間であることのかっこ悪さをぬぐい去るために、硬質でなめらかなものばかり。

たまには吉報がもたらされるとしても、ここは涙を想定して作られた部屋なのだ。ティッシュの箱がカウンターに一つ、診察台近くの小さなキャビネットにもう一つ。一人掛けの椅子に座る家族はシートベルトがなければ崩れ落ちてしまうだろうし、患者は患者で、ジェットコースター並みの急降下に備えて転落防止バーが必要になる。ここはそんなニュースが聞かされる部屋なのだ。

でも私は泣いていない。予後がかんばしくないのは分かる。でも、九カ月前にガンで亡くなった親友のエリンほど深刻ではないからだ。それでもサイズが合わなくなったジーンズに脚を入れ、裏返しのTシャツを元に戻していると、なぜか指先に力が入らなかった。スルスルと着られるのに、身につけているという感覚が持てないのだ。まるで、望遠鏡であさっての方角を見ながらロボットアームでマネキンに着せているみたいだ。ボタンは固いし、チャックはつまみにくい。ブラウスの前立てがずれて、ボタンホールが見つからない。手間どっているうちに医師が戻ってきた。

長身の男性医師で、茶色い髪は収まりが悪そうにゴワゴワしている。その髪は、眼鏡をかけるとさらに厄介で、耳あての上から針金のように飛び出していることもある。もし若い頃の私が積極派だったら、いまどき彼くらいの年齢の息子がいてもおかしくはなかっただろう。あるいは、年がうんと離れた弟とか。どことなく残るあどけなさに、ついこちらは乱れた髪の毛を整えたり、白衣の前をはたいたりして「ほら、ほら」と言いたくなってしまう。

穏やかな顔を見せていた彼は、この種のニュースを伝え慣れている人らしく、表情をサッと切り替えるとバリアを張り巡らし、一定の距離を保ちながら話し始めた。目の前にいながら、どこか遠くの人のようだ。しょっちゅうカルテに視線を落としている。一ブロックも離れたところから交通事故を見ている人ほどの同情心とでも言おうか。今後のアドバイスや治療計画をてきぱきと伝え、一年後の可能性を明確に伝えてくれる。「おそらく非常に具合が悪くなる日もあるでしょう」

そのとおりだった。すでに当たっている。ときおり歩けないほどつらい日や、体が弱って立てない日があるのだ。そうかと思えば、思いがけず回復し、二〜三カ月はまったく健康に過ごせる。まるで二〇代の頃の元気を取り戻したかのように感じるときもある。

もうずいぶん前から覚悟はできていた。すでにヨチヨチ歩きの頃から、こうした症状が起こりうることは分かっていたのだ。出生時の異常に、遺伝的な要因が重なったのが原因で、一〇代の頃にも結婚したての若い頃にも、関連の感染症を何度も引き起こし、危うい思いをさせられた。要するに私の二つの腎臓は厄介ものなのだ。幼い頃から頻繁に腎感染を起こしているうちに、私は初期の症状で「またか」と分かるほどになった。けれども、成長してからは、力ずくで症状を押さえ、できるだけ気にしないようにしてきた。体にとって、いいものを食べるのはもちろん、悪いものは絶対に食べない。定期的に診察を受けている。だからもう、この二つの臓器が若くして老女並みになるかもしれないなどと思いわずらうのはやめにした。

そういう楽観的な思考は、だいたいのところ役に立ってきた。治療に従うのも、勧められたとおりの食事をとるのも、私は苦にしたことがない。相変わらず空を飛び続けていたし、夏のあいだ大型帆船の甲板員として働いた時期もあった。ところが、四〇歳になって起こした感染症は重症で、のんびりかまえてもいられなくなった。病気が進んでいるのかもしれない。

そこで治療計画が見直されたが、私はそれにもすぐに慣れ、二〇〇一年に今の捜索チームに加わった。調子の悪い時期は待機し、調子のいい時期は出動すればいいのだから、病気があっても活動できると固く信じていた。それに、いいと言われることは何でも実践してきたつもりだ。一日に何リットルも水を飲んだし、医師の言いつけも守った。これまでに病気を理由に捜索をさぼったことは、一度もない。二〇〇四年にパズルがやってきて毎日がシッチャカメッチャカになったことも、今となっては、いい気分転換だったと思う。振り返ってみれば、子犬育てに追われていた頃は、寝込むことがほとんどなかった。

書類の束を手に診察室を出ると、色ガラスのはまった薄暗い建物をあとにした。夏の暑さはこのときばかりはやわらいでいた。入道雲が立ちのぼり、風が雷鳴を運んでくる。夏のテキサスで、ひとときでも涼しさを感じられるとは、まさに天の恵みだ。もうすぐ降りだす雷雨と競争するなんてことはしない。私は駐車した車の中でやり過ごすことにした。フロントガラスをすべり落ちる雨粒は、ワイパーの上に次々と溜まり、急降下を待つ軽業師のように足踏みしている。

我が家の犬たちは、だいぶ前から異変に気づいていた。検定試験の数週間後、まずジャックとパズルが今までとは違う振る舞いを見せるようになった。私が家の中を歩き回るたびについてくる。調子が悪い日の私は、帰宅しても明かりのスイッチを入れる力さえ残っていない。上着を椅子に投げ出すと、着替えもせずにベッドに倒れ込み、靴をボトボトと床に落とす。するとジャックは、その上着をベッド際まで引きずってきて、その上で丸まって眠るようになった。パズルはベッドに飛び乗って隣に横たわると、私の頬におでこをくっつける。私の体が発する臭いの成分が変化したからなのか、それとも帰宅時の様子がおかしいからなのか、そのあたりは定かではないが、あれほど仲の悪かったジャックとパズルが、初めて一致団結している。

二匹は夕方、寝室までついてきて、私が起きるまで離れようとしない。最近はスプリッツルも取り巻きに加わり、ジャックとパズルのあとに続いて家じゅう私を追いかけ回すようになった。私が横になると、スプリッツルは、心配そうにブツブツ言いながらベッドのまわりをうろついている。

ここ数日は、夕方仕事から帰ると、薄暗い寝室に引きこもり、ジンジャーティーを飲みながら今後のことを考えている。犬たちはそんな生活パターンが気に入っているようだ。暑かった一日の終わり、静かに横になることは彼らにとって自然な振る舞いなのだろう。お茶以外の部分はすべて私に付き合ってくれる。ゴールデンはベッドに長々と寝そべり、ポメラニアンたちは横に広がる。みんな天井扇《シーリングファン》の風におなかを向けている。こんなとき私は、病気のことはもちろん、犬たちのことも考えずにはいられない。当面の一番の気がかりは、波があるだろうと言われている体力のことだ。すでにここ数日は弱り果て、こうやって家事も犬の世話も放り出しているのだから、先が思いやられる。今はパズルと捜索現場に行くだけの力が湧いてこない。ただ、医師が治療計画をひねり出してくれたので、もしかすると数カ月で症状は改善されるかもしれない。

仰向けで隣に寝ているゴールデンは、私がひそかに抱える心の葛藤など知る由もない。エアコンの送風口に体を向け、前足はお祈りするカマキリのように曲げ、後ろ足はぶざまに広げている。翼のように広がった耳、あんぐりと開いた口。小粒の真珠のような下の歯を見せながら、ピー、スーと、いびきをかいている。モグモグという口の動きはドーナッツを食べる夢でも見ているからだろうか。夏の終わりの夕方はまだ暑い。それでもパズルは体を押しつけてくる。ついに私の犬になってくれたパズル。彼女もそれを自覚している。

以前、消防士の友だちと「ポンと肩を叩かれること」について話したことがある。緊急時にみずからの命を他人のために捧げる人間になろうと決めた瞬間のことだ。叩かれるにしても、いろいろな「ポン」がある、彼はそう言った。たとえば、ポンと叩かれて、消防士になった人もいれば、警官になった人もいる。それに――彼は肘で私を突きながら――暗闇で犬のあとを走るようになった人も。ポンと叩かれた彼は、本能に逆らって燃えさかる建物に飛び込む人になった。だけど極限状態では、どんな勇者だろうと「おお、神様」とすがりたくなる瞬間があるものさ、そう言って彼は笑った。英雄気取りはしたくなかったのだろう。

　せっかくのパズルとの捜索活動が、自分のせいで立ちゆかなくなるかもしれない。私はそう思い始めた。ポンと叩かれはしたが、「あきらめよ」と言われているのではないだろうか。あのときの友人の鼻声をまねて、「おお、神様」と言ってみる。私の声に犬たちが目を覚まし、伸びをしたかと思うと、期待に満ちた目でキッチンを見ている。「おやつ？　ねえ、今、おやつって言ったの？」

　ティーカップを抱えたまま、暗闇でいつまでも横になっていると、エリンがガンで亡くなる三カ月ほど前に、彼女がホームセンターで根覆い材《マルチ》を買っていたのを思い出した。「史上最悪の夏」と彼女が呼ぶほどの暑さ（確かに二〇〇五年の夏は猛暑だった）の中で、新しい花壇いっぱいにマツバボタンとニチニチソウを植えたのだ。あれほどの炎天下で庭いじりとは、なんとも凄まじい。

　私は、エリンが非情な運命と折り合いをつけようとしているのだと思った。ところが彼女は首を振った。「そうじゃないわ。鮮やかな色で飾りたいの」と言う。彼女の頭にあるのは、自分の死後その家を売らなければならない、高齢の母親のことだった。近所には、差し押さえで競売にかけられている物件がたくさんあり、価格競争が激しい。自分の家が少しでも高く売れるようにという思いから、何時間も庭を掘っては花壇を整え、そのあげくに何日も寝込むのだった。

　そのエリンが亡くなってから、彼女が飼っていた小さな二匹のポメラニアンを引き取った。二匹を見るにつけエリンのことを思い出す。その逆で、彼女を思い出したくて、具合のいい日にはホームセンターの園芸品売り場へうろつきにいった。ニチニチソウに触ったり、根覆い材の袋をつっついたりして、今は亡き友を偲《しの》んでいると、いつの間にか外に出ていた。

プレハブの物置小屋の展示場には、赤い納屋風のものやログハウス風のものがあり、いかにもテキサス大草原の雰囲気を漂わせる、鉄製の星がついた小屋もあった。あらやだ私、何を見ているんだろう、物置なんていらないのに、そう思いながらも通路を歩き、一番奥の小屋の前で足を止めた。全然物置らしくない。まるで子どものプレイハウス（遊び小屋）のように、ポーチがあり、雨戸があり、屋根裏部屋があり、窓辺にはプランターボックスまでついている。内部の仕上げはまだだが、外側は茶色と赤のペンキで下塗りされていて、看板には下塗り剤の色を自由に選べると書いてあった。部材一式の配送も可能で、組み立てには半日もかからないという。「お子さんをびっくりさせましょう！」とも書いてある。

内部はむき出しの合板の臭いがして、自分の好きなように仕上げられそうだ。私は大人用のドアを無視して、小さな二段式ドアから中へ入った。全然おもちゃの家なんかじゃない。仲良しどうしなら、大人でも六人が立ってカクテルを飲めそうなくらいの広さがある。かがんで桟格子のはまった上げ下げ窓から外を見ていると、よその女性がドアを開けて入ってきた。ひざまずいている自分が気恥ずかしくなった。ところが、その人も同じ格好でもう片方の窓から外を眺めている。「子どもの頃、こんなプレイハウスが欲しかったのよね」女性は言った。

私もだ。四六歳、子どもなし、悪い知らせを聞かされたばかり、という私に、プレイハウスなど必要ないのだが、なぜか欲しいと思った。「ご自由にお取りください」と書かれたチラシを取ると、「血迷ってるでしょ、私」と言わんばかりに頭の横でクルクルと回した。女性は笑いながら「本気なの？」と尋ねる。私が駐車場の端のレジに向かっているあいだも、女性は小屋に残っていた。もう一つの窓に移動して片肘を枠に乗せ、こちらに小さく手を振っている。

「犬用」の家を建てるのだ、と自分に言い聞かせた。チームメイトや犬好きの友だちが来たときに入れる、ちょっとしたぜいたくなスペース。でも友人たちはその説明に納得しなかった。「ふーん。で、お人形さんはどこに置くつもり？」などと言う。

二週間後、プレイハウスは平台トラックに乗って到着した。二人の若者が裏庭に部材を広げていく。順番に並べているらしいのだが、私には、やけにまめな竜巻になぎ倒されたようにしか見えない。家の中では、ポメラニアンたちが窓辺に押し寄せて大騒ぎしているが、二人の若者は黙々と組み立てている。軽量コンクリートブロックの土台、床、壁、屋根、屋根裏の窓、ポーチ、ドア、窓際のプランターボックス……。手を止めたのは、私が缶ジュースとカップアイスを差し入れたときだけ。一人がメーカー名の入った金属製プレートを見せた。屋根の端にねじで留めるものだという。英語があまり話せない彼が、予定の位置にプレートを当てて、私の顔を見ながら肩をすくめた。

「カッコワルイ」と彼。

「カッコワルイ」と私。

若者は、そのプレートに書かれた保証用の製造番号を指さしてから、この小さなプレートを玄関ポーチの右端から下にすべり込ませた。自分のおでこをポンと叩き、次に私のおでこをポンと叩く。「忘れるな」と言いたいのだろう。私は乾杯のしるしにジュースの缶を持ち上げた。

完成すると犬たちが庭に飛び出してきた。フェンスに駆け寄り、裏庭に漂う二人の若者の臭いを追い出そうとするかのように吠えたあと、その足で今度はプレイハウスに移動、さっそく調査を開始した。大人用と子ども用のドアが開いているのに、まずは輪になって周囲を駆け回る。新しい何かが来ると、いつもそうやってグルグルと回って調べるのだ。うれしそうに先頭を走っているパズルとは対照的に、スプリッツルは早くも縄張り意識を持ち始めているようだ。

パズルは小屋そのものにはあまり興味がない。むしろ、自分が走ると、ポメラニアンたちがついてくることのほうが楽しいのだろう。駆け回ったり、スプリッツルをしきりに遊びに誘ったりしている。すると、それを挑戦と侮辱と受け取ったスプリッツルは、「あっちへ行け。これは僕の家なんだぞ」と言わんばかりに、本気でパズルを追いかけ始めた。激怒してピョンピョンと跳ね回るスプリッツルを尻目に、パズルは軽やかに走る。騒ぎにつられたほかの子たちも、キャンキャン言いながらあとに続く。

みんな小屋のまわりを走り回っているばかりで、いっこうに中に入ろうとしない。何周めかで、先頭を行くパズルがちょうど角を曲がったとき、ついにスプリッツルが大人用のドアからヒョイと中へ入った。賢い子だ。

パズルはスプリッツルがついてきていないのを知らないし、ポメラニアンたちもぞろぞろ追いかけるばかりで、自分たちの親分がいなくなったことに気づかなかった。パズルがもう一回りすると、

裏庭に作った、犬たち用の「遊び部屋」。

スプリッツルは、キャンと鳴いてドアから飛び出してきた。「ジャーン」とでも言っているようだ。二匹は合体して、一瞬、竜巻のように回転してから分裂、ハアハアと苦しそうに息をしている。

それを機にほかの犬たちも芝生にへたり込んだ。ぼんやりと小屋とお互いを眺めていたが、やがて落ち着いたものから順にヨロヨロとプレイハウスに入り、得意げな顔を見せ始めた。

友人たちが小屋には名前が必要だと言うので、配達前から、しゃれた名前をいくつか考えていたのだが、どれもピンとこなかった。ところが、犬たちの狂喜乱舞を見ているうちに自然と決まった。カナダ人のシャーロットが、「La Folie des Chiots（ラ・フォリ・デ・シオ）」——「子犬たちの狂喜」という意味——はどうかと言い出したのだ。完璧ではないか。英語の建築用語で言っても、まさしく私の「folly（フォリー）」、つまり「純粋に楽しみのためだけに作られた建物」だった。もちろん、その楽しみは犬たちと分かち合う。

小屋にはまだ仕上げなければならない部分がたくさん残っていた。それに庭に溶け込ませなければならない。ペンキの上塗り、プランターボックスへの植栽、壁と床の仕上げ、もしかしたら家具も必要だろうか。天井には模造タイルを貼り、暖炉には薪を模した小さなヒーターを入れたりして。しばらくはこの小屋のことで遊べそうだ。すると、どういうわけか、絶対にやり遂げなければという気持ちが湧いてくる。最初のペンキ缶を買ったときから、未来は完璧とは言えないまでも、少しだけ明るくなりそうな気がした。

アシスタントのエレンは、ハンドラーになりたいと思ったことがない。今もその気持ちは変わらないと言う。ずっと訓練に付き合ってきたパズルが相手でもダメらしい。ある日、私が意を決して「もしものときには、代わりにハンドラー役を務めてくれないかしら」と尋ねると、彼女はしばらく答えに窮《きゅう》していた。犬が嫌いなのではない。自宅には犬を飼っている。ただ傷つくのが怖いのだ、と言う。これまでに十数組の犬とハンドラーがどんな環境でどう活動するのかを見てきたが、万一、大好きな自分の犬を失ったりしたら、悲しみを乗り越える自信がない、だからどうしてもハンドラーにはなりたくない。ましてや、「あなたの犬」のハンドラー役を務めるなんて、余計に気が重くてダメだ、と。

けれども、ほかのハンドラーたちにはそれぞれ自分の犬がいる。どの犬も働きざかりで、まだまだ引退しそうになかった。エレンが引き受けてくれないなら、私の病気が重くなった場合に備えて、パズルには最善の道を用意してやらなければならない。よそのチームのハンドラーに預けるか、それとも、私のもとでペットとして暮らすか。どちらにしても、考えるだけで胃が痛くなる。パズルは捜索活動を続けたいだろうし、私とも暮らしたいだろう。それに一度も本番の捜索に出ないうちに、引退させるわけにはいかない。

調子のいい日には、こういうことを考えないようにしているのだが、調子の悪い日には、ブリーダーに電話して相談すること、などとメモを書いたりした。気がついたら、よその州のハンドラーや全然知らない人にまで話が広まっていたらしく、ある日、バーモント州のマイクという人からメールが届いた。件名を見ると、「あなたの犬、引き取ります」とある。

きっと彼は善意で言ってくれているのだろう。それでも、余計なお世話、と思ってしまった。しかもメールは「至急」扱い。さっそく読んでみると、妥協できることとできないことが書かれていた。やっぱりエレンしかいない。私のバックアップとしてパズルのハンドリングを覚えてくれないか、万が一の安全策と思ってほしい、と、今度は少しトーンダウンしてみた。

過酷な訓練と検定試験に費やした二年を無駄にしたくなかったし、パズルの気持ちも大切にしたい。オフのときでもパズルは常に出動の兆候を探っているのだ。携帯の着信音、用具の準備、そして私からの「用意はいい?」という言葉。パズルはいい子だし、若くて、やる気もある。まだ悠々自適のペット暮らしには満足できないだろう。それに私との思い出がどうだとか言う前に、もっと大きな問題があった。パズルは社会に貢献できる犬なのだ。私が隣にいようがいまいが、やらなければならない仕事がある。

こういう話が効いたらしく、ある日の訓練のあと、エレンはパズルの耳を引っ張りながら「やってみようかな」と言ってくれた。

ジープから飛び出した瞬間から、パズルは場所が分かっているようだった。駐車場を弾むように横切ると道路脇の緑地帯へ入り、さっそく草むらの臭いを嗅ぎ始めた。ひと月前に原野捜索の検定試験で訪れたハイキングエリアだった。今日はあのときより暖かく、湿っていて、風がない。それでも曲がりくねったハイキング道や、起伏のある土地、うっそうとした草むらを思うと、都市部での捜索とは違ってワクワクしてくるのだろう。やはりゴールデンは野外での活動が大好きな犬種なのだ。猛然と突き進んだり、飛び跳ねたりしなければならない場所ほどパズルには合っているらしい。今は犬の友だちと人間のチームメイトと合流し、頭をもたげて、旗を振るようにしっぽを大きく揺らしている。ジョニーとシンディはラブラドールのバスターとベルを、ロブはベルジアン・マリノアのヴァルを、デリルとマックスはジャーマン・シェパードのセイディとマーシーを、バージットはピットブルのアリを、テリーはボーダー・コリーのホスを、ジェリーはエレガントなハスキーのシャドウを連れている。

三つの区画に分かれたこの場所で条件のいい日に訓練をおこなうと、三時間のセッションでどの犬も四～五回の捜索ができる。犬たちが順ぐりに区画に入って捜索するあいだ、人間は交代で要救助者役になったり、必要に応じてアシスタント役を務めたりする。炎天下、捜索の合間に、しっかり水分補給と体力回復の時間を持てるようにするためだ。犬たちがこれから始まる活動に備えて脚を伸ばしたりなごんだりしているあいだ、私たちは各自、車の後部トランクで、記録用具、水、臭気選別訓練用の原臭物品、犬と人間両方の医薬品などを整えている。私もジープの後ろで応急処置用のキットを並べ直したり、パズルのおやつを細かくしたりして、（必要以上に）装備をいじくり回している。

気がついたら、エレンがジープの横に立っていた。しばらく前から見ていたようだ。もうこれ以上、荷物を整えようがないところまで整えると、私はトランクのドアを閉め、パズルの長いリードを引き寄せた。軽快な足取りでやってきたパズルは、満面の笑みを浮かべ、口角からもう舌を垂らしている。私は作業用のリュックサックを手に、待機場所になっている草地に移動した。

「パズルの出番は四番めよ」エレンが言った。「私はこれからヴァルのために要救助者役をやるんだけど、それが終わったら、戻ってきて……」身ぶりでパズルを示しただけで、その先は言わなかった。彼女にも私にも何を意味するかは分かっている。パズルと私が草の上に座ると、エレンは持ち場へ向けて出発し、一番めの作業区画の入り口になっている道を登ってカーブの先へ消えていった。するとパズルは頭をもたげ、少し首をかしげてうめいた。自分の群れだと思っている集団から誰かが単独行動をとると、いつもそんな仕草をするのだ。これまでにさんざん訓練の手順を見てきたはずなのに、こういうとき毎回、私に視線を送ってくる。「あなたの群れの管理、全然なっていないわ。私なら二〜三歩で連れ戻しにいけるのに」と言っているようだ。

デリルとセイディが最初の区画に向けて出発すると、今度はその同じ場所でジョニーとバスターが待機に入った。三番めの区画へ向かう合図を待っているのだ。ロブとヴァルも位置についている。エレンが区画の奥深くに隠れ次第、ヨーイドンで走り出すだろう。ベルジアン・マリノアのヴァルは、駆け足のほうが楽しいときには、決して歩いたりはしない。

パズルは隣で伏せているが、臨戦態勢を整えている。ハンドラーの「捜せ！」が聞こえてくるたび、体がピクッと動く。何百回もの訓練が筋肉に記憶されているのだ。三人めのハンドラーが行ってしまうと、ため息をついているがリラックスはしない。仲間の姿は見えなくても、臭いと音で捜索の進み具合が分かるのだろう。この場所は斜面の下で、二つの捜索区画の風下になっている。私にはさっぱり分からないことを、パズルはいったいどれだけつかんでいるのだろう。まるで何かが見えているように首を回している。鼻先の微妙な上げ下げや鼻孔の繊細な動きからすると、この場所に座っていながら、ほかの犬やハンドラー、要救助者役の隊員がどこにいるのか、よく分かっているようだ。

ジョニーとバスターがじきに戻ってきた。二人の要救助者を連れている。ヴァルもあっという間にエレンを捜し出し、やはり一〇分もしないで帰還した。笑っているロブのまわりでヴァルが全速力で走っているところを見ると、どうやら緊張感のある効率的な訓練だったようだ。やがてロブは森の端でエレンと話し始めたが、草地に座っている私とパズルに、ときおり視線を送ってくる。その後、ヴァルをクレートに収めると、ほかのチームメイトに声をかけたあと三番めの区画へ入っていった。

エレンが近づいてきた。私がぎこちなく立ち上がると、パズルも立ってブルブルッと体を震わせ、早く行こうよと言いたげにリードを少し引っ張った。エレンは何も言わず、私の手からおやつ用のバッグを受け取り、ベルトにカチッと装着。私がリードを渡すと、彼女は小声でパズルに水を勧めた。パズルはボウルに鼻面を突っ込んだが軽くひと舐めしただけで終わり。喉はかわいていない。それより早く出発したいのだ。リーダーの交代にも戸惑っている様子はなかった。やがてエレンにリードを引っ張られ「用意はいい？」と声をかけられた。おなじみのフレーズに、パズルは、待っていましたと言わんばかりに張り切っていたが、いざ出発すると、不思議そうな顔でこちらを振り返った。その顔が何を意味しているのか、私には分からなかった。自分の気持ちが投影されているだけだったのかもしれない。混乱、心の痛み、そして裏切りの予感。

エレンがもう一度前進をうながすと、それまで戸惑っていたパズルも、ためらいがちに従い始めた。ぎこちない歩き方が軽快な早足に変わり、突っ張っていたリードがたるんでいる。作業区画の端まで行くと開始の合図を待つエレン、その横にパズルは静かに立ち、すでに森の奥に神経を集中させている。パズルが捜索を始めるのを、こんなふうに遠くから眺めるのは初めてだった。ずいぶん成長したものだ。しかもあっという間だった。検定試験に合格してから五カ月しか経っていないのに、まるで別の犬を見ているようだ。見習い中に芽ばえた目的意識が検定試験によって花開いたのだろうか。

エレンは長いリードをたぐり寄せて胃のあたりでまとめてみたり、その束をパッと落としたりと落ち着かなかったが、腕時計を見て、髪の毛をかき上げると、パズルを元気づけた。いつもの聞きなれた言葉に、耳をピクリと動かして立ち上がるパズル。エレンに励まされなくても、この作業区画のことなら分かっているわ、とでも言いたげだ。ロブを隠し終えたマックスが道を下ってきて、エレンに声をかける。捜索の準備が整った。エレンはチラッと私の顔を見てから、前に向き直るとリードをはずした。「捜せ！」のコマンドで、パズルは森へ向かって飛び出した。あっという間に草地を走り抜け、坂道を駆け上がっていく。その間、一度も振り向かなかった。

相変わらず調子がいい日もあれば悪い日もあった。いいときは、これまでどおりパズルと訓練したが、たぶん以前よりゆっくりだったかもしれない。それに、弾むように走るパズルを追っていると、汗みずくになり、吐き気もしてくる。調子が悪いときは、エレンに訓練を任せ、自分は姿を見せないようにした。車に残ったまま訓練用の建物を見つめていると、我が愛犬の金色の被毛が窓辺にチラッと映り、その後ろを行くエレンとアシスタントが見えたりする。ときにはパズルの姿が見えることもある。一度などは、かすかな臭いから要救助者の居場所を絞り込んだ瞬間を、ガラス窓越しに目撃することもできた。鼻を上げたまま、いきなり九〇度方向転換したパズルは、子犬の頃のように一瞬よろけたが、次の瞬間にはもう私の視界から飛び出していった。ここだと思う部屋へ向かったのだ。

「どんな感じ？」パズルとの共同作業のことを尋ねると、エレンは「順調よ」と言った。ただし一瞬の間をおいて「いつもと違うけど」と付け加えた。仕事は完璧にこなすが、うれしそうではない、たいていはおやつを受け付けないし、ほめてもそっけない、というのだ。

「ウィンナーでもダメなの？」好物だから効きそうなものだが。

「ダメ」

あるとき、一つの訓練を終えたパズルは、五〇メートルくらい離れたところに座っている私を見つけた。すると、エレンを置き去りにして、そばにいたチームメイトに目もくれず、芝生を全速力で駆けてきた。訓練がうまくいったうれしさで、体ごとぶつかってくる様子は、子犬の頃と変わらない。「わたし元気、あなた元気、わたし元気」と、すっかりはしゃいでいる。

「私のためにやってはくれるけど」追いかけてきたエレンは息を切らしている。「ほんとは、あなたと捜索したいのよ、パズルは」

犬と人間の関係をいつも鋭く見抜いてしまうバージットが言った。

「スザンナ、あなたが強くなりなさい」


症状が一巡して元気が戻ってくると、その後の数カ月間は、できるだけパズルと訓練するように心がけた。捜索活動の勘が鈍らないようにするための、いわばレッスンのようなものなのだが、友だちもチームメイトも協力的で、私が体力を温存できるように、近所の公園や、我が家の中や裏庭、ガレージや車に隠れてくれる。

九月の労働祭《レイバーデイ》の祝日には、近所の人が自分の息子と二人の小さな姪《めい》っ子を連れてきてくれた。パズルは、狭い場所に笑いをこらえながら隠れている三人の子どもを捜し出した。臭気選別訓練用に履き古した靴を四足もくれた友だちもいる。パズルに靴の片割れを嗅がせて、残りの靴の中から、もう一方の片割れを捜させようというのだ。履き物全般が大好きなゴールデンらしく、パズルはこのゲームを楽しんだ。私が差し出した靴に鼻を突っ込むと、うっとりと臭いを嗅ぎ取り、片割れを捜すために庭に駆けていった。

「おお」正確に捜し当てたので、私は耳ざわりなしゃがれ声で言った。パズルはこの声が大好きなのだ。「お見事!」私の声に、パズルは首をかしげたあと裏庭でダッシュを始めた。プレイハウスとゴミ焼却用の穴のまわりを8の字に周回するという、最近、私が「フォリー五〇〇レース」と名付けた動きを見せてくれる。「お見事!」両手を上げて叫ぶたびに、パズルのスピードはさらに上がる。何度も何度も繰り返したあと、ようやく敷石の上に座り込んで、「ねぇ、どうよ!」とうなずくのだ。いかにもプライドの高いパズルらしい。「よくやったね。見事だったわ」今度は優しい声を出して耳を撫でてやると、「そうでしょう?」と言わんばかりに、にっこりと笑うのだった。

その後、特に調子の悪い日が二日ほど続いたので、私はソファに横になったまま、ペンキの色見本をめくっていた。「ラ・フォリ」はキャンディの詰め合わせみたいな色に塗ろうと思った。全体を「ピクニック」という鮮やかなグリーンにして、細かい飾り部分にはバター・イエロー、ペリウィンクル・ブルー、真珠のような「マシュマロ」ホワイトを使う。以前、隣人のジェランドに言われたことがある。正しい色を組み合わせると、パワーが湧いてくるのだとか。偶然にも私は正しい色を選んだのかもしれない。夏の終わりのある朝、ペンキの缶を裏庭まで引きずり出すだけの元気を取り戻したのだ。さっそくフタをこじ開けて、太い棒でかき混ぜる。その日の目標はそこまでだったが、ペンキが芳《かぐわ》しい香りを放ち、色とりどりの缶がうれしそうに並んでいる。そういえばガレージにハケがあったんだ、ちょっとくらい試し塗りしてもバチは当たらないんじゃないかしら?

具合が悪いはずの日だった。と言っても、私ばかりではなく、近所の人たちもそうだったろう。誰もかれもが自宅の前に車を停めるなり、六月からずっとエアコンで冷やしっぱなしの家の中に、そそくさと逃げ込んでいく。無理もないことだ。こうしてペカンの木陰にいても、道路から熱気の塊が上がってくるのが分かる。一番低い電線にとまっている小鳥たちも、少しでも涼しくなりたいのか口を大きく開けている。

よせばいいのに、私は犬たちを裏庭に出してやった。彼らはさっそく走り回ったり、鳥たちに吠えたりしていたが、すぐにペンキに興味を持った。フタの開いた缶に鼻を近づけ、黒い頬ひげの先を緑や黄色に染めている。私がペンキを入れる平皿とハケと汚れ防止シートを取りに行くあいだ、ポメラニアンたちは、敷石の上で監視を決め込んだ。ひんやりした石畳におなかをペッタリつけてカエル座りしている小さな犬たち。パズルは私にくっついてガレージと庭を往復した。

時間とともに気温はますます上昇していったが、午後の中ごろには、小屋は三分の二まで緑色になっていた。快適さ優先のポメラニアンたちは家の中に戻り、天井扇の下のタイルに寝そべって、エアコンの涼しさを堪能している。パズルだけが私のそばに残った。小屋の中に伏せたまま、開いたドア越しにペンキ塗りの作業を眺めている。少しあえぎながらも、気さくな相棒らしい笑顔を向けてくれる。私がガレージに行けばついてくるし、休憩を取れば、一緒に水を飲み、ボールを投げてくれと持ってきたり、ただ私の足元に横になったりしていた。ほんの数十センチしか離れていないところで、花から花へ飛ぶハチドリを一緒に眺めたりもした。

日が暮れる頃、私たちは大いに満足していた。気温三八度、酷暑の中で、口をポカンと開けてうっとり「ラ・フォリ」を見つめるパズルと私は、ずいぶん間抜けに見えたかもしれない。私は本当に緑に染まっていたのだ。パズルはなぜか緑だけは避けたようだったが、ドアのペンキを調べるうち

に鼻先とお尻に青紫のシミがつき、しっぽの片側に青のストライプ模様が入っていた。そのしっぽを揺らすと応援旗のように見えた。

「うわぁ」夕方、トレーナーのスーザンがやってきた。「これはまた、盛大に塗ったわね。とても病気の人とは思えない。いや……正気の人とは思えない、と言うべきかな」そして青紫のゴールデンを見おろして、「パズルは、ピカソで言うところの『青の時代』なのね」と言う。

まさしく。その後の数週間は、黄色の時代も白の時代もあった。そして最後に何カ所か二度塗りをしたあとで、ついに緑の時代へ突入。晴れの日も雨の日も、健《すこ》やかなるときも病《や》めるときも、パズルはすこぶる満足そうに私のそばで過ごしている。そんな彼女を見下ろしていると、ほんの二年前には、つれないそぶりの子犬だったことを思い出せないくらいだ。

けれども救助犬としてのパズルは健在だった。ある日の午後、メールの着信音が鳴り、私が携帯のところへ飛んでいくと、緑の点々をつけたパズルはもうドアの前で待機していた。メッセージは案の定、捜索の呼び出しだった。ただし、高度な水難捜索で、パズルはまだ検定に受かっていない。出動できるのは私だけだ。パズルは当然、自分も出かけるものと思っていたようだ。またあの楽しい世界に戻れる、と期待していたのだろう。ところが、私が犬用のベストも長いリードも持たずに玄関に向かうのを見て、とたんに顔つきが変わった。「私を連れていかないなんて……」ブックサ言いながらソファの後ろへ引っ込む。こんなのおかしい、そう思っているのだろう。

その夏は呼び出しの少ない静かなすべり出しだったが、七月末になると水難事故の捜索が相次ぐようになり、そのまま八月に突入した。二〇〇六年の夏は厳しい日照《で》りに見舞われたのだ。湖の水位が下がると、私たちの地域は深刻な水不足におちいったが、それはレジャー好きな人々にとっても、危険を意味した。テキサスには天然湖は一つしかなく、残りはすべて人工の貯水湖だ。水位の下がった人造湖では、湖底に積もった木々やガラクタなどの上に直接ボートが乗っているような状態になる。湖で泳ごうとボートから飛び込んだ人が、いつもなら水深五～六メートルにあるはずのがれきの山に激突し、悲しい結末を迎える――そんな事故があとを絶たなかった。

九月に受けたその呼び出しは、湖で行方不明になった中年男性の捜索だった。金曜の夜半、月明かりのもとボートを繰り出した彼は、なぜか突然立ち上がり、同乗の母親に話しかけようと向きを変えたとたんに足を踏み外して湖に落ちた。母親はライフジャケットを投げたが、息子は手を伸ばさず、何かに絡まったようにバタバタしているうちに水中へ。それきり二度と上がってこなかった。

一五時間後、私たちは、犬たちとともにボートで湖に出た。事故の説明は地元の保安官事務所から受けていた。ライフジャケットが二着もありながらの溺死、という話には、またか、と歯噛みしたくなる。過去三年間の溺死者は、すべてライフジャケットがありながら着用していなかった人たちだ。毎週のように、誰かの子どもや父親、婚約者や親友の命が失われ続けていると、やりきれなくなってくる。

その日、私は救助犬のアシスタントとして、ハンドラーとボートに同乗していた。作業が一区切りしたところで、指揮所に戻って顔を拭いていると、一人の女性が半分に切ったサブマリン・サンドイッチ（訳注：細長いパンに肉や野菜を挟んだサンドイッチ）を食べながら、じっと湖面を見つめていた。最初は赤十字のボランティアかと思ったのだが、女性のほうから自己紹介してきた。なんと、行方不明男性の母親だった。

「ごめんなさいね、せっかくの土曜日なのに」彼女はボートや水が好きなのだそうだ。前の晩ボートで湖に出たのは、大病から復帰した自分のために、息子がよかれと思ってしたことだ、という。だが、二人とも泳げなかった。

　女性は五月に両乳房の切除手術と化学療法を受け、昨晩、初めて外出できるほどまでに回復した。ライフジャケットは胸を圧迫するので着けられない。すると息子も着けようとしなかった。

　大きな帽子をかぶった女性の顔は痩せて青白い。目のまわりには疲労でくまができている。それなのにこの炎天下、息子が発見されるまでは帰らないつもりなのだ。疲れきった声も、息子を語るときは優しさと尊敬の念にあふれている。息子はつらい思いをした自分を楽しませたかっただけなのだ、という。「母さん、少し夏を味わったほうがいいよ」そう言ってボートを出してくれた。美しい月夜に穏やかな湖面。ボートの縁から落ちていくときの様子からすると、心臓発作か何か、思いがけない事態が起きたのではないか、そう彼女は考えていた。転落の直前、息子はいったい何を言おうとしたのだろう。母親の疑問は尽きない。

　私たちはしばらく立ったまま、捜索ボートが行ったり来たりするのを見ていた。どの犬も同じエリアに来ると、突き出していた鼻先を水面に下げる。一〇〇メートル離れたここからも、犬たちのアラートは一目瞭然だった。その様子を女性はどんな気持ちで見ていたのだろう。傷をえぐられるようでつらくはないのだろうか。

今年に入ってガンと宣告されたとき、彼女は友だちに言われたのだそうだ。「悪い知らせなんてものはないの。ただの情報なのよ」と。子どもの頃、父親がラブラドールを飼っていたという。今、目の前のボートでは一匹の犬が身を乗り出し、湖面に響き渡るほどの吠え声を上げている。それが何を意味するのか、女性は尋ねない。ただ、ターキーの肉が挟まったサンドイッチの残り半分を、こちらに差し出してくる。私は菜食主義なのだが、それを受け取った。並んで草の上に腰を下ろし、私たちは次の展開に備えてそれぞれ別のことを考え始めた。

八月の終わりになると、意地の悪い暑さも落ち着き始めた。一〇月に入る頃には、「ラ・フォリ」のペンキ塗りも終わり、窓辺のプランターには花が植えられた。犬たちが自由に出入りできるよう、たいていいつもドアは開け放したまま、私は中で救助犬のマニュアルを読んでいる。犬の寝床と水入れのボウルも完備してある。玄関のすぐ内側には小さなテーブルを、その上には犬用ビスケットの入った白い缶も置いた。ある日「ラ・フォリ」の窓の外を通り過ぎると、パズルがテーブルの前に座り、缶をじっと見上げていた。その隣ではジャックが後ろ足で立ち上がり、こんなときもう少し背が高くて、人間のように物を挟める手があったらいいのになどと夢見ている。

私が二匹を呼ぶと小屋から出てきた。パズルは素早かったが、ジャックは動きが鈍い。イチかバチか私の命令を無視してみようか、それともおねだりしたほうが得だろうかと、迷っているらしく、ときおりおやつの缶を振り返る。結局は私のところに来たのだから、まあ、ギリギリいい子と言っていいだろう。ジャックの心の葛藤が手に取るように分かり、私は笑ってしまった。「スザンナか、

おやつか、スザンナか、おやつか、（うーん……）やっぱりスザンナにしよう」パズルに関しては、もう間違いなく、いい子だった。

　涼しくなるにつれ体力が戻ると、寝込む日が減り、訓練の時間が増えていった。二歳半になったパズルにも、肉体的な変化が起きていた。体高が増し、骨格ががっしりして、若い成犬らしい体つきになりつつあった。すでに冬毛が生え始めていて、胸のまわりの毛は分厚く波打ち、お尻としっぽの毛はフサフサしている。フリータはよく冗談めかして「一対二の法則」などと言うけれど、原野訓練を終えた日には、まさしく、「ロングコート種を相棒に持つハンドラーは、捜索時間一時間につき、二時間ブラッシングしてやらなければならない」状態に近づいていた。

　訓練とは別に、また毎日一緒に散歩するようにもなった。日によって短い距離で終えたり、長めにしたりして、あくまでも慎重を心がけている。もともと無理をしすぎる性質の私は、そのせいで痛い目に遭ってきたから、今は距離もスピードも少しずつ上げていくのに限る。それでも、ときどき調子が悪くなる日は、何段階も後退しなければならなかった。二年前のパズルは、散歩のたびに水上スキーのロープのようにリードを引っ張り、「速く、もっと速く！」と自分のペースに持ち込もうとしていたが、最近では私に合わせてくれるようになった。相変わらず見栄《みえ》っぱりでプライドが高く、出歩くのが大好きだが、私が止まれば一緒に止まるし、私が軽く走りたくなれば、一緒に走る。もちろん少しの距離だけれど。

休暇が近づくと、ジングルベルがついた赤と白のベルベット製の首輪に取り替えてやった。コマンドに合わせて、私の横や前を鈴の音《ね》も軽やかに進んでいるパズルに、近所の人が手を振ったり、垣根越しに眺めて感心したりする。かつて後ろ足を蹴り上げ、鼻を鳴らして反抗的だった子犬の頃のパズルを思い出して、みんな首を振りながら笑っている。

感謝祭直後のひんやりした霧の朝、私は上級検定に必要なペース・テストを試してみることにした。二〇キロの荷物を背負って、消防訓練校の敷地のまわりを一五分以内に一周しなければならない。二〇〇四年一月と二〇〇五年夏には時間内に回れたのだが、今年は一度も試していなかった。病気でスタミナの問題が出てからは、なおさらだった。

私がジープのトランクにかがみこんで荷物のバランスを整えているあいだ、パズルは離れようとしなかった。何かが始まろうとしているのが分かるのだろう。私はパズルを連れていくつもりだった。一緒に回るとどんなタイムになるのか、興味があったからだ。荷物を見たパズルは、さっそく興奮している。はたして私にペースを合わせてくれるだろうか、少し心配になる。このテストは、私たちコンビの調子が上がってきているかどうかを確認する手がかりにもなりそうだ。

私は記録係にうなずくと、パズルに「一緒においで」と言って位置についた。スタートは歩く速さで、次第にジョギング程度までスピードを上げ、残り五分の一は走る。でも、実のところは走れるような状態ではなかった。なにしろ半年も走っていないのだ。厚底の靴でドタバタしているだけかもしれない。それに荷物も重すぎた。片方のストラップの長さが合っていないらしく、一歩踏み出すたびに、左側にかすかに緩みを感じる。ただし左右の重さのバランスはよかった。そのためか、ほんのつかの間とはいえ、いい具合に力強く進むことができた。

パズルはオフリードでかたわらを軽やかに前進しているが、ころばないように必死に前だけを見つめる私には、霧の中でかすかに鳴る鑑札プレートの音しか聞こえなかった。道が少し広くなると、パズルの姿がよく見えてきた。かつては絶対に「つけ」をしなかった犬が、今はすぐ横にいる。重たい空気の中を明るい被毛が波打ち、ステップに合わせて耳が上がったり下がったりしている。

私たちが通ると、近くの住宅の犬がフェンスに駆け寄ってきた。別の方向からは車のドアがバタンと閉まる音が、また別のどこからかは人間の話す声がする。金属がぶつかるチャリンという音と「交流電源」という声も聞こえてくる。パズルは、どの音にも反応しない。

道がカーブしながら下り始めると、息が切れて、足がよろめき、わき腹が痛くなってきた。霧がますます濃くなっている。口で息をしていると、噛めそうなくらい空気が重たい。消防車と救急車が並んでいる前を通り過ぎる。どうせ倒れるなら、あのそばでバッタリ倒れたいものだ。最後の角を曲がってホームストレッチに入る頃には、そんなことを思って苦笑した。パズルが私を見上げている。意気揚々と踊るような、挑むような足取り。まだまだ元気いっぱいだ。私は意識が朦朧として今にも死にそうだったが、ゴールまであと少し、なんとか頑張らなければ。

太陽が高くなり、頭上から日が差してきた。分厚い霧のフィルターがかかった光の中に、ぼうっと浮かび上がるパズル。私の犬なのに、なぜか見慣れない姿。まるで銅版画を見ているようだ。行程の最終部分に入り、私たちはラストスパートをかけた。ゴールインと同時に倒れ込むと、隣には見慣れたパズルが戻っていた。湿った被毛の臭いと温かい息。計測係が「一三分八秒」とコールすると、パズルが耳の後ろをシャッシャッシャッと気持ちよさそうにかく音がした。

「一三分……八秒……だって……」そう私に言われても、パズルには何が何だか分からないのだろう。湿った草の上に寝ころぶと、仰向けに身をよじりながら、横になっている私の肩越しにニヤッと笑っただけだった。自己ベストを叩き出したわけではない。でもこれが今の私たちなのだろう。

「よくやったわ。お見事よ」パズルはそう言っているようだった。

25　パズルの初陣

二軒先の住宅前に停まったパトカーから放たれる強いヘッドライトの中で、パズルは地面に置かれたビニール袋に鼻先を突っ込んだ。袋の中には片方だけの靴下が入っている。それをサッとひと嗅ぎしたパズルは、もう顔を上げ、捜索開始のコマンドを待っている。「ほう、あれを見ろよ」通りの向かい側で野次馬の一人が声を上げた。

どの犬もヘッドライトを浴びて後光が差したようだ。パズルが銀色に輝いて見える。冷たい空気に白い息を吐き出すその姿は、獣医からときおり送られてくる「お悔やみカード」にあるような、犬の天使の絵を思わせる。ただ、右の前脚をわずかに曲げた格好だけが、いかにもパズルらしい。それは居心地の悪いときに見せる特徴的なポーズだ。もっとスペースを開けてよ、と言っているのだろう。警官たちの一団に取り囲まれ、上からじっと見られているのが落ち着かないのだ。曲げた脚は「早く行こうよ」という私へのシグナルだった。作業を開始すれば、その脚も伸びるだろう。

近くに立っていた警官がコーヒーのカップを落とし、中身をコンクリートにぶちまけた。パズルは身ぶるいして、「長居は禁物よ」と言わんばかりに、まなざしをいっそうきつくした。そろそろ出発しよう。

「それを捜せ」私はコマンドを発した。「それ」とは、今しがたビニール袋から嗅ぎ取った臭いのことだ。パズルは何の迷いもなく（そしてホッとしたように）方向を定めた。西ではなく東だという。パトカーの群れと人だかりを離れると、住宅街の通りをゆっくりと歩き始め、徐々に速度を増していく。そのあとに私が続き、さらに一人の若い警官と、アシスタントのジェリーが追いかける。暗闇にパズルの姿が浮かび上がる。自信に満ちた足取りで、羽根のようなしっぽを揺らしながら、私たちがかざす懐中電灯の光の中を前進していく。

これはパズルにとって初めての捜索で、しかも私と一緒に参加している。任務は単純にして明快だった。作業区画内で目的の男性を捜し出すこと、もしいないなら、いないと知らせることだ。この捜索は特定の人間の臭跡追求が目的なので、ほかの人間の臭いにはいっさい反応してはならない。そして私は、パズルが発するメッセージを正確に理解しなければならない。

警察から行方不明男性の写真を見せられた。男性が今夜たどった方向を犬たちが特定できれば、私たちはきっと彼を見つけ出せるはずだ。ジミーという名のその男性は、高齢の障害者だった。耳は聞こえるがしゃべれない。人なつこくて陽気、子どものように光る物や甘いものが大好きだった。面長で、薄くなった頭髪をオールバックに撫でつけている。写真の彼は、カメラとカメラマンを疑うように、少し前かがみで見上げている。その姿勢といい、大きく口を広げたまま固まった笑顔といい、今にも仰向けで降参しそうな気の弱い犬を思わせた。

介護スタッフによれば、ジミーは子どもの頃から周囲の世界と折り合いをつけるのに苦労してきたという。写真の表情は、誤解され続け、それでも希望を捨てることのできない、彼の長い歴史を物語っているのだろう。身近な人々にとっては素直だが、大胆なところもあり、ビッグチャンスが到来すると、すかさず冒険に出る。比較的暖かだった昨晩も介護付き老人ホームから抜け出して、北西方向へ数時間さまよったあげくに警官に保護された。しかも施設に送り届けられる前に、マクドナルドでマックシェイクをごちそうになっている。今晩も、ジミーは玄関の鍵が開いているのを目ざとく見つけて脱走した。昨晩の冒険を繰り返したかったのだろう。

問題は、今晩は縞柄のパジャマのズボン以外、何も着ていないことだった。天気は、はじめのうちこそ穏やかだったが、寒冷前線のせいで急激に気温が下がり始めている。朝には氷点下になりそうだ。施設職員と警察とで何時間も捜索したがジミーは見つからず、救助犬の出番となった。

パズルを追いかける私たちは、冷たい北風をかわすために冬用のジャケットを着込み、帽子をかぶっている。幸い、雨の予報は出ていないが、頭上の星空には雲が流れている。半裸のジミーはすでに低体温症を起こしていてもおかしくはない。今後、降雨確率が高くなれば、そのリスクは急速に拡大するだろう。失踪して四時間半、どこか安全な場所に身を隠していなければ、二時間は寒さの中をさまよっていることになる。

危険はそればかりではない。ジミーのような人間は、攻撃のターゲットにされやすいのだ。施設のまわりは閑静な住宅街だが、その周辺では非行グループの犯罪が多発している。私も捜索現場へ来る道すがら、大型ゴミ容器や電信柱にペンキの落書きを目にした。どうか、ジミーが安全な方角を目指していますように、そして、道を渡るなら、親切なドライバーの車ばかりが走る場所を選びますように――そう願わずにはいられなかった。

パズルは相変わらず東へ進みながら、アパートの私道へ入っていった。歩道の縁石を熱心に嗅いだあと、駐車場へ向かい、ずらりと並ぶ車の列に沿って左へ曲がった。遅い時間にもかかわらず、駐車スペースには五〜六人の住人がいて、何人かは車を乗り降りし、二人は腕組みして頭を寄せ合い、お互いにとって不都合なことでも起きているかのように話し込んでいる。一人の女性が、手術着のまま腰にセーターを巻きつけた格好で、眠そうな子どもをアパートに運んでいた。一方の腕に男の子を抱き、反対の肩にはショルダーバッグを提げている。救助犬と警官の姿に一瞬、足を止めたが、何も言わずに歩き出した。パズルは駐車場ですれ違った人々には目もくれずに前進している。いいぞ、その調子。明らかに捜すべき人物の臭跡だけを追っている。

五軒めのアパートで、パズルは来た道を引き返した。最初はこの界隈に興味を感じていたが、結局、関係なしと判断したのだ。今はアパート群の敷地を抜け、再び東を目指している。今来た通りと、作業区画の境になっている交通量の多い大通りの交差点まで来ると、私たちは南に曲がった。するとパズルは一瞬、立ち止まり、もう一度、東の方角へリードを引っ張った。大通りを渡って向こう側へ行きたいのだろう。せかすようにグイグイ力強くではないが、念のために何か確認しておきたい臭いがあるとでも言うように、軽く引っ張る。ただし警官によれば、大通りは隣の市との境になっているので、あちら側の市の許可がなければ捜索できない。パズルはわずかにリードを引っ張ったあと、南に向きを変え、次の交差点で西に曲がった。こうして通りという通りをしらみつぶしに調べることで、ジミーの手がかりを捜すのだ。

一つのブロックにつき一〇〇カ所は隠れる場所がありそうなのに、暖を取れそうなところは一つもない。夜更けにこんな場所を、もし人間が視覚を頼りに捜索するとしたら、数人がかりになるだろう。でも、犬ならたった一匹で、しかも一時間でクリアできる。重大な責任を知ってか知らずか、パズルはただ静かに作業を続けている。

住宅街はほとんど真っ暗だった。歩道のあちこちに照明はあるが、充分とはいえない。どの家もネオコロニアル様式か大農場様式の平屋で、おそらく一九八〇年代に建てられたものだろう。レンガと羽目板の外壁に覆われ、窓の横には、決して閉めることのない、きれいにペンキの塗られたシャッターがついている。成長した木々が玄関先に長い影を落とし、枝のあいだをすり抜けた街灯の明かりが、冬の芝生を銀色に染めている。

私はパズルとともに通りの両側に停まっている車のあいだを縫うように歩いた。この中にロックされていない車かトラックが一台でもあれば、ジミーは寒さをしのげる。介護スタッフの話からすると、彼は見知らぬ車でも臆せずに乗り込みそうだった。あるいは、どこかの玄関先の暗がりに丸くなっている可能性もある。そうだとすれば、たとえ私たちには見えなくても、パズルがすぐに臭いを嗅ぎつけるだろう。

けれどもパズルは、どの車にも興味を示さなかった。ドアの縁や車体の下に鼻をくっつけるが、それは訓練どおりの手順にすぎず、二〇分ほど前に記憶したのと同じ臭いに反応しているわけではなかった。私たちの背後から警官が懐中電灯を当てるたび、車内が次々とまばゆい光に照らし出されていく。まるでパパラッチにフラッシュをたかれたようだ。凹凸のあるシートマッサージャー、バックミラーに吊るされた厚紙製の松の木、積み重ねられた教科書、助手席に大量のファストフードの袋。ダッシュボードにアダルト雑誌が置かれた車もあった。そうやって警官が調べるあいだに、パズルは前方を軽やかに進み、すべての車をクリアした。続いて警官も、この通りにある全車両は関係なし、と判断を下した。

私たちは、十字路を南に向かってからすぐに路地に入り、東側に戻った。そのあたりはプライベートな空間なので、表通りよりも照明がぐんと増える。防犯のためか、まだ就寝していないからなのか、どの家のガレージも明かりをつけたままだ。それぞれの住宅の裏側をパズルが調べるあいだ、私たちもゆっくりと前進する。動体センサー付きの防犯灯をつけている家の前を私たちが通ると、カチカチッという音とともに警告の明かりが灯った。

寒冷前線はすっかり腰を下ろしたようだ。気まぐれな風が、住宅のフェンス、ボート、キャンピングカー、私道に停められた予備の自動車のあいだを駆け抜けていく。これではどんなセントコーン（円錐状の臭いの流れ）も寸断されてしまいそうだ。この環境をパズルはどうとらえているのだろう。私は想像してみた。住宅のあいだを流れてきた人間の臭いが、キャンピングカーの横腹に当たり、二手に分かれたり、車体の下にすべり込んだりしているのではないだろうか。パズルは突き出した鼻先で小さく円を描きながら、この変則的なスペースに探りを入れている。こっちから来る人間の臭い、あっちから来る人間の臭い——新しい臭いから古い臭いまで——を嗅ぎ取っては、どれも捜索に関係なし、と片づけていく。

「何だろう?」パズルの鼻の動きを見ていた警官が尋ねた。救助犬の仕事を見るのは初めてなのだ。

「いろんな人間の臭いがするようだけど、古いものばかりで、ジミーの臭いはここにはないわ」

路地側はどの家も明るく照らされているのに、なぜか表通りよりも脆弱に見える。住民のプライバシーがよりあらわになるだけに泥棒に狙われやすいが、単にそれだけではなさそうだ。ブロックの上の錆びた車、その下には古い油の黒いシミが点々と残され、かたわらに置かれたモーターボートはカバーにすっぽりと覆われている。開け放しのガレージのドアから、古びたホンダのバイクや、空っぽのベビーベッドが見える。木製の椅子が四脚、どれも研磨や塗装が途中のまま放置されている。こうした場所はジミーを引きつけるだろうか?　パズルは立ち止まり、路地に向かってうなずいたあと、向きを変えた。一軒の家の裏手に来ると、頭をふいに動かしたが、すぐに顔をそむけた。トレーラーハウスの玄関先に、バスローブ姿でタバコをふかしている老人が座っている。裸足で脚もむき出しなのに、寒さを感じないのか、ゆったりとかまえている。

「どうも」老人が警官に言った。

「こんばんは。もしかして、男性を見かけなかったでしょうか。背丈はこれくらいで」警官は身ぶりで示した。「青と白の縞柄のパジャマのズボン姿なんですが」

老人は首を横に振り、タバコのフィルターをはじいた。コンクリートの上に灰が落ち、火花が風にさらわれていく。

私たちは先を急いだ。パズルにペースを任せると、ある場所では小走りに、別の場所ではゆっくりと歩いたが、お目当ての臭いをとらえたときの駆け足や、ワサワサとした興奮は見せなかった。こうした住宅街の捜索では、パズルの動きを追うのは難しくない。明るい色の被毛は暗がりでも目立つからだ。結局、この路地にジミーはいないようだ。パズルが発するどのシグナルを見ても、彼が立ち寄った形跡すらなかった。

一軒の住宅の横を通り過ぎると、陰から二匹の犬が猛然と吠えながら突進してきた。私たちを威嚇している。びっくりしたパズルは、跳びのこうとした瞬間、あいだにフェンスがあることに気づき、じっとたたずんでいる。しっぽをかすかに揺らし、耳を前に突き出したまま、二匹を無視することに決めたようだ。それでも警戒はおこたらない。どちらも雑種でパズルより体が大きく、一匹は白、もう一匹は茶褐色のブチで、大きな口をしている。吠えまくっていなければ、笑顔が魅力的な犬だったかもしれない。

二匹は、パズルが近づいてきたことにムカついたのだろうか。それとも夜半に見慣れない人間を三人も引きつれているのが気にくわなかったのだろうか。ともかく、やかましくするのを楽しんでいるようにも見える。比較的小柄なほうのブチ犬は相棒に負けまいとピョンピョン跳ねては、何度かその背に着地したりしている。白い犬は乗っかられても気にせず、振り落とす。二匹でフェンスの金網を爪でガチャガチャいわせているが、どうやらこれは彼らの儀式らしい。地面にたくさん爪痕が残っているところを見ると、しょっちゅうやっているようだ。縄張り意識もあるだろうし、自由に歩き回るパズルへのヤキモチもあるのだろう。フェンスで隔《へだ》てられていることに安心したパズルは、二匹からプイッと顔をそむけた。

私たちは路地の東の端で再び南へ曲がった。さっきからパズルは、作業区画の中でも、この南側に興味を示している。次に南へ曲がるときにも何か分かるかもしれない。体がわずかに緊張し、歩くペースが少し速くなっただけなのだが、明らかにほかの場所とは振る舞いが違う。逆に、西に向かうほど興味は薄れていく。ただし、捜せと命じられた臭い以外には無関心を貫いている。四番めの通りで風上の車から一人の男性が下りてきたときも、パズルは頭をもたげて確認したが、足取りを速めることはなかった。人間の臭いには違いないが、捜している人のものではない、と言っているのだ。

作業区画の最南端には小川があった。橋が架かっていて、それを渡ると小学校だ。フェンスを張り巡らした広い校庭には、木が一本もなく、手入れの行き届いた芝生が敷かれている。花壇の隅に黒いホースがヘビのようにとぐろを巻いているが、パズルはためらわずにまたいでいった。

ジミーは一般的な行方不明者の分類に必ずしも当てはまらない。ということは、調査研究から推測される行方不明者の一般的な行動パターンにも、当てはまらないことになる。アルツハイマーなどの認知症も患っていないし、高齢者の割には丈夫なほうだ。しゃべれないが耳は聞こえる。躁病でもなければ、うつ病でもない。攻撃性も怒りもない。介護職員の一人に言わせれば、好奇心は五歳児並み、情緒的な発達はヨチヨチ歩きの幼児くらい、体は六八歳の老人なのだった。

一般に、これといったあてもなく徘徊する人間の大半は、歩き出してから、まず右に曲がると言われている。右方向への曲がりやすさは右利きと関連していて、実際、右利きのジミーは、昨晩の失踪でも右に曲がっている。そこで同じ地域を介護職員と警察官で捜索してみたのだが、どこにも見つからず、目撃情報も得られなかった。このことは犬たちの行動とも一致している。ジミーの靴下を嗅がせた犬は、いずれも左方向、つまり東に向かったのだ。

アルツハイマー患者の場合、行きつくところまで行き「それ以上進めなくなる」までは、移動の助けになる歩道や遊歩道などをたどりやすい。でもジミーの場合、その可能性は低かった。裸足なので単純に歩きやすい場所を選んでいるかもしれないが、歩道が途切れれば、車道を渡って別の歩道を見つけるくらいの判断力を持ち合わせている。

認知症患者は、記憶の中の目的地を目指して徘徊する場合もある。すでに大人になったはずの我が子を学校に迎えに行こうとしたり、四〇年前に務めていた隣町の職場にバスで向かおうとしたりするのだ。けれども、ジミーがその種の時間的な混乱を起こしているとは思えなかった。

もしどこかを目指しているとすれば、子どもが行きたがるような場所ではないだろうか。車の中から頻繁に見かけた楽しそうな場所、たとえば公園の遊び場、小川、レストラン、ゲームセンター、お店とか、あるいは介護職員が知らないだけで、何か別のものにジミーなりの記憶と思い入れがあるかもしれない。どこかの家で、お菓子を見たとか、鈴をつけたかわいらしい猫が玄関先に座っていたとか。しゃべらないジミーには、「あれが欲しい」とか「どこそこへ行きたい」といった、手がかりになるような口癖がない。もし興味の対象が分かるようなヒントを言葉以外の方法で伝えていたとしても、私たちは施設側から何も聞いていなかった。

パズルに水を飲ませているあいだ、ジミーの写真にもう一度、目を落とす。考えてみれば、私たちは二つの空間を捜索しているようなものだ。物理的な空間と、ジミーの衝動が作り上げる未知の空間、その二つの円はいったいどこで交わるのだろう。もしジミーの中に優先順位があるとすれば、いなくなってからのこの五時間で、それは変化しただろうか。一本のチョコバーよりも、温かい場所が欲しくなったのではないか。不親切な他人にお金をせがんではいけないことや、風船ガム欲しさにどこへでも行くのは危険だということを、彼は知っているだろうか。

低体温症の可能性も問題をややこしくしていた。体温の低下が進むと、突飛な行動に出やすくなる。「矛盾脱衣」と呼ばれる現象がその一つで、あまりにも体温の低い状態が続いた場合、脳の視床下部から間違った指令が送られ、温かいと勘違いして着ているものを脱ぎ始めるのだ。ジミー、どうか服を脱がずに風の当たらないところにいてちょうだい。私は心の中でつぶやいた。

パズルが水を飲み終えたので、私はボウルを振ってしずくを飛ばし、折りたたんでポケットにしまった。捜索を再開しよう。橋を渡り、土手を下る。小川は浅かった。道の角の街灯に照らされて水面がときおりキラリと光る。行方不明者の捜索では、水辺は必ずチェックしなければならない場所だ。子どもにとっては常に――寒い時期でも――人気の場所だから、ジミーが興味を持ってもおかしくはない。けれども、パズルは一分もしないうちに上がってきた。水は大好きだが、ここに捜している臭いはない、と言っていた。

次に校庭に入り、隅から隅まで捜索する。風はまっすぐ吹いているが、校舎の角や側面の深いドアポケットでは、臭いの流れがどう変わるか分からない。私たちはしつこいくらい綿密に調べた。これはパズルの初めての公式捜索だし、知らない地域だから念には念を入れたほうがいい。私たちが校庭を往復しているあいだ、警官は無人の出入り口を懐中電灯で照らして調べた。

校舎の側面へ移動する際にジェリーが、パズルに大型ゴミ入れを調べさせたほうがいい、と言った。そこでゴミ入れの周囲を回ったが、パズルは興味を示さなかった。ただし、ジェリーが言い出したのにはわけがあった。こうした捜索では、大型ゴミ入れの中で悲しい結末を迎えることがよくあるのだ。重いフタやスライド式ハッチの下で、ほかの臭いとごちゃ混ぜになったり、犠牲者がゴミ袋にくるまれていて臭いが抑えられていたりする。パズルが離れると、警官が確認のために中をのぞき込んだ。幸いジミーは遺棄されていなかった。暖を取るために自分から入る心配もあったが、取り越し苦労に終わったのだ。

校庭が作業区画の終わりなので、私たちは東の端を通って指揮所へ戻ることにした。これまでにわずかながらパズルが興味を示したのは、区画の東側だけだったからだ。同じ道を逆にたどれば、その興味が強まっているか、それともまったく消えてしまったかが分かるかもしれない。南下してきた通りを足早に北上していくと、パズルは二カ所で東の方角にピクリと動いた。それはかすかな動きだった。捜している臭いを近くに強く嗅ぎつけたときに見せる、ブルブルっという体の震えではないし、アラートの一歩手前の、今にも駆け出しそうな動きとも違っていた。ジェリーがチームの捜索マネージャーにパズルが繰り返し興味を示したことを報告し、明け方、私たちは静かに指揮所へ戻った。

指揮所ではマネージャーのフリータが、広げた地図の上に前かがみになり、この捜索を担当している警官と話し合っていた。すでに犬たちの反応はすべて警察に伝えてある。次はどこを捜索すべきかと聞かれて、フリータは東側と答えた。これまでの捜索で何匹かが東に興味を示しているからだ。彼女が地図にしるしをつけているあいだ、警官は、隣の市の警察に連絡を入れた。

熱いコーヒーをたっぷりと飲んだハンドラーたちと、体力回復のために車の中で温まった犬たちは、再び出発する用意が整い、今は警察から東側の捜索許可が下りるのを待っている。私たちが出動してからすでに二〜三時間。ジミーはもう七時間近くも行方不明のままだった。夜が更け、気温がグングン下がるにつれて、私たちは一枚、二枚と服を重ねてきたが、それでも風に当たると、たちまち冷えてくる。誰もが感じている疑問を警官の一人が口にした。ジミーには、どこかに隠れて寒さをしのごうとするだけの意識が残っているのだろうか。それとも、体温が下がりすぎて、すでに歩けなくなり、頭も体も働かずに意識を失っているのではないか。もし三時間前にジミーが判断を誤ったとしたら、寒冷前線の通過ですでに亡くなっているかもしれない。

荷物を背負ったチームメイトたちが、ずらりと並んで出発の時を待っていた。新しい作業区画を聞こうと列を成している彼らは、誰もが手袋をはめた両手をポケットに入れ、肩をすくめ、上着の襟に頭を深くうずめている。じっとして動かない。体力を温存しているのだ。ほとんどの人は、あと数時間で本来の仕事に戻らなければならないし、残れる人たちはジミーが発見されるまで捜索を続けたあと、遅いシフトの仕事に向かうのだ。徹夜の作業のあと、少々フラフラの状態で職場に直行することは、誰もが経験済みだった。

冷気に吐き出される白い息には、チームメイトの特徴が現れている。立ったまま眠る技を習得した人たちの頭上には、漫画の吹き出しのようにゆっくりと安定した呼気が、何やら話し込んでいる人たちの頭上には、蒸気エンジンのような不規則な呼気が上がっている。

立ったまま鼻先をヒクヒク動かしているパズルの細い息も見える。待機しているあいだ、私は自分のダウンベストを一枚かけてやった。不平も言わず、吠えもせず、リードを引っ張りもしない。息を長々と吐いたり、小刻みに吐いたりしているが、ときおり新しい誰かがやってきて、それがジミーではないと分かるたび、ハッと短くため息をつく。その首の後ろに私が手を当てると、緊張が伝わってきた。次にどんな捜索を命じられても、いつでも飛び出す準備は整っている。

どこかの無線から雑音とともに、何かよく分からないメッセージが流れてきた。すると、バタバタと警官が集まり、フリータは背の高い男性たちに囲まれて見えなくなった。

その場の空気が変わったのを察知した犬たちは、たちまち仲間うちで連絡を取り合っている。耳をピンと立て、しっぽの動きを変えた。私たち人間はシンプルな確認の言葉を聞きたくて身を乗り出す。できれば「発見」の言葉が望ましい。そこに「生存」が加われば、さらに喜ばしい。

「チップス」と聞こえたような気がしたが、それは何だろうと思っているうちに、情報がもたらされた。ジミーは生きて発見された。しかも隣市との境界になっている道路から、東へほんの数ブロック入った場所だ。「やっぱり東か」ハンドラーの何人かが、そうつぶやいて相棒を見下ろした。連絡を受けた隣市の警官たちが、近くの通りをくまなく調べたところ、終夜営業のファストフード店でジミーを発見したのだった。

二晩で二度も、こうこうと輝くパトカーでの帰還を果たしたジミー。額を窓ガラスに押しつけていた彼は、街灯の下で首輪の明かりを点滅させ白い息を吐きながらうろつく犬たちに、目を丸くした。冷えきっているのだろう、小さく縮こまって車から降りてくる。まだ裸足だった。丸めたつま先を歩道に降ろしたとたん、少し飛び上がる。点滅する警告灯の下で足踏みしているその様子は、陽気で、信じられないくらい若々しい。犬たちを指さしてにっこり笑ったりしている。

どうやら冒険の最中に親切な人たちに巡り会ったようだ。それにゴミあさりもしたらしい。ボロボロの毛布をはおり、ずり落ちないように胸の前で押さえているが、空いているほうの腕には、宝ものをいっぱい抱えている。武術のビデオ、食べかけのコーンチップスの袋、焼き菓子、特大サイズのカップに入ったソーダの飲み残し……。今回の経験で少し懲《こ》りたようにも見えるが、大勢の人に囲まれて施設の玄関に誘導される彼は、派手な光のカクテルと押し寄せる人波、凱旋パレードのような大騒ぎに、ご満悦の様子だった。

名犬ラッシーや名犬リンチンチンは、映画の中の犬たちの華々《はなばな》しい活躍ぶりを世に知らしめたけれど、パズルと私が登場する舞台は、もっと地味なものだ。ジミーは生きて帰り、パズルは与えられた任務をまっとうした。よくやったと言っていいだろう。横道にそれず、投げ出さず、間違えることもなかった。私たちは緩急をつけながら、初めての正式な捜索活動をやり終えた。パズルは一度も足を止めなかったし、私も止まる必要を感じなかった。

すっかり目が冴え、空腹を抱えながら、私たちは爽快な気分で我が家に戻った。午前三時に、それぞれオートミールとミルクボーン・クッキーでおなかを満たすと、私は四時にメールをチェックした。五時になってもまだ眠れない。そこでパズルと綱引き遊びを始めた。パズルのほうは、私が横になれば喜んで横になっただろう。

とんでもない時間に起こされたポメラニアンたちは、騒ぎがいっこうに収まりそうもないことに文句を言いながら、奥の部屋へ逃げていった。パズルは疲れているのに優しい。苦手なオートミールにも少しばかり付き合ってくれたし、私がメールを読むあいだは、ブーツの上に頭を乗せていた。引き綱を差し出されれば、何度でも引っ張ってくれる。ただし、全体重をかけてはいても、あまり気乗りしない様子だ。そろそろ捜索のことは忘れて寝ようよ、と言っているのだろう。それもまたパズルのいいところだと思う。前進すること、そして手放すことを知っている。

私はひざまずくと、アスファルトでザラザラになったパズルの肉球にキスした。私たちの活動はようやく始まったばかりだ。これからはもっと大変な場所にも出向くだろう。楽に学べることなど、ほとんどないかもしれない。

「いい子ね」

具体的な何かに向けてというより、これまでともに築いてきた絆と歴史、そして、私に与えてくれた混乱と教えと癒しそのものへの感謝の言葉だった。

朝日が昇る頃、携帯電話の電源を入れたまま、私たちはようやく眠りについた。

エピローグ――救助犬たちの願い

捜索分野のテクノロジーは驚くような進歩を遂げている。たとえば、ピンポイントで位置を特定できるGPS装置、水中の物体を探知するサイドスキャンソナー、超小型カメラ、超高感度マイクなどがそうだ。だが、それでも犬による捜索救助活動は続けられている。司法当局も、ある種の捜索状況では、よく訓練された犬と、彼らが示す微妙なサインを読み解くことのできるハンドラーに代わるものはないと認めている。救助犬チームは世界各地に存在し、他の捜索手段と協力しながら、あるときは天災や人災に見舞われた地域社会全体のために、また、あるときは失踪した一人の人間のために尽力している。救助犬とハンドラーの多くは、こうした活動のために人生の最良の時期を捧げ、ケガでやむを得なくなったり、年齢で体力が低下したりしない限り、引退しない。彼らが一線を退くのは、パートナーどうしで延々と対話を繰り返したすえ、「もう充分」という無言のメッセージが発せられるときだけだ。

チーム「メトロ地区レスキューK9（MARK‐9）」の犬たちは、引退後も私たちとともに過ごしている。捜索活動のパートナーとしての日々は終わっても、大切な家族に変わりはないからだ。

安楽死寸前に施設から救出されたジャーマン・シェパードのハンターは、第二の人生（犬生？）を与えられて以来、救助犬として長く輝かしい経歴を残した。二〇〇四年に引退したのち、二〇〇七年、ハンドラーのマックスに見守られながら自宅で亡くなった。

ラフコート・コリーのセイバーも、ハンター同様にＭＡＲＫ‐９創立当時からのメンバーであり、二〇〇四年にはアメリカン・ケネル・クラブ（ＡＫＣ）のコンテストで金賞を受賞した。捜索現場を引退してからは、家族のために郵便物を取ってくる仕事をしながら余生を送り、二〇〇八年、一六回めの誕生日の三週間前に自宅で息を引き取った。

ハスキーのシャドウは、休暇中のケガで捜索救助活動からの引退を余儀なくされたが、その後もときおり訓練捜索に参加し、若手の育成にも協力を惜しまなかった。二〇〇八年、心不全でこの世を去った。チームの創成期を知る最後の一匹だった彼女の遺灰は、同僚犬たちの眠るお気に入りの訓練スポットに撒かれた。

この本を執筆している時点で、バスター、ベル、ホスは現役を続行中であり、相変わらず高い意欲と集中力で捜索を成功させている。それに頑固なところも変わらない。張り切り屋のヴァルは、今もロブのかたわらで猛ダッシュの日々を送っている。マックスとフリータの優秀な二代目の相棒たち、マーシーとミスティは今日もこの活動を続けている。パズルはもう、生意気な新入りではなくなった。二〇〇八年、ジェリーの二匹めの相棒でオーストラリア出身のシェパード、ジプシーが検定に合格したのだ。新たにチームに加わった若手もいる。そのうちの一匹、ボーダー・コリーのピートは、最近、パートナーのサラとともに試験をパスした。同じくボーダー・コリーのスカウトは、新人ハンドラー、マイケルと特訓中だ。パズルと私は、今もコンビを組んでいて、パズルはどんな捜索でも喜んで参加しています、以上、終わり――と言いたいところだが、相変わらずパズルは、胸ほどの草丈の原野になると目の色を変える。チームの同僚犬たちとともに、これまで、都市、原野、自然災害といった捜索に出動してきたが、得意のウルルルで、作業区画の奥深くに潜んでいたレポーターを驚かせたこともある。二〇〇六年には、仲間たちと特訓のすえ、テキサス州タスクフォース2という災害救援隊の検定試験にも見事合格した。

自宅では三年続きで、スカッピー、ソフィー、ウィスキーがこの世を去った。保健所から引き取られた彼らは、愛を知り、喜びを分かち合って、生をまっとうすることができた。猫たちはみな元気に育っている。フォクスル・ジャックとミスター・スプリッツルも、いまだにかくしゃくとしている。子犬パズルと彼らとの軋轢《あつれき》も今では昔話となり、彼らの中には高齢の犬たちへのいたわりの心だけが残ったようだ。思い返せば、我が家を出入りするポメラニアンたちに、幼いパズルはどれだけ世話になったか分からない。子犬にものを教え、諭《さと》し、犬どうしの思いやりを学ばせてくれたのはポメラニアンたちだった。その上パズルは「粘りとおすこと」も学んだようだ。二〇〇七年、捨てられていた子猫を見つけたときは、絶対に家に連れて帰るといって聞かなかった。こうして我が家に加わったシスルは、パズルの無二の親友となった。

体力と気力、ともに充実したパズルは、私にとって陽気な相棒であり、日々、いろいろなことを教えてくれる。私も彼女に何かしら与えているものと思いたい。ともに力を合わせてきたからこそ、単独ではできなかったことをなしとげられたのではないだろうか。
それにパズルは、根っからの救助犬なのだと思う。最近、ある捜索で行方不明の子どもが無事発見されたとき、街灯の下を歩く少年に母親が駆け寄ったとたん、パズルはほかの犬たち同様、鼻先をヒョイと上げた。そういう瞬間、疲れと街の汚れでどんなにヨレヨレになっていても、救助犬はにわかに活気づき、鼻としっぽを動かし始める。少年の臭いをうれしそうに確認するその様子は、こう言わんばかりだった。「よかった。君のこと、捜していたんだよ！」

二〇〇九年七月

Search & Rescue K9
Puzzle

◇著者◇
スザンナ・チャールソン（Susannah Charleson）
テキサス州ダラスのボランティア捜索救助（SAR）チーム「メトロ地区レスキュー K9（MARK-9）」の一員として、ゴールデン・レトリーバーの相棒「パズル」とともに、地区内、州内はもとより、他州での捜索活動に参加している。チームの広報担当でもあり、全米各地でSAR活動に関する講演をおこない、テレビやラジオなどメディアへの出演も多数。現在、救助犬パズルのほか、セラピー犬や放火探知犬、保健所から引き取った犬猫たちと一緒に暮らしている。
www.scentofthemissing.com

◇訳者◇
峰岸計羽（みねぎし・かずは）
埼玉県生まれ。立教大学文学部英米文学科卒業。外資系製薬企業で秘書業務や実務翻訳に従事したのち、本格的に翻訳を学び、翻訳家に。別名での活動も含め、『天国にいったペットたち』『死ぬときに後悔しない「こころの遺産」の贈り方』（ともにハート出版）など、訳書多数。ペットの飼育歴も豊富。

翻訳協力：株式会社トランネット http://www.trannet.co.jp

本文写真：著者提供（From personal collection of Susannah Charleson）

Cover photographs
Front: "Puzzle" © thank Dog. PHOTOGRAPHY
Back: "Fleta and Saber" © MARK-9 Search and Rescue

災害救助犬ものがたり

平成23年11月28日　　第1刷発行

著　者　スザンナ・チャールソン
訳　者　峰岸計羽
装　幀　フロッグキングスタジオ
発行者　日高裕明
発　行　株式会社 ハート出版
〒171-0014 東京都豊島区池袋 3-9-23
TEL03-3590-6077　FAX03-3590-6078
ハート出版ホームページ　http://www.810.co.jp

乱丁、落丁はお取り替えします。その他お気づきの点がございましたら、お知らせください。

ISBN978-4-89295-688-1
印刷・製本 中央精版印刷株式会社